Teubner Studienbücher Chemie

H. G. Aurich / P. Rinze
Chemisches Praktikum für Mediziner

Teubner Studienbücher Chemie

Herausgegeben von

Prof. Dr. rer. nat. Christoph Elschenbroich, Marburg
Prof. Dr. rer. nat. Friedrich Hensel, Marburg
Prof. Dr. phil. Henning Hopf, Braunschweig

Die Studienbücher der Reihe Chemie sollen in Form einzelner Bausteine grundlegende und weiterführende Themen aus allen Gebieten der Chemie umfassen. Sie streben nicht die Breite eines Lehrbuchs oder einer umfangreichen Monographie an, sondern sollen den Studenten der Chemie – aber auch den bereits im Berufsleben stehenden Chemiker – kompetent in aktuelle und sich in rascher Entwicklung befindende Gebiete der Chemie einführen. Die Bücher sind zum Gebrauch neben der Vorlesung, aber auch – da sie häufig auf Vorlesungsmanuskripten beruhen – anstelle von Vorlesungen geeignet. Es wird angestrebt, im Laufe der Zeit alle Bereiche der Chemie in derartigen Lernbüchern vorzustellen. Die Reihe richtet sich auch an Studenten anderer Naturwissenschaften, die an einer exemplarischen Darstellung der Chemie interessiert sind.

Chemisches Praktikum für Mediziner

Von Prof. Dr. phil. Hans Günter Aurich
Universität Marburg

und Dr. rer. nat. Peter Rinze
Universität Hamburg

3., durchgesehene Auflage
Mit 65 Aufgaben, zahlreichen Abbildungen
und Tabellen sowie einem ausklappbaren
Periodensystem der Elemente

 B. G. Teubner Stuttgart 1997

Prof. Dr. phil. Hans Günter Aurich

Geboren 1932 in Meuselwitz/Thüringen. Ab 1955 Studium der Chemie in Marburg. 1961 Diplom, 1962 Promotion, 1967 Habilitation in Marburg. 1967 Dozent für organische Chemie, 1970 Professor für organische Chemie in Marburg.

Dr. rer. nat. Peter Rinze

Geboren 1943 in Meißen. Studium der Chemie in Marburg. 1968 Diplom, 1970 Promotion in anorganischer Chemie in Marburg. 1970 Wissenschaftlicher Assistent, 1973 Akademischer Rat. Seit 1980 Lehrauftrag zur „Chemie für Studierende der Medizin und Zahnmedizin, anorganischer Teil". 1988 Akademischer Direktor in Marburg, seit 1993 Leitender Wissenschaftlicher Direktor im Verwaltungsdienst an der Universität Hamburg, Leiter des Referats für Arbeitssicherheit und Umweltschutz der Universität.

Produkthaftung:
Die Autoren haben die Angaben in diesem Praktikumsbuch nach bestem Wissen zusammengestellt. Dennoch sind fehlerhafte Angaben und Druckfehler nicht völlig auszuschließen Deshalb kann für die Richtigkeit und Unbedenklichkeit der Angaben uber den Umgang mit Chemikalien und deren Einstufung nach der Gelahrsionverordnung keine Haftung übernommen werden. Bezüglich dendabei einzuhaltenden Vorschriften wird auf diese direkt verwiesen. Die Verantwortung für zu erstellende Betriebsanweisungen usw. tragen die zeweiligen Unterzeichner dieser Anweisungen.

Die Deutsche Bibliothek – CIP-Einheitsaufnahme

Aurich, Hans Günter:
Chemisches Praktikum für Mediziner : mit 65 Aufgaben, zahlreichen Tabellen sowie einem ausklappbaren Periodensystem der Elemente / von Hans Günter Aurich und Peter Rinze. – 3., überarb. Auflage. – Stuttgart : Teubner, 1997
   (Teubner-Studienbücher : Chemie)

NE: Peter Rinze

ISBN 978-3-519-23513-2   ISBN 978-3-322-91804-8 (eBook)
DOI 10.1007/978-3-322-91804-8

Der Philosoph, der tritt herein
Und beweist euch, es müsst so sein:
Das Erst' wär so, das Zweite so,
Und drum das Dritt' und Vierte so;
Und wenn das Erst' und Zweit nicht wär',
Das Dritt und Viert' wär' nimmermehr.
Das preisen die Schüler aller Orten,
Sie sind aber keine Weber geworden.
Wer will was Lebendigs erkennen und beschreiben,
Sucht erst den Geist herauszutreiben,
Dann hat er die Teile in seiner Hand.
Fehlt, leider! nur das geistige Band.
Encheiresin naturae nennt's die Chemie,
Spottet ihrer selbst und weiss nicht wie.

J.W.Goethe, "Faust" 1808

Die Kenntnisse der Grundlagen der Chemie sind für den Mediziner unerläßlich zum Verständnis der biochemischen Prozesse bei allen wichtigen Lebensvorgängen. Ein **Chemisches Praktikum für Studierende der Medizin oder der Zahnmedizin** hat daher zwei Aufgaben zu erfüllen:

- Die Studierenden müssen mit den in der Chemie angewandten Methoden vertraut gemacht werden und praktische Kenntnisse über experimentelles Arbeiten vermittelt bekommen.
- Gleichzeitig dient das Chemiepraktikum dazu, die in Vorlesungen und Übungen sowie durch Lehrbücher vermittelten chemischen Grundkenntnisse durch aktive Auseinandersetzung mit dem Stoff zu festigen und zu vertiefen.

Aus der großen Stoffülle, die auch durch die "Stoffgrundlagen für die schriftlichen ärztlichen Prüfungen" gegeben ist, können in einem Praktikum nur einzelne Problemkreise schwerpunktmäßig ausgewählt werden.

Bei der Auswahl der exemplarischen Versuche haben wir vorrangig solche ausgewählt, die für stoffbezogene Lebensvorgänge besonders bedeutsam sind. Soweit es der Rahmen eines Praktikumsbuches zuläßt, wird auch auf entsprechende Zusammenhänge hingewiesen.

Das vorliegende Praktikumsbuch profitiert von den langjährigen Erfahrungen mit dem "Chemischen Praktikum für Mediziner" an der Philipps-Universität Marburg, dessen grundlegendes Konzept in den fünfziger Jahren von Prof.Dr.K.Dimroth in Zusammenarbeit mit Prof.Dr.C.Mahr entwickelt wurde:

> An nach Themenschwerpunkten gegliederten Kurstagen wurden den Studierenden wenige, aber dafür anspruchsvolle und vom Ergebnis her überprüfbare Aufgaben gestellt, deren Lösung die aktive Mitarbeit erforderte. Bei der Auswahl der Aufgaben wurde darauf geachtet, das der Chemikalienverbrauch möglichst gering gehalten wurde. Letzteres gewinnt heute im Zusammenhang mit dem Gebot der Sonderabfallvermeidung eine besondere Bedeutung.

1961 wurden die Kurstage und Versuche erstmals zu einem Praktikumsbuch zusammengefaßt, das in der Zwischenzeit von einigen anderen Hochschulen übernommen wurde oder als Anregung für ein eigenes Praktikumsbuch diente. Das Buch wurde im Laufe der Jahre mehrfach ergänzt und neuen Anforderungen angepaßt. Zu diesen haben neben den verschiedenen Praktikumsleitern auch viele Assistenten beigetragen, so daß eine echte Gemeinschaftsarbeit entstanden ist.

Für die jetzt vorliegende neue Form wurde der gesamte Stoff gründlich überarbeitet, an dem von Dimroth und Mahr aufgestellten Grundkonzept des "Marburger Praktikums" jedoch festgehalten.

Den Erfordernissen zur Vermittlung des sicheren Umgangs mit Gefahrstoffen wurde durch eine ausführliche Einleitung in die Problematik und die Aufnahme entsprechender Hinweise und Anweisungen bei den einzelnen Versuchen Rechnung getragen.

Ein Chemisches Praktikum, das als Nebenfachpraktikum für eine große Zahl von Teilnehmern innerhalb einer nur kurzen Zeitspanne durchzuführen ist, muß in der

Regel als Kurspraktikum konzipiert sein. Dabei können aus wirtschaftlichen und auch aus didaktischen Gründen die modernen analytischen Laboreinrichtungen ("Black Boxes") nicht im Vordergrund stehen. Die Betonung muß vielmehr auf der Vermittlung der Prinzipien dieser heute angewandten Labormethoden liegen, auch wenn in Einzelfällen die Einführung etwas aufwendigerer moderner Techniken in das Praktikum durchaus sinnvoll sein mag. Das Buch versucht daher, mit ganz einfachen Mitteln die Prinzipien solcher Verfahren zu vermitteln und bereitet so auch auf die Anwendung aufwendigerer Methoden wie z.B. der Photometrie oder moderner chromatographischer Methoden vor. Die ^{1}H-Kernresonanzspektroskopie, die in Form der Kernspintomographie in der Medizin besondere Bedeutung erhält, wird dadurch in das Praktikum eingeführt, daß anhand vorgelegter Meßergebnisse (Spektren) einige einfache Aufgaben zur Strukturermittlung zu lösen sind. Der Aufbau von Molekülmodellen einfacher Naturstoffe soll eine Vorstellung vom räumlichen Bau dieser Verbindungen und den damit verbundenen Wirkungs- und Reaktionsprinzipien vermitteln.

Bei der Auswahl und Zusammenstellung der Versuche sind wir von zehn bis elf Kurstagen zu je 4 Stunden reiner Labortätigkeit ausgegangen. Durch die Beschränkung auf bestimmte Versuche ist jedoch eine Anpassung an zeitliche und örtliche Gegebenheiten möglich, ohne daß dadurch das Gesamtkonzept des Praktikums geändert werden muß.

Unser besonderer Dank gilt Herrn Prof. Dr. K.Dimroth für die Anregung, das von ihm eingeführte Praktikum als Grundlage unseres Buches zu benutzen.
Den vielen Ungenannten, die im Laufe der Jahre an der ständigen Weiterentwicklung des Praktikums beteiligt waren, sei an dieser Stelle ebenfalls gedankt. Unseren Kollegen Prof.Dr.A.Berndt und Prof.Dr.H.Perst sowie den Herausgebern dieser Studienbuchreihe danken wir für wertvolle Diskussionen und kritische Anmerkungen. Herrn Dr. M.Julius sind wir für die Durchführung einer Reihe neuer Versuche, Frau I.Bublys, Frau A.Bamberger, Frau H.Burdorf und Frau H.Rinze für ihre Mithilfe bei der Gestaltung des Manuskriptes dankbar.
In der **dritten Auflage** wurden kleinere Textkorrekturen vorgenommen, insbesondere jedoch die Hinweise zu Gefahrstoffen und das Kapitel „Umgang mit Gefahrstoffen" den geänderten Vorschriften angepaßt. Die neuen R- und S-Sätze zum Bereich der umweltgefährlichen Stoffe wurden aufgenommen.
Die geänderten Vorschriften für die Einstufung von Zubereitungen führen bei verdünnten Lösungen von ätzenden Stoffen wie Natriumhydroxid, Ammoniak,Schwefelsäure und Essigsäure zu der Erfordernis, die Kennzeichnung der Standflaschen zu ändern.
1,4-Dihydroxybenzol (Hydrochinon) wurde bereits 1994 von der DFG-Senatskommission zur Prüfung gesundheitsschädlicher Arbeitsstoffe als Krebserzeugend in die Gruppe III A2 der MAK-Werte-Liste eingestuft. Nach Europäischem Recht (Richtlinie 67/548/EWG in der jeweils geltenden Fassung, Stand August 1996) ist 1,4-Dihydroxybenzol als gesundheitsschädlicher Stoff mit dem Gefahrenhinweis R 20/22 eingestuft. Diese Einstufung ist für die Kennzeichnung verbindlich.
Dem Begriff „Krebserzeugend" wird im Kapitel „Umgang mit Gefahrstoffen" ein besonderer Absatz gewidmet, da dieser Begriff häufig mißverständlich verwandt wird.

Hamburg, Januar 1997   H. G. Aurich, P. Rinze

INHALTSVERZEICHNIS:

VERZEICHNIS DER ABBILDUNGEN

VERZEICHNIS DER TABELLEN:

ANHANG

Periodensystem der Elemente

Der Umgang mit Gefahrstoffen

1. Einführung

Im medizinischen Alltag wird mit einer Vielzahl von Stoffen und Stoffgemischen bzw. Lösungen ("Zubereitungen") umgegangen, die aufgrund toxikologischer, bakteriologischer, chemischer oder physikalischer Eigenschaften als **Gefahrstoffe** zu bezeichnen sind.
Zu den Lernzielen eines Chemischen Praktikums gehört nicht zuletzt der sichere und ordnungsgemäße Umgang mit Gefahrstoffen.
Dieser Umgang ist durch eine Vielzahl von Verordnungen und Richtlinien der Europäischen Gemeinschaften, Gesetzen, Verordnungen, Satzungen und Regeln geordnet. Verstöße gegen die Gesetze sind strafbewehrt.
Das in diesem Zusammenhang wichtigste Gesetz ist das **Chemikaliengesetz (ChemG)**, die wichtigste Verordnung die **Gefahrstoffverordnung (GefStoffV)**. Auf **Richtlinien** der Europäischen Union wie die Richtlinie **67/548/EWG** (Einstufung, Verpackung und Kennzeichnung gefährlicher Stoffe) wird in diesen deutschen Rechtsnormen immer häufiger verwiesen, wodurch die Europäischen Richtlinien selbst eine immer größere direkte Bedeutung erlangen. Eine wichtige Aufgabe für Ärztinnen und Ärzte ist es, in der eigenen Praxis als **"Arbeitgeber"** diese Vorschriften einzuhalten bzw. deren Einhaltung durch die **"Arbeitnehmer"** zu überwachen. In Krankenhäusern, Polikliniken usw. nimmt die Leitung die Aufgaben des „Arbeitgebers" wahr. Es darf darüber jedoch nicht vergessen werden, **daß jede und jeder Verantwortung für die Angelegenheiten trägt, die von ihr oder ihm maßgeblich beeinflußt werden.**

2. Gefahrstoffe

Gefahrstoffe im Sinne der Vorschriften sind gefährliche Stoffe und Zubereitungen, die eine oder mehrere der folgenden Eigenschaften besitzen:

explosionsgefährlich,
brandfördernd,
hochentzündlich, leichtentzündlich, entzündlich,
sehr giftig, giftig, gesundheitsschädlich,
ätzend, reizend, sensibilisiernd
krebserzeugend, erbgutverändernd, fortpflanzungsgefährdend (reproduktionstoxisch)
umweltgefährlich

Stoffe, Zubereitungen oder Erzeugnisse, die explosionsfähig sind, aus denen bei der Herstellung oder Verwendung gefährliche oder explosionsfähige Stoffe entstehen oder freigesetzt werden können sowie solche, die erfahrungsgemäß Krankheitserreger übertragen können, sind ebenfalls Gefahrstoffe im Sinne des Chemikaliengesetzes.

Die hier aufgeführten Eigenschaften sind entweder im Chemikaliengesetz selbst oder in der Gefahrstoffverordnung bzw. der **Richtlinie 67/548/EWG** definiert ("Legaldefinition"). Sie können also nicht beliebig, wie dieses häufig in den Medien geschieht, verwandt werden. Definitionsgrundlage sind dabei die toxikologischen, chemischen, und physikalischen

Eigenschaften der Stoffe sowie dazugehörige vom Gesetzgeber oder Verordnungsgeber festgelegte Prüfverfahren.

3. Hinweise auf Gefahren

Bei Handelsprodukten sind Hinweise auf die Eigenschaften des Gefahrstoffes den aufgedruckten **Gefahrensymbolen** und **Gefahrenbezeichnungen** zu entnehmen (Abb. 0/1). Die dazugehörigen ebenfalls auf der Verpackung befindlichen **Gefahrenhinweise (R-Sätze)** und **Sicherheitsratschläge (S-Sätze)** sind zu beachten. Sind diese Bezeichnungen und Hinweise nicht aufgeführt oder bekannt   - dieses kann bei älteren noch im Gebrauch befindlichen Stoffen oder bei Stoffen aus der Forschung der Fall sein -   hat der Arbeitgeber diese Gefahren und Ratschläge zur Gefahrenabwehr zu ermitteln.
Alle chemischen und biologischen Stoffe, deren Ungefährlichkeit nicht zweifelsfrei feststeht, sind als Gefahrstoffe anzusehen und entsprechend zu behandeln.

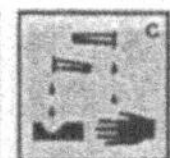

Abb. 0/1. Gefahrensymbole und -bezeichnungen: Schwarzer Aufdruck der Gefahrensymbole auf orangegelbem Untergrund. T: Giftig; T+: Sehr giftig; C: Ätzend; Xn: Gesundheitsschädlich; Xi: Reizend; O: Brandfördernd; F: Leichtentzündlich; F+: Hochentzündlich; E: Explosionsgefährlich; N: Umweltgefährlich.

Bei der **Zuordnung von Gefahrenbezeichnungen, -symbolen, -hinweisen und Sicherheitsratschlägen** ist zu beachten, daß bei "Zubereitungen" wie Lösungen von starken Basen oder Säuren diese Zuordnung abhängig von der Konzentration des eigentlichen Gefahrstoffes in der Lösung ist. So ist eine Natriumhydroxidlösung in Wasser mit einer Konzentration von 0.5 bis <2 % reizend (R 36/38), bei Konzentrationen von 2 bis <5 % ätzend (R 34) und bei Konzentrationen ab 5 % ätzend (R 35).

4. Ermittlungspflicht

Jeder, der Gefahrstoffe verwendet, hat sich - insbesondere vor dem erstmaligen Gebrauch des Gefahrstoffes - über das Gefahrenpotential des Stoffes und die notwendigen Schutzmaßnahmen zu informieren.
Prinzipiell ist bei der Verwendung von Gefahrstoffen zu prüfen, ob nicht alternativ der Einsatz eines Stoffes mit geringerem gesundheitlichen Risiko möglich ist. Gegebenenfalls **muß** der Stoff mit geringerem Risiko verwandt werden. Dieses gilt insbesondere für krebserzeugende Stoffe. Die Entscheidung hierüber hat die jeweilige Leiterin oder der Leiter des Labors zu treffen. Arbeitnehmer sind über die entsprechenden Verhaltensmaßnahmen im Gefahrfall und die Erste Hilfe zu unterweisen. Außerdem ist auf eine **sachgerechte Entsorgung der Abfälle** hinzuweisen.
Entsprechende Hinweise sind **Sicherheitsdatenblättern** (gemäß Artikel 3 der Richtlinie 91/155/EWG), weiteren Informationen der Hersteller und den für den jeweiligen Gefahr-

stoff geltenden **R- und S-Sätzen** zu entnehmen. In Zweifelsfällen sind weitere Erkundigungen einzuziehen. Sicherheitsdatenblätter müssen von denen zur Verfügung gestellt werden, die Gefahrstoffe in den Verkehr bringen (Pharma- und Chemikalienhandel), Betriebsanweisungen sind vom Arbeitgeber zu erstellen. Im medizinischen Bereich ist dieses in der Regel der niedergelassene Arzt oder die Kliniksleitung.

5. Unterweisungen

Unterweisungen über mögliche, beim Umgang mit Gefahrstoffen auftretende Gefahren, Schutzmaßnahmen, Verhaltensregeln, Erste Hilfe und Entsorgung müssen mindestens einmal jährlich mündlich und arbeitsplatzbezogen anhand einer **Betriebsanweisung** (siehe unten) erfolgen. Dabei sind weibliche Beschäftigte oder Studierende zusätzlich über die für werdende Mütter möglichen Gefahren und Beschäftigungsbeschränkungen zu unterrichten. Inhalt und Zeitpunkt der Unterweisungen sind schriftlich festzuhalten und von den Teilnehmern und Teilnehmerinnen der Unterweisung durch Unterschrift zu bestätigen.

Werdende Mütter dürfen nicht in Bereichen arbeiten, in denen sie krebserzeugenden, fruchtschädigenden oder erbgutverändernden Stoffen ausgesetzt sind. Ebenfalls dürfen sie nicht Stoffen, Zubereitungen oder Erzeugnissen ausgesetzt sein, die erfahrungsgemäß Krankheitserreger übertragen können. Werdende oder stillende Mütter dürfen mit sehr giftigen, giftigen, gesundheitsschädlichen oder in sonstiger Weise den Menschen chronisch schädigenden Gefahrstoffen nur beschäftigt werden, wenn dabei die Einhaltung der zulässigen Grenzkonzentrationen („Grenzwerte") nachgewiesen ist(**"Auslöseschwelle"**).

6.   Messungen und Vorsorgeuntersuchungen

Ist das Auftreten gefährlicher Stoffe in der Luft am Arbeitsplatz über zulässige Grenzwerte hinaus nicht dauerhaft sicher auszuschließen, sind **Messungen** zu veranlassen, um festzustellen, ob die **Grenzwerte** für Gefahrstoffe in der Atemluft (Luftgrenzwerte der Technischen Regel TRGS 900) bzw. im Körper der betroffenen Menschen (BAT-Werte der Technischen Regel TRGS 903) unter- oder überschritten sind. Sollten die entsprechenden Werte überschritten werden, sind Maßnahmen zu veranlassen, die eine Gefährdung beschäftigter Personen ausschließen. Ob die **Auslöseschwelle**, die als überschritten gilt, wenn die Einhaltung der Grenzwerte nicht nachgewiesen ist, als überschritten anzusehen ist oder nicht, ist bei durchgeführten Messungen nicht nur von den Meßergebnissen abhängig, sondern auch von der der Methode der Überwachung, die z.B. durch diskontinuierliche oder kontinuierliche Messungen mit automatischer Alarmierung erfolgen kann.
Bei der Durchführung singulärer diskontinuierlicher Messungen ist von 1/4 des jeweiligen Grenzwertes als „Auslöseschwelle" auszugehen.
Zu den erforderlichen Schutzmaßnahmen beim Überschreiten der Auslöseschwelle gehören bei einer Vielzahl von Stoffen, die in der Gefahrstoffverordnung im Anhang VI angegeben sind, **ärztliche Vorsorgeuntersuchungen**, die vor Beginn der Tätigkeiten durchzuführen und anschließend regelmäßig zu wiederholen sind.

Grenzwerte in der Luft am Arbeitsplatz (Luftgrenzwerte) können als Technische Richtkonzentration (TRK) oder als Maximale Arbeitsplatzkonzentrationen (MAK) definiert sein.

MAK ist die Konzentration eines Stoffes in der Luft am Arbeitsplatz, bei der im allgemeinen die Gesundheit der Arbeitnehmer (der Beschäftigten) nicht beeinträchtigt wird.

TRK ist die Konzentration eines Stoffes in der Luft am Arbeitsplatz, die nach dem Stand der Technik erreicht werden kann. TRK werden für Stoffe festgesetzt, für die aufgrund toxikologischer Probleme gegenwärtig keine MAK auffgestellt werden kkönnen. Insbesondere ist dabei eine fehlende oder bislang noch nicht erkannte Dosis-Wirkungs-Beziehung von Bedeutung. Stoffe, für die TRK-Werte aufgestellt werden, sind z.B. krebserzeugende Stoffe.

Grenzwerte von Stoffen im Körper des Menschen sind als BAT festgelegt.

BAT (Biologischer Arbeitsstofftoleranzwert) ist die Konzentration eines Stoffes oder seiner Umwandlungsprodukte im Körper oder die dadurch ausgelöste Abweichung eines biologischen Indikators von seiner Norm, bei der im allgemeinen die Gesundheit der Arbeitnehmer (Beschäftigten) nicht beeinträchtigt wird.

Schwangerschaft.

Im Verzeichnis der Luftgrenzwerte wird auf die Problematik möglicherweise fortpflanzungsgefährdender Stoffe nur soweit eingegangen, daß diejenigen Stoffe ausgewiesen werden, bei denen ein Risiko der Fruchtschädigung bei Einhaltung der MAK und des Biologischen Arbeitsplatztoleranzwertes (BAT) **nicht** befürchtet zu werden braucht. Das bedeutet jedoch nicht, daß die anderen aufgeführten Stoffe als gefährlich zu gelten haben. Für sie liegen keine ausreichenden toxikologischen Informationen vor, um sie entsprechend einstufen zu können.

Stoffe, die nach vorliegenden Informationen eine Gefahr für das ungeborene Kind oder grundsätzlich eine Gefahr für die Fortpflanzungsfähigkeit darstellen können, sind in dem Verzeichnis krebserzeugender, erbgutverändernder oder fortpflanzungsgefährdender Stoffe (Technische Regel TRGS 905) aufgeführt.

Fortpflanzungsgefährdende Stoffe werden in 3 Kategorien eingeteilt:

Kategorie 1 (Kennzeichnung **T, R 60 bzw. R 61**)

- Stoffe, die beim Menschen die Fortpflanzungsfähigkeit (Fruchtbarkeit) bekanntermaßen beeinträchtigen.
- Stoffe, die beim Menschen bekanntermaßen fruchtschädigend (entwicklungsschädigend) wirken.

Zu letzteren gehört nach neuen Erkenntnissen auch Kohlenmonoxid.

Kategorie 2 (Kennzeichnung **T, R 60 bzw. R 61**)

- Stoffe, die als beeinträchtigend für die Fortpflanzungsfähigkeit (Fruchtbarkeit) des Menschen angesehen werden sollten. Es bestehen hinreichende Anhaltspunkte zu der begründeten Annahme, daß die Exposition eines Menschen gegenüber dem Stoff zu einer Beeinträchtigung der Fortpflanzungsfähigkeit führen kann.
- Stoffe, die als fruchtschädigend (entwicklungsschädigend) für den Menschen angesehen werden sollten. Es bestehen hinreichende Anhaltspunkte zu der begründeten Annahme, daß die Exposition einer schwangeren Frau gegenüber dem Stoff zu schädlichen Auswirkungen auf die Entwicklung der Nachkommenschaft führen kann.

Kategorie 3 (Kennzeichnung **Xn, R 62 bzw. R 63**)

- Stoffe, die wegen möglicher Beeinträchtigung der Fortpflanzungsfähigkeit (Fruchtbarkeit) des Menschen zu Besorgnis Anlaß geben.
- Stoffe, die wegen möglicher fruchtschädigender (entwicklungsschädigender) Wirkungen beim Menschen zu Besorgnis Anlaß geben.

Die Befunde sind jedoch für eine Einstufung des Stoffes in Kategorie 2 nicht ausreichend.

Krebserzeugende Stoffe.
Zur Einstufung und Kennzeichnung werden diese Stoffe beim derzeitigen Stand der
Kenntnisse in drei Kategorien eingeteilt.
Kategorie 1   (Kennzeichnung **T, R45 bzw. R49**)
Stoffe, die beim Menschen bekanntermaßen krebserzeugend wirken. Es sind hinreichende
Anhaltspunkte für einen Kausalzusammenhang zwischen der Exposition eines Menschen
gegenüber dem Stoff und der Entstehung von Krebs vorhanden.
Kategorie 2   (Kennzeichnung **T, R45 bzw. R49**)
Stoffe, die als krebserzeugend für den Menschen angesehen werden sollten. Es bestehen
hinreichende Anhaltspunkte zu der begründeten Annahme, daß die Exposition eines Menschen gegenüber dem Stoff Krebs erzeugen kann. Diese Annahme beruht im allgemeinen
auf: - geeigneten Langzeit-Tierversuchen, - sonstigen relevanten Informationen.
Kategorie 3   (Kennzeichnung **Xn, R40**)
Stoffe, die wegen möglicher krebserregender Wirkung beim Menschen Anlaß zur Besorgnis geben, über die jedoch nicht genügend Informationen für eine befriedigende Beurtei-
lung vorliegen. Aus geeigneten Tierversuchen liegen einige Anhaltspunkte vor, die jedoch
nicht ausreichen, um einen Stoff in Kategorie 2 einzustufen.

Obwohl diese Stoffe aufgrund der so vorgenommenen Kategorisierung (krebserzeugend,
Kategorie 3, abgekürzt K3) als „krebserzeugend" tituliert sind, sind sie nicht als krebserzeugend für den Menschen anzusehen (da sie nicht in Kategorie 2 eingestuft sind). Dieses
führt z.B. dazu, daß K3-Stoffe nicht den besonderen Umgangs- und Meldevorschriften für
krebserzeugende Stoffe unterliegen Aufgrund des **Vorsorgeprinzips** soll jedoch mit diesen Stoffen so umgegangen werden, daß eine so gering wie mögliche Belastung der Beschäftigten erfolgt.
Typische Beispiele für K3-Stoffe sind Acetaldehyd (Stoffwechselprodukt von Ethanol im
menschlichen Körper), Formaldehyd und Trichlormethan.

Wenn nach Europäischem Recht die Einstufung und Kennzeichnung eines Stoffes in der
Richtlinie 67/548/EWG (Anhang I) erfolgt ist, sind die Mitgliedsstaten der Europäischen
Union verpflichtet, diese Vorschrift einzuhalten. **Aus Gründen des Arbeitsschutzes** dürfen sie je nach dem Stand ihrer Bedenken jedoch weitergehende Maßnahmen ergreifen. So
kommt es, daß im Sinne des Arbeitsschutzes auch abweichende Einstufungen vorgenommen werden können. Zum Beispiel ist der im Praktikum eingesetzte Stoff 1,4-
Dihydroxybenzol (5. Kurstag) in Deutschland, nicht aber in den meisten anderen Ländern
der Europäischen Union, als krebserzeugend, Kategorie 3, anzusehen, wenn er von Arbeitnehmern oder Studierenden verwandt wird. Im Handel darf er jedoch nicht als krebserzeugend (K3) eingestuft und gekennzeichnet werden, da dieses den Wettbewerb in Europa
beeinträchtigen würde.

7.   Arbeitsplatzbezogene und persönliche Schutzmaßnahmen

Arbeiten mit Gefahrstoffen, bei denen diese in die Atemluft eintreten können, sind möglichst im geschlossenen Abzug durchzuführen. Ist dieses nicht möglich, ist der Einsatz anderer geeigneter Schutzmaßnahmen (z. B. Schutzscheiben, örtliche Absaugungen, Körperschutzmittel) zu prüfen. Diese sind im Zweifelsfall durch den Laborleiter vorzuschreiben.

Beim Umgang mit Gefahrstoffen muß ein geeigneter Augenschutz (z. B. Gestellbrille mit Seitenschutz) getragen werden. **In Bereichen, in denen mit chemischen Stoffen gearbeitet wird, ist ständig eine Schutzbrille zu tragen.**

Der Kontakt von Gefahrstoffen mit der Haut oder Kleidung ist grundsätzlich zu vermeiden. Bei Arbeiten mit Gefahrstoffen ist geeignete Arbeitsschutzkleidung (Laborkittel, Labor- bzw. Arbeitsanzug) zu tragen. Gegebenenfalls sind geeignete Schutzhandschuhe aus beständigem Gummi oder Kunststoff und Sicherheitsschuhe zu benutzen. Es gibt keine universell einsetzbaren Schutzhandschuhe! Das Material der Handschuhe ist nach dem beabsichtigten Einsatz auszuwählen. Einmalhandschuhen ist gegenüber mehrfach zu benutzenden Handschuhen der Vorzug zu geben. Über den Einsatz entsprechender Körperschutzmittel hat die Laborleitung zu entscheiden.

8.   Gefahrenabwehr, Hygienemaßnahmen

Essen, Trinken, Rauchen oder Schnupfen ist in Bereichen, in denen mit Gefahrstoffen gearbeitet wird, verboten.

Wird Kleidung durch unvorhergesehene Zwischenfälle mit Gefahrstoffen stark verschmutzt oder durchtränkt, ist sie (auch Unterwäsche) sofort auszuziehen.

Vor der Aufnahme von Speisen und Getränken, vor Pausen und nach der Arbeit sind die Hände unter fließendem Wasser mit Hautreinigungsmitteln (Seife, Spülmittel, niemals organische Lösungsmittel) zu waschen.

Arbeitskleidung wie Laborkittel und Straßenkleidung sind getrennt zu halten. Mit dieser Arbeitskleidung sollen Sozialbereiche wie Kantinen, Aufenthaltsräume und auch Bibliotheken nicht betreten werden.

9.   Stoffklassenbezogene Maßnahmen

Die nachfolgend aufgeführten Hinweise für den Umgang mit bestimmten Gefahrstoffklassen geben nur allgemeingültige Informationen und Verhaltensregeln. Darüber hinaus hat sich jeder, der mit einem Gefahrstoff arbeitet, über die speziellen Eigenschaften und Gefahren dieses Stoffes sowie die speziell zu ergreifenden Maßnahmen zu informieren.

<u>Reizende und ätzende Stoffe</u>

Reizende Stoffe und Zubereitungen können bei der Einwirkung auf die Haut oder Schleimhäute Entzündungen verursachen. Ätzende Stoffe können lebendes Gewebe zerstören. Das Ausmaß der Schädigung steigt insbesondere mit der Konzentration, Temperatur und Einwirkungsdauer der Stoffe. Zusätzlich zu den in 1.1 bis 1.4 genannten sind folgende Maßnahmen vorzusehen:

-    Bei Ab- und Umfüllungen von mehr als 1 Liter Flüssigkeit sind eine Korbbrille und Sicherheitshandschuhe zu tragen.

-    Glasbehälter, die ätzende Stoffe enthalten, sollen nur in Kunststoffsicherheitsgefäßen transportiert werden. Bei Volumen über 2 l sind sie auch bei der Lagerung in Kunststoffgefäße einzustellen.

<u>Sensibilisierende Stoffe, Allergene</u>

In Laboratorien können sensibilisierend wirkende Stoffe auftreten. Einen absoiuten Schutz gegen diese Stoffe gibt es nicht. Fallen jedoch Stoffe durch häufigere Sensibilisierung als gewöhnlich auf, lösen sie also in weit überdurchschnittlichem Maß Überempfindlichkeitsreaktionen und Allergien aus, werden sie besonders gekennzeichnet (R 42, R 43). Bei diesen Stoffen sind gleiche Vorsichtsmaßnahmen zu ergreifen, wie bei reizenden und ätzenden Stoffen. Einatmen und Hautkontakt sind zu vermeiden) In besonderen Fällen wird für bestimmte Personen die totale Abstinenz erforderlich sein.

<u>Sehr giftige und giftige Stoffe</u>

Wegen der von sehr giftigen und giftigen Stoffen ausgehenden besonderen Gefährdung sind zusätzlich zu den in den vorhergehenden Abschnitten 7. und 8. genannten folgende Maßnahmen vorzusehen:

-   Für bestimmte gleichartig gefährdende Stoffgruppen und gegebenenfalls auch für einzelne Stoffe ist vom Arbeitgeber vor Arbeitsaufnahme eine **"stoffbezogene Betriebsanweisung"** zu erstellen.

-   Sehr giftige und giftige Stoffe sind unter Verschluß zu halten und dürfen nur den von der Laborleitung beauftragten Personen zugänglich sein.

<u>Krebserzeugende, erbgutverändernde und fortpflanzungsgefährdende Stoffe</u>

Krebserzeugende, erbgutverändernde und fortpflanzungsgefährdende Stoffe sowie Stoffe, die im Verdacht stehen, krebserzeugend, erbgutverändernd oder fortpflanzungsgefährdend zu sein, unterliegen besonderen Vorschriften. Für krebserzeugende und erbgutverändernde Gefahrstoffe sind diese im 6. Abschnitt der Gefahrstoffverordnung aufgeführt, bei den fortpflanzungsgefährdenden Stoffen handelt es sich vor allem um Beschäftigungsbeschränkungen nach dem Mutterschutzgesetz, die im 4. Abschnitt der Gefahrstoffverordnung aufgeführt sind.

Wegen der von diesen Stoffen ausgehenden besonderen Gefährdung sind zusätzlich zu den in den vorhergehenden Abschnitten 7. und 8. genannten folgende Maßnahmen vorzusehen:
-   Für Stoffe und Zubereitungen, die entsprechend § 35 der Gefahrstoffverordnung als krebserzeugend eingestuft sind, ist vom Arbeitgeber zu prüfen, ob er die beabsichtigte Arbeit nicht auch mit einem weniger gefährlichen Stoff ausführen lassen kann. Ist dieses grundsätzlich möglich, ist der Arbeitgeber verpflichtet, auch diesen **Ersatzstoff** einzusetzen. Desweiteren hat er grundsätzliche Verwendungsbeschränkungen für bestimmte krebserzeugende Stoffe zu beachten und nach den technischen Möglichkeiten mit geschlossenen Anlagen zu arbeiten

-   Die Beschäftigung von Arbeitnehmern mit diesen Stoffen ist der Aufsichtsbehörde (im der Regel das Staatliche Amt für Arbeitsschutz) zu melden. Die Arbeitnehmer sind arbeitsmedizinisch zu überwachen.

Organische Lösungsmittel, hochentzündliche und leichtentzündliche Stoffe

Die meisten organischen Lösungsmittel sind brennbare Flüssigkeiten.

Brennbare Flüssigkeiten entwickeln nur oberhalb einer bestimmten, für sie charakteristischen Temperatur so viel Dämpfe, daß diese in Verbindung mit der Luft gezündet werden können. Diese Temperatur wird als Flammpunkt bezeichnet und wird bei brennbaren Stoffen von vielen Herstellern im Katalog bei der jeweiligen Stoffbeschreibung angegeben. Hochentzündliche Stoffe sind Flüssigkeiten oder Gase mit einem Flammpunkt unter 0°C und einem Siedepunkt von höchstens 35°C. Leichtentzündliche Stoffe haben einen Flammpunkt unter 21°C. Alle brennbaren Flüssigkeiten sind zudem in folgende Gefahrenklassen eingeteilt:

Gefahrenklasse	A:	Flüssigkeiten mit Flammpunkt \ 100°C, die hinsichtlich ihrer Wasserunlöslichkeit nicht unter die Gefahrenklasse B fallen.
	A I:	Flammpunkt < 21°C
	A II:	Flammpunkt 21 - 55°C
	A III:	Flammpunkt 55 - 100°C
Gefahrenklasse	B:	Flüssigkeiten mit Flammpunkt < 21°C, die sich bei 15°C in Wasser lösen.

Wegen der von hochentzündlichen und leichtentzündlichen Stoffen ausgehenden besonderen Gefahren sind zusätzlich folgende Maßnahmen vorgeschrieben:

- Flammen, Funken und Wärmequellen fernhalten

- Brennbare Flüssigkeiten der Gefahrenklasse A I oder Gefahrenklasse B sollen an Arbeitsplätzen für den Handgebrauch nur in Gefäßen von höchstens 1 Liter Fassungsvermögen aufbewahrt werden. Für Bereiche, in denen ständig mit größeren, nicht bruchsicheren Behältern, die brennbare Flüssigkeiten enthalten, gearbeitet wird, ist unter Berücksichtigung der **Verordnung über brennbare Flüssigkeiten (VbF)** eine entsprechende "stoffgruppenbezogene Betriebsanweisung" zu erstellen. Die Lagerung größerer Mengen brennbarer Flüssigkeiten ist nur in explosionsgeschützten Räumen zulässig. Je nach Menge kann sie **anzeigepflichtig oder genehmigungspflichtig** sein.

- Der Hautkontakt mit organischen Lösungsmitteln ist grundsätzlich zu vermeiden.

- Organische Lösungsmittel sollen mit Augen oder Schleimhäuten nie in Berührung kommen (Schutzbrille tragen!)

Brandfördernde Stoffe, explosionsgefährliche Stoffe

Stoffe, die in Berührung mit anderen, insbesondere entzündlichen Stoffen stark unter Wärmeentwicklung reagieren können sowie die Stoffklasse der organischen Peroxide werden als brandfördernd bezeichnet.

Diese Stoffe sind grundsätzlich nicht mit entzündlichen Feststoffen oder Flüssigkeiten zusammenzubringen oder gar zu vermischen.

Geschieht dieses unbeabsichtigt oder gewollt, können die Mischungen explosionsgefährlich sein, d.h. sie können durch thermische Zündung zur Explosion gebracht werden.

Solche Zubereitungen, aber auch explosionsgefährliche Reinstoffe wie Pikrinsäure (2,4,6-Trinitrophenol) werden im medizinischen Labor z.B. durch Zusetzen von Wasser oder anderen inerten Flüssigkeiten "phlegmatisiert".
Es ist darauf zu achten, daß diese Zusammensetzung auch bestehen bleibt und nicht durch Verdunsten des zugesetzten Wassers wieder austrocknet. Dabei würden explosionsgefährliche Reinstoffe wie Pikrinsäure entsehen. Solche "Sprengbomben" können dann auch nicht mehr ohne weiteres entsorgt werden.

<u>Infektionsgefährdende Stoffe</u>

Stoffe, Zubereitungen oder Erzeugnisse, die ihrer Art nach erfahrungsgemäß **Krankheitserreger** übertragen können, sind Gefahrstoffe im Sinne des Chemikaliengesetzes. Für sie gelten Umgangsbeschränkungen für werdende und stillende Mütter, die besonders im klinischen Bereich genau einzuhalten sind.
Der Umgang mit **gentechnisch veränderten Organismen** ist durch das Gentechnikgesetz (GenTG) geregelt. Ärztinnen und Ärzte, die mit gentechnisch veränderten Organismen umgehen, haben sich über die Rechtsvorschriften, vor allem die Gentechniksicherheitsverordnung (GenTSV), zu informieren. Dieses kann schon während des Studiums erforderlich sein, z.B. bei der Anfertigung der Dissertation.

10. Aufbewahrung

In Laboratorien müssen Gefäße, in denen Gefahrstoffe aufbewahrt werden, so beschaffen sein, daß vom Inhalt nichts ungewollt nach außen gelangen kann. Die Verpackungen müssen aus Stoffen bestehen, die vom Inhalt nicht angegriffen werden können. Sie müssen mit der Bezeichnung des Stoffes oder der Zubereitung (z.B. Lösung) und den erforderlichen Gefahrensymbolen mit den zugehörigen Gefahrenbezeichnungen gekennzeichnet sein. Die Aufbewahrung von Gefahrstoffen in Gefäßen, durch deren Form oder Bezeichnung der Inhalt mit Lebensmitteln verwechselt werden kann, ist verboten.
Werden Gefahrstoffe gelagert, sind die Gefäße zusätzlich mit den notwendigen R- und S-Sätzen, dem Namen und der Anschrift des Inverkehrbringers (Herstellers) und zusätzlichen Sicherheitsangaben zu kennzeichnen.

Die Aufbewahrung und der Transport von zerbrechlichen Gefäßen, in denen sich Gefahrstoffe befinden, soll in geeigneten unzerbrechlichen und unzersetzbaren Behältnissen erfolgen.

11. Reinigung

Das Reinigen von Laborgeräten ist mit besonderen Gefahren verbunden, da dabei vorher geschlossene Apparaturen, in denen sich Reste von Gefahrstoffen befinden, geöffnet werden müssen. Deshalb ist beim Reinigen besonders auf die Benutzung geeigneter Körperschutzmittel zu achten.
Auch bei der Reinigung können wassergefährdende umweltschädliche Abfälle und Lösungen entstehen. Diese dürfen nicht in den Abfluß und damit in die Kanalisation gelangen,

sondern sind so vorzubehandeln, daß sie ungefährlich werden. Ist dieses aus technischen Gründen nicht möglich, sind sie zu sammeln und als Sonderabfall zu entsorgen.

Ein Beispiel für die Vorbehandlung von gefährlichen Abwässern aus zahnärztlichen Praxen sind die erforderlichen Rückhalteeinrichtungen für Amalgam-Abfälle aus dem Behandlungsbereich.

12. Entsorgung von Gefahrstoffen und Gewässerschutz

Eine Entsorgung von Gefahrstoffen soll immer dann vorgenommen werden, wenn abzusehen ist, daß diese nicht mehr benötigt werden. Vorschriften für die sachgerechte Entsorgung sind zu beachten. Gefahrstoffe sind grundsätzlich Sonderabfälle und dürfen nicht zusammen mit dem "Hausmüll" entsorgt werden. Die Organisation der Abfallentsorgung ist Angelegenheit der zuständigen kommunalen Gebietskörperschaften (Gemeinden, Kreise), die auch entsprechende Auskünfte erteilen.

Gefahrstoffe sind in der Regel auch wassergefährdende Stoffe oder können solche freisetzen. Deshalb soll man sich zur Regel machen, Stoffe und Lösungen aus dem Laborbereich erst nach gründlicher Überprüfung und Feststellung der Ungefährlichkeit dem Abwasser beizugeben. Als **"Indirekteinleiter"** unterliegen Laboratorien und Arztpraxen den Vorschriften, die aufgrund des Wasserrechts und der Satzungen der Betreiber von Abwasseranlagen erstellt sind und in denen besondere Anforderungen an die Qualität des Abwassers gestellt werden.

Insbesondere ist auf folgendes zu achten:

- Brennbare Flüssigkeiten dürfen unabhängig von ihren toxischen Eigenschaften nicht in den Abfluß gegossen werden, sondern sind bevorzugt zur Weiterverwendung zu redestillieren oder aber als entsprechend gekennzeichnete Lösungsmittelabfälle als Sonderabfall zu entsorgen.

- Sehr giftige und giftige Stoffe oder Stoffe, die mit Säuren oder Laugen sehr giftige oder giftige Stoffe bilden, dürfen unter keinen Umständen in den Abfluß gelangen.

- Auch die Entsorgung ätzender Stoffe darf nicht über den Abfluß erfolgen. Lediglich kleine Mengen einiger der gebräuchlichen anorganischen Säuren und Basen wie Salzsäure und Natronlauge dürfen nur <u>sehr verdünnt und weitgehend neutralisiert</u> in die Kanalisation gelangen. Dabei ist zu beachten, daß es verboten ist, konzentrierte Lösungen zum Zwecke der Entsorgung extra zu verdünnen.

13. Notmaßnahmen bei Gefahren

Treten gefährliche Situationen auf, sind Personen, die sich im Gefahrenbereich befinden, zu warnen. Der Vorgesetzte ist sofort zu verständigen.

Auch bei Unfällen ist sofort der Vorgesetzte zu benachrichtigen. Bei Verdacht auf Einwirkung von Gefahrstoffen, auftretendem Unwohlsein oder Verletzungen ist ärztliche Hilfe einzuholen.

Mit Gefahrstoffen benetzte Haut ist sofort mit viel Wasser zu spülen.

Sollten Spritzer von Gefahrstoffen in die Augen gelangt sein, ist sofort bei geöffnetem Lidspalt mit reichlich Wasser und mäßigem Zulauf 10-15 Minuten zu spülen und in jedem Fall der Arzt aufzusuchen.

14. Betriebsanweisungen

Werden Arbeitnehmer mit Gefahrstoffen beschäftigt, muß der Arbeitgeber eine Betriebsanweisung erstellen, in der die beim Umgang mit diesen Gefahrstoffen auftretenden Gefahren für Mensch und Umwelt sowie die erforderlichen Schutzmaßnahmen und Verhaltensregeln festgelegt werden. Auf die sachgerechte Entsorgung entstehender Abfälle ist hinzuweisen. Ebenfalls sind Anweisungen über das Verhalten im Gefahrfall und über die Erste-Hilfe zu treffen. Die Betriebsanweisung ist in verständlicher Form und in der Sprache der Beschäftigten abzufassen.

Eine solche Betriebsanweisung für ein "Chemisches Praktikum für Mediziner" wird im folgenden als Beispiel abgedruckt.

Um diesem Beispiel eine möglichst umfassende Geltung zu geben, wird in ihm auch auf Gefahrstoffe mit bestimmten Gefahrenmerkmalen hingewiesen, die in dem in diesem Buch beschriebenen Praktikum nicht vorkommen. Die im Text erwähnten "zuständigen Stellen", Adressen, Telefonnummern, Alarmkennungen usw. sind bei der konkreten Erstellung von Betriebsanweisungen entsprechend den Umständen einzufügen.

Betriebsanweisung

für das Chemische Praktikum für Studierende der Medizin und Zahnmedizin

GEFAHREN FÜR MENSCH UND UMWELT

Im Chemischen Praktikum gehen Sie mit gasförmigen, flüssigen oder festen Gefahrstoffen um, sowie mit solchen, die als Stäube auftreten können. Dabei haben Sie besondere Verhaltensregeln und Schutzvorschriften einzuhalten bzw. zu beachten.

Die Aufnahme der Stoffe in den menschlichen Körper kann durch Einatmen über die Lunge, durch Resorption durch die Haut sowie über die Schleimhäute und den Verdauungstrakt erfolgen.

Gefahrstoffe sind Stoffe und Zubereitungen, die

explosionsgefährlich, brandfördernd,
hochentzündlich, leichtentzündlich, entzündlich,
sehr giftig, giftig, gesundheitsschädlich,
ätzend, reizend, sensibilisiernd,
krebserzeugend, fruchtschädigend oder erbgutverändernd sind oder
sonstige chronisch schädigende Eigenschaften besitzen oder umweltgefährlich sind.

Stoffe, Zubereitungen und Erzeugnisse, die explosionsfähig sind bzw. aus denen bei der Herstellung oder Verwendung gefährliche oder explosionsfähige Stoffe oder Zubereitungen entstehen oder freigesetzt werden können, sind ebenfalls Gefahrstoffe; genauso wie Stoffe, Zubereitungen und Erzeugnisse, die erfahrungsgemäß Krankheitserreger übertragen können.

Die gefährlichen Eigenschaften der im Praktikum eingesetzten bzw. entstehenden Stoffe sind den Hinweisen zum jeweiligen Versuch zu entnehmen. Diese Hinweise sind Bestandteil dieser Betriebsanweisung.

SCHUTZMASSNAHMEN UND VERHALTENSREGELN

1.   Grundregeln:

Vor dem Umgang mit Gefahrstoffen müssen Sie anhand der Hinweise zum jeweiligen Versuch die Risikogruppen ermitteln, zu denen die einzelnen eingesetzten Stoffe gehören.

Die ermittelten besonderen Gefahren (R-Sätze) und Sicherheitsratschläge (S-Sätze) sind als Bestandteil dieser Betriebsanweisung verbindlich.

Gefahrstoffe dürfen nicht in Behältnissen aufbewahrt oder gelagert werden, die zu Verwechslungen mit Lebensmitteln führen können.

Sehr giftige und giftige Stoffe bzw. Zubereitungen werden von den sachkundigen Praktikumsbetreuern ausgegeben und ansonsten unter Verschluß gehalten.

Sämtliche Standgefäße sind mit dem Namen des Stoffes und den Gefahrensymbolen zu kennzeichnen; größere Gefäße sind vollständig zu kennzeichnen, d.h. auch mit R- und S-Sätzen.

Das Einatmen von Dämpfen und Stäuben sowie der Kontakt von Gefahrstoffen mit Haut und Augen sind zu vermeiden. Beim offenen Umgang mit gasförmigen, staubförmigen oder solchen Gefahrstoffen, die einen hohen Dampfdruck besitzen, ist grundsätzlich im Abzug zu arbeiten.

Im Labor muß ständig eine Schutzbrille getragen werden; Brillenträger müssen eine optisch korrigierte Schutzbrille oder aber eine Überbrille nach W DIN 2 über der eigenen Brille tragen.

Das Essen, Trinken und Rauchen im Labor ist untersagt.

Die in den Sicherheitsratschlägen (S-Sätzen) und speziellen Anweisungen zum jeweiligen Versuch vorgesehener Körperschutzmittel wie Korbbrillen, Gesichtsschutz und geeignete Handschuhe sind zu benutzen.

Im Labor ist zweckmäßige Kleidung, z.B. ein Baumwoll-Laborkittel, zu tragen. Aufgrund des Brenn- und Schmelzverhaltens sind Kittel aus Synthesefasern ungeeignet. Die Kleidung soll den Körper und die Arme ausreichend bedecken. Es darf nur festes, geschlossenes und trittsicheres Schuhwerk getragen werden.

Die Hausordnung des Fachbereichs bzw. Instituts ist einzuhalten.

2.   Allgemeine Schutz- und Sicherheitseinrichtungen

Die Frontschieber von Abzügen sind zu schließen; die Funktionsfähigkeit der Abzüge ist zu kontrollieren. Defekte Abzüge dürfen nicht benutzt werden.

Sie haben sich über den Standort und die Funktionsweise der Notabsperrvorrichtungen für Gas und Strom sowie der Wasserversorgung zu informieren. Nach Eingriffen in die Gas-, Strom-, und Wasserversorgung ist unverzüglich die Praktikumsleitung zu informieren. Eingriffe sind auf Notfälle zu beschränken, und die betroffenen Verbraucher sind zu warnen.

Feuerlöscher, Löschsandbehälter und Behälter für Aufsaugmaterial sind nach jeder Benutzung zu befüllen. Feuerlöscher, auch solche mit verletzter Plombe, sind dazu bei der Praktikumsleitung abzugeben.

SACHGERECHTE ABFALLVERMINDERUNG UND -ENTSORGUNG

Die Menge gefährlicher Abfälle ist dadurch zu vermindern, daß nur kleine Mengen von Stoffen in Reaktionen eingesetzt werden. Der Weiterverwendung und der Wiederaufarbeitung, z.B. von Lösungsmitteln, ist der Vorzug vor der Entsorgung zu geben. Reaktive Reststoffe, z.B. Alkalimetalle, Peroxide, Hydride, sind sachgerecht zu weniger gefährlichen Stoffen umzusetzen.

Anfallende Reststoffe, die aufgrund ihrer Eigenschaften Sonderabfall sind, müssen entsprechend der gesondert ausgegebenen Richtlinie für die Sammlung und Beseitigung von Sonderabfällen an der Hochschule verpackt, beschriftet, deklariert, der zuständigen Stelle gemeldet und zur Entsorgung übergeben werden.

VERHALTEN IN GEFAHRENSITUATIONEN

Beim Auftreten gefährlicher Situationen, z.B. Feuer, Austreten gasförmiger Schadstoffe, Auslaufen von gefährlichen Flüssigkeiten, sind die folgenden Anweisungen einzuhalten:

Ruhe bewahren und überstürztes, unüberlegtes Handeln vermeiden!

Gefährdete Personen warnen, gegebenenfalls zum Verlassen der Räume auffordern.

Versuche abstellen, Gas, Strom und ggf. Wasser abstellen (Kühlwasser muß weiterlaufen!).

Aufsichtsperson und/oder *** *Verantwortlichen* *** benachrichtigen.

Beim Ausfall von Lüftungsanlagen ist das Arbeiten mit Gefahrstoffen, die in die Atemluft eintreten können, einzustellen. Nach dem Abschalten der Geräte ist das Labor zu verlassen und die **** *zuständige Stelle* *** zu benachrichtigen

Bei Unfällen mit Gefahrstoffen, die Langzeitschäden auslösen können, oder die zu Unwohlsein oder Hautreaktionen geführt haben, ist ein Arzt aufzusuchen. Die Praktikumsleitung oder stellvertretend die Assistentin oder der Assistent sind darüber zu informieren. Eine Unfallmeldung ist möglichst schnell bei der zuständigen Stelle zu erstellen.

ERSTE-HILFE

Bei allen Hilfeleistungen auf die eigene Sicherheit achten!

So schnell wie möglich einen notwendigen NOTRUF tätigen.

Personen aus dem Gefahrenbereich bergen und an die frische Luft bringen.

Kleiderbrände löschen.

Notduschen benutzen; mit Chemikalien verschmutzte Kleidung vorher entfernen, notfalls bis auf die Haut ausziehen; mit Wasser und Seife reinigen; bei schlecht wasserlöslichen Substanzen diese mit Polyethylenglykolen (BASF, oder Roticlean E der Fa.Roth) von der Haut abwaschen und mit Wasser nachspülen.

Bei Augenverätzungen mit weichem, Wasserstrahl (am besten mit einer am Trinkwassernetz fest installierten Augendusche) beide Augen von außen her zur Nasenwurzel bei gespreizten Augenlidern 10 Minuten oder länger spülen.
Atmung und Kreislauf prüfen und überwachen.

Beim Verschlucken ätzender Stoffe kein Erbrechen herbeiführen. Stattdessen sehr viel Wasser zu trinken geben. Falls spontan erbrochen wird, Kopf tief legen, damit Erbrochenes nicht in Luftröhre gelangt.

Beim Verschlucken nichtätzender Giftstoffe ebenfalls viel Wasser zu trinken geben sowie Medizinalkohle verabreichen.

Bei Bewußtsein gegebenenfalls Schocklage erstellen: Beine nur leicht (max. 10 cm) über Herzhöhe mit entlasteten Gelenken lagern.

Bei Bewußtlosigkeit und vorhandener Atmung in die stabile Seitenlage bringen; sonst sofort mit der Beatmung beginnen. Tubus benutzen und auf Vergiftungsmöglichkeiten achten. (Bei Herzstillstand: Herz-Lungen - Wiederbelebung).

Blutungen stillen, Verbände anlegen, dabei Einmalhandschuhe benutzen.

Brandwunden steril abdecken. Keine "Brandsalben" oder ähnliches anwenden. Wegen der Infektionsgefahr ist auch bei kleineren Brandwunden ein Arzt aufzusuchen.

Verletzte Person bis zum Eintreffen des Rettungsdienstes nicht allein lassen.

Information des Arztes sicherstellen. Angabe der Chemikalien möglichst mit Hinweisen für den Arzt aus entsprechenden Büchern oder Vergiftungsregistern.
Erbrochenes und Chemikalien sicherstellen.

NOTRUF UND GEFAHRENSIGNALE

*** Feuer/Unfall *** von jedem Telefon aus innerhalb der *** Hochschule ***
*** 112 *** von amtsberechtigten Anschlüssen innerhalb der *** Hochschule ***
*** 112 münzfreier NOTRUF *** von den Münzfernsprechern am *** Ort ***.
setzen Sie einen NOTRUF gemäß folgendem Schema ab:

WO geschah der Unfall   Ortsangabe
   WAS geschah   Feuer, Verätzung, Vergiftung, Sturz, usw.
   WELCHE Verletzungen   Art und betroffener Körperteil
WIEVIELE Verletzte   Anzahl
WARTEN   niemals auflegen, bevor die Rettungsleitstelle das Gespräch beendet hat, es können wichtige Fragen zu beantworten sein.

Wichtige Rufnummern
    Krankentransport   ***
   Unfallchirurgie   ***
   Augenklinik   ***
   Hautklinik   ***
   Poliklinik   ***
   Giftinformationszentrum: ***

Alarmsignale

Feueralarm   *** Signalkennung ***
   Alarmort ermitteln.
   Entstehungsbrand mit Eigenmitteln löschen (Feuerlöscher, Sand); dabei auf eigene Sicherheit achten; Panik vermeiden.

   wenn notwendig:
   Arbeitsplatz sichern, möglichst Strom und Gas abschalten, Gebäude auf dem kürzesten Fluchtweg verlassen, **keine Aufzüge benutzen**

*** ggf. weitere Alarmsignale, ihre Bedeutung und Handlungshinweise ***

PERSONENSCHUTZ GEHT IMMER VOR SACHSCHUTZ

** Ort **, den ***

        (Unterschrift)

1. Kurstag

Maßanalyse - Säuren und Basen

Lernziele: Herstellung von Lösungen bestimmter Konzentrationen, Konzentrationsmaße und -angaben, Volumenmessung von Flüssigkeiten, Volumen-Meßgeräte, Titer von molaren Lösungen, Durchführung von Titrationen, Endpunktsbestimmungen, Berechnung von Analysenergebnissen.

Grundlagenwissen: Stoffmenge, Mol, Säuren und Basen (Definitionen nach Brönsted und Lewis), Gleichgewichtsreaktionen , Massenwirkungsgesetz, Anwendung des Massenwirkungsgesetzes auf Protolysereaktionen, Säurekonstante und Protolysegrad a, pH- und pK-Werte, starke und schwache Säuren und Basen, ein- und mehrprotonige Säuren, korrespondierende (konjugierte) Säure-Base-Paare, Ionenprodukt des Wassers, Säure-Base-Farbindikatoren.

Benutzte Lösungsmittel und Chemikalien mit Gefahrensymbolen sowie Gefahrenhinweisen und Sicherheitsratschlägen:

		R-Sätze	S-Sätze
1 molare Natronlauge (ca. 4 % NaOH in H_2O)	C	34	26-28-45
0.1 molare Natronlauge (ca. 0.4 %)	-		
0.1 molare Natriumacetatlösung	-		
0.1 molare Salzsäure (ca. 0.4 % HCl in H_2O)	-		
2 molare Essigsäure (ca. 12 % CH_3CO_2H in H_2O)	Xi	36/38	
Methylorange (0.1 % in H_2O)	-		
Phenolphthalein (0.1 % in 60 % Ethanol/Wasser)	F	11	7-16

Zusätzlich benötigte Geräte: 50 ml Bürette mit Stativ und Stativklemmen, 500 ml Enghalsflasche mit Gummi- bzw. Kunststoff-Stopfen, Etiketten, Millimeterpapier, Rundfilter als Titrierunterlage, pH-Indikatoren als Teststäbchen (Abstufung 0.5 pH-Einheiten, Bereiche pH 0 - 6.0, pH 5.0 - 10.0 und pH 7.5 - 14).

Entsorgung: Die an diesem Kurstag verwandten Lösungen können in den nach den Versuchsbeschreibungen anfallenden Mengen dem Abwasser beigegeben werden.

1. **Aufgabe:** *Durch Verdünnen vorrätiger etwa 1 molarer Natronlauge wird eine ungefähr 0.1 molare Natronlauge hergestellt. Der Titer dieser Lösung wird durch wiederholte Titration genau 0.1 molarer Salzsäure-Proben bestimmt.*

Jede Arbeitsgruppe erhält in einem 500 ml Meßkolben ca. 50 ml einer 1 molaren Natronlauge. Diese wird <u>unter Schütteln</u> mit destilliertem bzw. entsalztem Wasser ("dest. Wasser") verdünnt. Zuletzt wird bis zur Eichmarke des Meßkolbens aufgefüllt. Der Kolbeninhalt wird in eine mit dest. Wasser gereinigte 500 ml Enghalsflasche gefüllt und darin noch einmal gut durchmischt.

Aus dieser Vorratsflasche wird die Bürette mit Hilfe eines passenden Trichters befüllt. Dabei ist darauf zu achten, daß der Trichter nicht bündig auf den Bürettenrand gesetzt wird, sondern die durch die Flüssigkeit verdrängte Luft zwischen Trichter und

Bürettenrand entweichen kann. Vor der Einstellung des Flüssigkeitsspiegels ("Meniskus") auf die Nullmarke und der Durchführung von Titrationen ist der zum Einfüllen benutzte Trichter zu entfernen.

Die erste Füllung der Bürette wird in ein Becherglas abgelassen und verworfen. Dabei achte man darauf, daß die Bürettenspitze vollständig mit der Lösung gefüllt ist und der Hahn dicht schließt. Anschließend wird die Bürette erneut gefüllt und der Flüssigkeitsmeniskus, wie in Abb. 1/1 gezeigt, auf die Nullmarke der Bürette eingestellt.

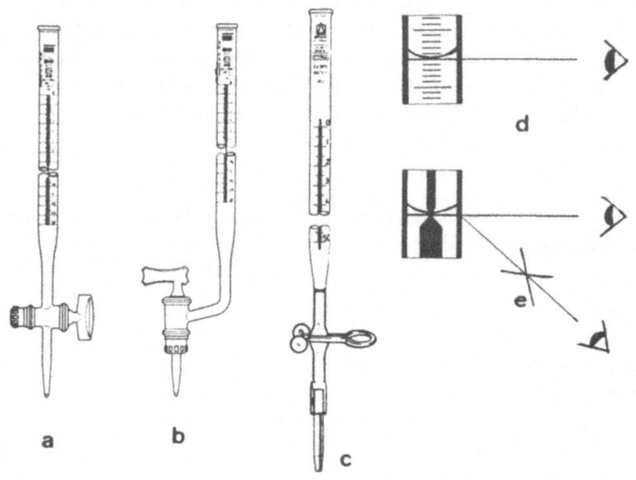

Abb. 1/1. Büretten: a. Bürette mit geradem Hahn; **b.** Bürette mit seitlichem Hahn; **c.** Bürette mit Quetschhahn; **d.** Ablesen des Füllstandes am Meniskus der Flüssigkeit; **e.** Ablesehilfe durch Schellbachstreifen.

In einem sauberen und trockenen Becherglas holt man sich ca. 100 ml der ausstehenden 0.1 molaren Salzsäure. Davon gibt man mit Hilfe einer Vollpipette genau 25 ml in ein Titriergefäß, z.B. einen 250 ml Erlenmeyer-Weithalskolben. Sollte die Pipette nicht sauber und trocken sein, spült man sie zweimal mit einer geringen Menge (ca. 3 ml) 0.1 molarer Salzsäure unter Drehen und Neigen vollständig durch. Beim Ansaugen der Lösung in die Pipette ist darauf zu achten, daß nichts in die reine Lösung zurückfließt. Die Spüllösungen sind zu verwerfen.

Bei allen Pipettiervorgängen im Praktikum ist eine Pipettierhilfe zu benutzen, z.B. ein Peleusball (Abb. 1/2).

Diese darf nicht mit der zu pipettierenden Flüssigkeit in Berührung kommen. Es ist also peinlich darauf zu achten, daß die Flüssigkeit nicht zu hoch gezogen wird. Zur vollständigen Entleerung der Pipette ist die Pipettierhilfe zu entfernen.

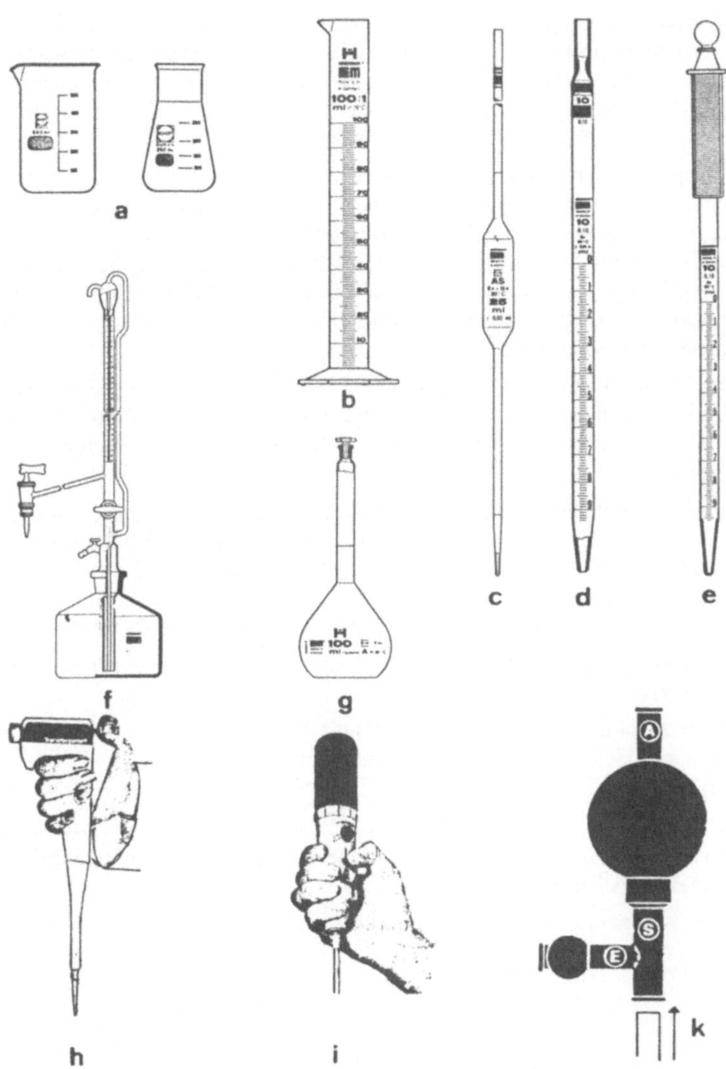

Abb. 1/2. Geräte zur Volumenmessung, Pipettierhilfen: a. Becherglas und Erlenmeyer-Weithalskolben mit Graduierung zur Abschätzung von Volumina; **b.** Meßzylinder; **c.** Vollpipette; **d.** Meßpipette; **e.** Saugkolben-Meßpipette; **f.** Automatische Bürette ("Titrierapparat"); **g.** Meßkolben; **h.** Kolbenhub-Mikropipette; **i.** Makro-Pipettierhilfe; **k.** Peleusball (Pipettierhilfe).

Die im Titriergefäß vorgelegten 25 ml 0.1 molare HCl werden mit 3 Tropfen der Indikatorlösung (Methylorange) versetzt. Nun läßt man die NaOH-Lösung zunächst in ziemlich rascher,zuletzt jedoch langsamer Tropfenfolge in die zu titrierende Lösung fließen. Zur besseren Durchmischung wird das Titriergefäß ständig umgeschwenkt. Der Endpunkt der Titration (Äquivalenzpunkt) ist erreicht, wenn die anfangs rote Farbe des Indikators gerade nach gelb umschlägt. Man notiert das Volumen der aus der Bürette ausgelaufenen NaOH-Lösung ("Verbrauch").

Dieser Vorgang wird mit einer zweiten Probe von 25 ml 0.1 molarer HCl wiederholt. Stimmen die verbrauchten ml NaOH bei beiden Titrationen auf mindestens 0.5 % überein, so berechnet man den Titer (Titrationsfaktor) aus dem Mittelwert der Ergebnisse. Im anderen Fall wiederholt man die Titration bis zur befriedigenden Übereinstimmung der Ergebnisse. Man achte auf jeden Fall auf Fehler beim Ablesen des Bürettenstandes und vermeide es, zuviel NaOH-Lösung durch "Übertitrieren" über den Äquivalenzpunkt hinaus zuzusetzen.

Der "Titer" ist der Faktor, mit dem die verbrauchte Menge an ca. 0.1 molarer NaOH multipliziert werden muß, um daraus einen Verbrauch von genau 0.1 molarer NaOH zu ermitteln. Er ist also ein Korrekturfaktor, der den Fehler der Maßlösung auszugleichen hat.

Zur Berechnung des Titers der NaOH überlege man, daß zur vollständigen Reaktion 25 ml 0.1 molarer HCl auch genau 25 ml 0.1 molarer NaOH verbraucht würden. Werden mehr als 25 ml NaOH verbraucht, ist diese verdünnter als eine 0.1 molare Lösung, der Titer also kleiner als 1. Bei einem geringeren Verbrauch an NaOH-Lösung ist diese konzentrierter als 0.1 molar. Folglich ist der Titer größer als 1.

Man mache es sich zur Gewohnheit, alle Ergebnisse von Berechnungen auf ihre sinngemäße Richtigkeit zu prüfen.

Sind z.B. **26.25 ml** der ca. 0.1 molaren NaOH die äquivalente Menge zu **25.00 ml** genau 0.1 molarer HCl, errechnet man den Titer f auf folgende Weise:

$$26.25 \cdot f = 25.00; \quad f = 25.00/26.25; \quad f = 0.9524$$

Man beachte, daß der Titer sich immer auf die aktuelle Konzentrationsangabe bezieht, in diesem Fall also 0.1 mol/l !

Anschließend wird die Vorratsflasche vorschriftsmäßig beschriftet:

Natronlauge, 0.1 molar in Wasser	
NaOH	
f = 0.9524	Datum: ....
Theodora Allwissend	Labor Nr.............

Ein Gefäß, in dem sich ein Stoff oder eine Lösung ("Zubereitung") befinden, ist stets mit den folgenden Informationen zu kennzeichnen:

- Bezeichnung des Stoffes mit dem systematischen Namen. Bei Lösungen: Bezeichnung des gelösten Stoffes sowie des Lösungsmittels sowie die Konzentration der Lösung,

- Formel des Stoffes bzw. des gelösten Stoffes,

- bei analytischen Maßlösungen zusätzlich der Titer der Lösung sowie das Datum der Titerstellung,

- Identifikationsmerkmale, z.B. Name des Benutzers, Labornummer oder ähnliches.

Handelt es sich bei dem Stoff bzw. der Zubereitung um einen Gefahrstoff, ist das Gefäß zusätzlich mit dem Gefahrensymbol und der zugehörigen Gefahrenbezeichnung zu kennzeichnen. Soll im Gefäß der Stoff bzw. die Zubereitung gelagert werden, müssen ebenfalls die R- und S- Sätze in der Kennzeichnung aufgeführt werden.

2. Aufgabe: *Mit der eingestellten 0.1 molaren NaOH wird eine vom Assistenten ausgegebene Salzsäuremenge durch Titration bestimmt.*

In einem sauberen, frisch mit dest. Wasser ausgespülten 200 ml Weithalskolben, der nicht trocken sein muß (warum?), erhält man eine abgemessene Probe verdünnter HCl. Ihr Gehalt soll durch Titration mit der soeben eingestellten NaOH bestimmt werden (Angabe des Ergebnisses in mg HCl). Die Menge der HCl ist so bemessen, daß etwa 25-40 ml der 0.1 molaren NaOH zur Neutralisation benötigt werden. Man titriert genau wie bei der zuvor erledigten Aufgabe unter Zusatz von 2-3 Tropfen Methylorange-Lösung zur Bestimmung des Äquivalenzpunktes, wobei die Farbtiefe des Indikators etwa der des vorangegangenen Versuches entsprechen soll (warum ?).

Zur Berechnung der umgesetzten Menge HCl stellt man nach

(1) $HCl + NaOH \rightarrow H_2O + NaCl$ (besser: $H_3O^+ + HO^- \rightarrow 2\,H_2O$)

fest, daß 1 mol NaOH auch 1 mol HCl entsprechen. Aus dem notierten Titrationsergebnis (Verbrauch an ca. 0.1 molarer NaOH) wird mit Hilfe des vorher ermittelten Titers der Lösung errechnet, wieviel mol HO^- der Stoffmenge an HCl äquivalent sind, die man vom Assistenten erhalten hat.

Betrug z.B. der Verbrauch **39.25 ml** 0.1 molare NaOH mit dem Titer **f = 0.9524**, so sind dieses

$$39.25\ ml \cdot 0.9524 \cdot 0.1\ mmol/ml = 3.738 \cdot 10^{-3}\ mol\ (3.738\ mmol)\ HCl$$

Die molare Masse von HCl beträgt 1.008 + 35.46 = 36.47 g/mol.

Also waren in der Probe enthalten:

$$36.47\ g/mol \cdot 3.738 \cdot 10^{-3}\ mol = 0.1363\ g\ (136.3\ mg)\ HCl$$

Da auch bei sorgfältiger Titration der Endpunkt auf höchstens 1 Tropfen genau (ca. 0.05 ml) festgelegt werden kann, ist eine Angabe des Ergebnisses nur mit einem relativen Fehler von 0.2 bis 0.5 % möglich. Damit erweist sich die Angabe der Zehntel Milligramm als Schätzung.

Aufgrund dieses in der Meßmethode liegenden Fehlers wäre man bei der Rechnung mit aufgerundeten Zahlen (um eine Dezimalstelle) zu einem gleich genauen Ergebnis gekommen: $36.5 \cdot 3.74 = 136.5$

Die Abschätzung von Fehlergrößen ist bei allen Messungen von großer Bedeutung. Es soll mit der größtmöglichen Genauigkeit gemessen werden. Die Meßwerte sind mit soviel Dezimalstellen zu ermitteln, daß die letzte angegebene Stelle um höchstens einige Einheiten unsicher ist. Die Zahl der Dezimalstellen einem experimentellen Ergebnis gibt so auch einen Hinweis auf die Genauigkeit des Meßverfahrens. Beispielsweise kann man mit einem 50 ml Meßzylinder allenfalls 40.0 ml Lösung, mit einer genaueren 50 ml Bürette jedoch 40.00 ml abmessen.

Die Angabe von Dezimalstellen bei einem experimentellen Ergebnis, die nicht durch die Genauigkeit des Meßverfahrens gerechtfertigt ist, bedeutet insofern eine Verfälschung dieses Ergebnisses, als sie eine nicht zutreffende Genauigkeit des Experimentes vorgaukelt. Sie ist zu vermeiden, auch wenn man - nicht zuletzt durch die Benutzung elektronischer Rechner - zu solchen Angaben verführt wird.

3. Aufgabe: *Es wird die Probe einer wäßrigen Schwefelsäurelösung ausgegeben, deren Gehalt an H_2SO_4 in mg, deren molare Konzentration und deren Massengehalt in % auszurechnen sind.*

Die zu analysierende Probe der verdünnten H_2SO_4 wird vom Assistenten in einem gut mit dest. Wasser ausgewaschenen 200 ml Erlenmeyer-Weithalskolben abgeholt. Die gegebenenfalls zu verdünnende Lösung titriert man mit der eingestellten ca. 0.1 molaren NaOH-Lösung nach Zugabe von 2-3 Tropfen der Methylorange-Lösung. Bei der Berechnung der ursprünglichen Menge H_2SO_4 (molare Masse M = 98.08) ist zu beachten, daß nach

(2) $H_2SO_4 + 2\ HO^- \rightarrow 2\ H_2O + SO_4^{2-}$

für die Neutralisation von 1 mol der zweiprotonigen H_2SO_4 2 mol NaOH benötigt werden.

Beispiel:

Verbrauch: 11.35 ml ca. 0.1 molare NaOH (f = 0.9524)

$11.35\ ml \cdot 0.9524 \cdot 0.1\ mmol/ml = 1.081\ mmol\ H^+$

$1.081\ mmol\ H^+ / 2 = 0.540\ mmol\ H_2SO_4$

$98.08\ mg/mmol \cdot 0.540\ mmol = 53.0\ mg\ H_2SO_4$

Ist die Analyse richtig abgegeben worden, nennt der Assistent das Volumen und die Dichte der von ihm ausgegebenen H_2SO_4-Probe. Unter Verwendung dieser Angaben wird die molare Konzentration ("Stoffmengenkonzentration") und der Massengehalt der analysierten Schwefelsäurelösung in % berechnet.

Beispiel:

<table>
<tr><td>Volumen der Probe: 5.00 ml;</td><td>Dichte der Lösung bei 20 °C: 1005 kg/m^3
(SI-Einheit, aber praktischer: 1.005 g/ml).</td></tr>
<tr><td>0.540 mmol in 5.00 ml;</td><td>$c(H_2SO_4)$ = 0.108 mmol/ml bzw. 0.108 mol/l</td></tr>
<tr><td>5.00 ml · 1.005 g/ml = 5.025 g;</td><td>5025 mg/100 % = 53.0 mg/X %</td></tr>
<tr><td colspan="2" align="center">--> Massengehalt X = 1.055 %</td></tr>
</table>

4. Aufgabe: *Eine schwache Säure (Essigsäure) wird mit 0.1 molarer NaOH unter Verwendung von Methylorange als Indikator titriert. Der Äquivalenzpunkt ist nicht zu ermitteln.*

Von der ausstehenden etwa 2 molaren Essigsäure, CH_3CO_2H werden mit einer Vollpipette 10 ml in einen mit dest. Wasser ausgespülten 100 ml Meßkolben pipettiert. Anschließend wird dieser bis zur Marke mit dest. Wasser unter Schütteln aufgefüllt. Nach dem sorgfältigen Durchmischen der Lösung spült man die Pipette mit kleinen Teilen der so hergestellten Essigsäure und pipettiert 10 ml der CH_3CO_2H-Lösung in ein Titriergefäß. Nach Zusatz von 3 Tropfen Methylorange-Lösung als Indikator versucht man, die CH_3CO_2H mit der hergestellten ca. 0.1 molaren NaOH zu titrieren. Schon nach Zugabe von wenigen ml der NaOH tritt jedoch allmählicher Farbwechsel auf: Die Titration ist bei Anwendung von Methylorange als Indikator nicht durchführbar.

5. Aufgabe: *Die Titrationskurven der Salzsäure sowie die der Essigsäure werden mit Hilfe von pH-Indikator-Teststäbchen aufgenommen und grafisch dargestellt. (Steht eine elektrochemische pH-Bestimmungsmöglichkeit zur Verfügung, ist diese den pH-Indikator-Teststäbchen vorzuziehen; der pH-Wert kann dann genauer und mit geringeren Zugabeschritten aufgezeichnet werden).*

Man nimmt hintereinander die Titrationskurven von 20 ml der 0.1 molaren HCl und von 10 ml der zuvor hergestellten etwa 0.2 molaren Essigsäure unter Verwendung der selbst hergestellten ca. 0.1 molaren NaOH (Titer beachten) auf.

Hierzu gibt man jeweils zuerst mit einem sauberen Glasstab einen Tropfen der verdünnten Säuren auf ein pH-Indikator-Teststtäbchen und notiert möglichst genau den gefundenen pH-Wert. Danach tropft man aus der Bürette 2 ml der ca. 0.1 molare NaOH zu, schwenkt gut um und bestimmt den pH-Wert durch Befeuchten eines pH-Indikator-Teststäbchens mit einem sehr kleinen Tropfen der Titrationslösung. Dieser Vorgang wird solange wiederholt, bis die Lösung einen pH-Wert von etwa 11 erreicht hat. Es ist dabei darauf zu achten, daß immer die für den jeweiligen pH-Bereich geeigneten pH-Indikator-Teststäbchen benutzt werden.

Die gemessenen pH-Werte trägt man auf der Ordinate eines Millimeterpapiers auf (1 pH-Einheit = 1 cm), während auf der Abszisse die zugegebene Menge an ca. 0.1 molarer NaOH in ml (1 ml = 1 cm) aufgetragen wird. Durch die eingetragenen Punkte, die wegen der Ungenauigkeit und der Fehler des gewählten Verfahrens nicht verbunden werden - es würde eine "Zick-Zack"-Kurve ergeben -, zeichnet man eine **Ausgleichskurve** mit der geringsten Abweichung von den einzelnen Meßpunkten. Stark herausfallende Werte werden dabei nicht berücksichtigt.

So erhält man Titrationskurven der Salzsäure und der Essigsäure, wie sie für die Titration einer starken (HCl) und einer schwachen Säure (CH_3CO_2H) mit einer starken Base charakteristisch sind.

Anschließend wird der pH-Wert einer ca. 0.1 molaren wäßrigen Natriumacetatlösung (CH_3CO_2Na) mit einem pH-Indikator-Teststäbchen bestimmt. Das Ergebnis wird mit dem pH-Wert am Äquivalenzpunkt der Essigsäure-Titrationskurve verglichen. Wie ist dieses Ergebnis zu erklären?

Erläuterungen:

1. Maßanalyse

1.1 Allgemeines. Der Maßanalyse kommt zur quantitativen Bestimmung einer Substanzmenge wegen ihrer vielseitigen Anwendbarkeit, raschen Durchführbarkeit und relativ großen Genauigkeit große Bedeutung zu. Man läßt aus einer Bürette genau soviel einer in ihrer molaren Konzentration (mol/l) bekannten Reagenzlösung zufließen, wie zur vollständigen Umsetzung der zu bestimmenden Substanz erforderlich ist. Man mißt also nicht direkt die Menge der zu bestimmenden Substanz, sondern das verbrauchte Volumen der Reagenzlösung, das zur quantitativen Umsetzung erforderlich ist ("**Titration**").

1.2 Folgende **Voraussetzungen** müssen für eine genaue Maßanalyse erfüllt sein:

- Die für die Analyse benutzte **Reaktion muß rasch und stöchiometrisch eindeutig** (griechisch: stoicheia = Grundstoff, Element u. metron = Maß) **verlaufen**, d.h. es sind nur solche Reaktionen geeignet, bei denen das chemische Gleichgewicht annähernd vollständig auf der Seite der Reaktionsprodukte liegt. Die Geschwindigkeit der Reaktion muß so hoch sein, daß die Zugabe des Reagenzes bei Einhaltung des thermodynamischen Gleichgewichts in kurzen Zeitabständen erfolgen kann.

- Alle Geräte (Bürette, Pipette, Meßkolben u.a.) müssen sauber, vor allem fettfrei sein und ein genaues Abmessen der Volumina ermöglichen. Bevorzugt sind **geeichte Geräte** zu verwenden.

- Der Gehalt der Reagenzlösungen, ihr "**Titer**", muß **genau bekannt** sein.

- Das **Ende der Reaktion**, d.h. die vollständige Umsetzung des zu bestimmenden Stoffes muß **klar erkennbar** sein. Diese Endpunktsindikation wird im modernen Labor in der Regel mit Hilfe physikalisch-chemischer Meßinstrumente durchgeführt.

1.3. Endpunktsindikation. Als physikalisch-chemische Methoden zur Endpunktsindikation sind die Messung des Redoxpotentials (siehe 5. Kurstag), des elektrischen Widerstandes der Lösungen, die Absorption charakteristischer Frequenzen ("Banden") elektromagnetischer Wellen (Strahlung) im Bereich des infraroten (IR), sichtbaren (VIS) oder ultravioletten (UV) Lichtes oder anderer für den Ablauf der Reaktion charakteristischer Parameter geeignet. Diese Messungen erfordern meistens kostspielige und empfindliche Apparaturen und werden besonders bei Reihenuntersuchungen in der klinischen Chemie verwandt.

In Einzelfällen ist es jedoch auch üblich, wie in diesem Praktikum einfache Methoden einzusetzen. Bei der Verwendung von Farbindikatoren wird das menschliche Auge als optisches Meßinstrument eingesetzt.

2. Meßgefäße

2.1 Büretten oder **Mikrobüretten** sind mit einer genauen für das Volumen geeichten Einteilung versehene Rohre. Ihr zur Spitze ausgezogenes Ende am Verschluß ("Hahn") erlaubt es, die in ihr vorhandene Reaganzlösung in kleinen Tropfen (oder durch Nachspülen mit dest. Wasser sogar Teile eines Tropfens) in die zu analysierende Lösung zu geben. Im Praktikum werden in der Regel 50ml Büretten verwandt, die in 1/10 ml unterteilt sind. Wegen des Bruchrisikos, der damit verbundenen Kosten und der besonderen Eignung für alkalische Lösungen sind preiswerte Quetschhahnbüretten zu bevorzugen. Vor ihrer Benutzung zu Titrationen ist darauf zu achten, daß sie bis zur Spitze des Ausflusses mit der Reagenzlösung gefüllt sind. Nach Entfernen des Einfülltrichters wird die Reagenzlösung genau mit dem unteren Meniskus auf Augenhöhe auf ein bestimmtes Volumen (z.B. 0.00 ml) eingestellt. Ein auf dem Bürettenhintergrund angebrachter senkrechter Streifen (Schellbachstreifen) erleichtert das Einstellen und Ablesen des Füllstandes. In analoger Weise wird nach dem Abschluß der Titration das Volumen der bis zum Äquivalenzpunkt verbrauchten Reagenzlösung abgelesen. Die Genauigkeit beträgt bei den 50 ml Büretten 1/10 ml, wobei der Betrag zum nächsten Teilstrich in 1/100 ml abgeschätzt wird. Dies entspricht einer Angabe auf der 2. Stelle hinter dem Komma, wobei zugleich durch die 2. Stelle auch die Meßgenauigkeit angegeben wird (siehe 1. Aufgabe). Liegt z.B. der Meniskus der Lösung genau bei 15.1 ml, so werden 15.10 ml angegeben..

Titrationsverfahren mit physikalisch chemischer Endpunktsindikation werden meistens mit automatischen Synchronmotor-betriebenen Kolbenbüretten durchgeführt. Dabei kann die Titrationsgeschwindigkeit der Änderung des gemessenen Parameters automatisch angepaßt werden. Büretten dieser Art sind zur exakten Bestimmung kleinster Flüssigkeitsmengen geeignet.

2.2 Als **Vollpipetten** werden in der Mitte erweiterte Saugrohre verwendet, deren Volumen durch einen Strich oberhalb der Erweiterung gekennzeichnet ist. Die meisten Pipetten sind auf "Auslauf" geeicht, sie dürfen nicht ausgeblasen werden. Zum Ansaugen der Flüssigkeit verwendet man hierzu konstruierte **Pipettierhilfen**, z.B. einen Peleusball. **Das Ansaugen von Flüssigkeiten und Lösungen darf grundsätzlich nicht mit dem Mund vorgenommen werden.** Zum Entleeren legt man die zuvor außen mit Filterpapier abgewischte und bis zur Pipettenspitze gefüllte Pipette mit ihrer Spitze an die Wand des Gefäßes, öffnet das entsprechnde Ventil der auf die Pipette aufgesetzten Pipettierhilfe, wartet nach dem groben Auslaufen einige Sekunden - dabei wird die Pipettierhilfe abgenommen - bis die noch in der Pipette vorhandene Flüssigkeit nachgelaufen ist und streicht dann die Pipettenspitze an der Gefäßwand ab.

Neben dieser einfachen Pipettenform gibt es noch eine Vielzahl verschiedener Pipetten, insbesondere Kolbenhubpipetten mit festeingestelltem oder variablem Hub, die auch zur exakten Dosierung von Mikroliter-Mengen geeignet sind (z.B. "Eppendorf-Pipetten").

2.3 Meßpipetten sind graduierte Rohre mit ausgezogener Glasspitze, die ebenfalls mit Pipettierhilfen zu benutzen sind. Mit ihnen können Volumina nicht so genau bestimmt werden, wie mit Vollpipetten; sie sind deshalb "nicht eichfähig".

An die Stelle von Meßpipetten treten heute verstärkt Dosiergeräte in Form von Saugkolbenpipetten mit fest einstellbarem oder variablem Hub. Mit ihnen können Flüssigkeitsmengen mit einer Reproduzierbarkeit von ± 0.5 % schnell und komfortabel abgemessen werden.

2.4 Meßkolben dienen zur Herstellung von Lösungen, die in einem bestimmten Volumen eine bekannte oder unbekannte Stoffmenge enthalten. Das Volumen des Meßkolbens ist durch einen Eichstrich am Kolbenhals festgelegt. Man beachte, daß alle Meßgefäße bei einer bestimmten Temperatur (meist 20°C, auf dem Meßkolben vermerkt) geeicht sind. Diese Temperatur muß auch bei der Volumenbestimmung (beim Auffüllen des Kolbens) sorgfältig eingehalten werden. Lösungen können beim Verdünnen in einem Meßkolben nur solange durch Schütteln richtig vermischt werden, wie der Kolben nicht vollständig gefüllt ist. Desweiteren muß bei der Herstellung konzentrierterer Lösungen mit Volumenveränderungen gerechnet werden. Deshalb ist auf eine kontinuierliche Durchmischung der eingefüllten Lösungen zu achten.

3. Molare Lösungen

Zur Titration benötigt man Lösungen, deren genauer Gehalt an reagierender Substanz bekannt sein muß. Die Einheit der Stoffmenge ist das Mol (Einheitszeichen: mol), das $6.022 \cdot 10^{23}$ Teilchen enthält (Avogadro-Konstante $N_A = 6.022 \cdot 10^{23}$ mol^{-1}; Anzahl der Atome in 0.012 kg des Nuklids ^{12}C). Die Teilchen können Atome, Moleküle oder Gruppen von Teilchen wie die aus Ionen bestehenden Salze (z.B. NaCl) sein. Obwohl die Basiseinheit der molaren Masse (Symbol M) eigentlich kg/mol ist, verwendet man besser die Einheit g/mol, da der Zahlenwert von M dann der relativen Teilchenmasse (abgeleitet von 12 g ^{12}C !) entspricht. Ebenso benutzt man in der Chemie für die Einheiten von Volumen und Masse häufig die Untereinheiten l und ml bzw. g und mg statt der Basiseinheiten m^3 und kg, da diese zu "unhandlich" sind.

Zur Herstellung einer 1 molaren wäßrigen NaCl-Lösung (der Ausdruck "Lösung" sowie die Art des Lösungsmittels werden meistens unterschlagen: "1 molare NaCl") werden z.B. genau 1 mol NaCl = 22.99 + 35.43 = 58.42 g NaCl in H_2O in einem 1 l Meßkolben gelöst und das Volumen bis zur Eichmarke mit Wasser aufgefüllt. Viele Lösungen genau bekannter molare Konzentration sind durch den Chemikalienhandel beziehbar. Eine Lösung von NaOH ("Natronlauge") genau bekannter molarer Konzentration läßt sich jedoch nicht durch Abwiegen von NaOH herstellen, da dieser kristalline Feststoff an der Luft Wasser und Kohlendioxid (CO_2) aufnimmt. Da auch die Reagenzlösung selbst mit CO_2 reagiert, ist ihr Titer von Zeit zu Zeit zu kontrollieren. Dagegen läßt sich z.B. eine 0.1 molare Oxalsäure als "Urtiter-Lösung" im Laboratorium durch Abwiegen von genau 12.647 g der mit 2 mol H_2O kristallisierenden Oxalsäure und Lösen in H_2O zu 1 Liter Lösung herstellen und über längere Zeit aufbewahren. Mit dieser Lösung kann der Titer einer ca. 0.1 molaren NaOH durch Titration bestimmt werden (siehe 2. Aufgabe, in der eine wäßrige HCl-Lösung dazu benutzt wird).

4. Säuren und Basen

4.1 Säure-Base-System nach *Brönsted***:** Nach *Brönsted* sind Säuren Verbindungen, die H^+-Ionen (Protonen) abgeben können: **Protonendonatoren**. Basen sind Stoffe, die Protonen aufnehmen können: **Protonenakzeptoren**.

$$(3)\ HB \rightarrow H^+ + B^-$$

Die Eigenschaft eines Stoffes, als Säure oder Base zu wirken, ist keine absolute Eigenschaft, sondern wird von der relativen Stärke und Konzentration der miteinander reagierenden Protonen-Donatoren und -Akzeptoren bestimmt. Eine Säure benötigt zur Protonenabgabe also eine Base, wie umgekehrt eine Base eine Säure benötigt, um die Eigenschaft einer Base zeigen zu können. Auch Lösungsmittel können Säuren oder Basen sein. Das für die anorganische Chemie und alle Lebensvorgänge wichtigste Lösungsmittel ist Wasser.

Gasförmiger Chlorwasserstoff, HCl, zerfällt ("dissoziiert") beim Lösen in einem Alkan (Kohlenwasserstoff C_nH_{2n+2}) nicht in H^+ und Cl^--Ionen. Dagegen tritt beim Lösen in Wasser so gut wie vollständige Protolyse der HCl unter Bildung der starken Salzsäure ein:

$$(4)\ HCl + H_2O \rightarrow H_3O^+ + Cl^-$$

Allgemein ist demnach zu formulieren:

$$(5)\ HB + H_2O \rightarrow H_3O^+ + B^-$$

Diese Reaktion wird in vielen Lehrbüchern "Dissoziation" genannt.Sie ist jedoch eine Säure-Base-Reaktion, bei der H_2O die Funktion der Base erfüllt. Besser ist sie als "Protolysereaktion" zu bezeichnen.

Wasser kann aber auch als Säure reagieren:

$$(6)\ NH_3 + H_2O \rightarrow NH_4^+ + HO^-$$

Als Folge dieser amphoteren (griechisch: amphoteros = beiderlei) Eigenschaft des Wassers findet im Wasser selbst in geringem Maße eine Autoprotolyse statt. Wasser reagiert in einer Gleichgewichtsreaktion mit sich selbst:

$$(7)\ 2\ H_2O \rightarrow H_3O^+ + HO^-$$

Das H_3O^+-Kation ist in Wasser mehr oder weniger stark "solvatisiert" (z.B. $H_7O_3^+$ = $H_3O^+ \cdot 2\ H_2O$ etc.), d.h. von elektrostatisch gebundenen Lösungsmittelmolekülen umgeben. Auch Wasser selbst ist nicht aus unverbundenen H_2O-Molekülen aufgebaut, sondern über "H-Brücken" zwischen einer unbestimmten Zahl H_2O-Molekülen zu größeren Aggregaten gebunden. Wir werden in diesem Praktikumsbuch meistens anstelle des hydratisierten Hydronium-Ions (auch Oxonium-Ion genannt) $H_3O^+ \cdot n\ H_2O$, wie auch bei anderen Ionen, dieses Phänomen vernachlässigen und nur H_3O^+ schreiben. Zusätzlich dazu werden wir dann, wenn dieses nicht zum Verständnis der Reaktion erforderlich ist, die Reaktion

(8) $H^+ + H_2O \rightarrow H_3O^+$

unberücksichtigt lassen, da bei allen durchzuführenden Berechnungen die molare Konzentration des Wassers, $c(H_2O)$, in den verdünnten Reaktionslösungen als konstant angenommen werden kann. Danach vereinfachen sich die Gleichungen (4) und (7) zu

(9) $HCl \rightarrow H^+ + Cl^-$ und

(10) $H_2O \rightarrow H^+ + HO^-$

Stoffpaare, die sich in ihrer Zusammensetzung nur um ein Proton (H^+) unterscheiden, nennt man **korrespondierende oder konjugierte Säure-Base-Paare.**

Beispiele für Säure-Base-Paare:

Säure	$\rightarrow$ Proton	+ konjugierte Base
H_3O^+	$\rightarrow H^+$ +	H_2O
HCl	$\rightarrow H^+$ +	Cl^-
H_2SO_4	$\rightarrow H^+$ +	HSO_4^-
HSO_4^-	$\rightarrow H^+$ +	SO_4^{2-}
HNO_3	$\rightarrow H^+$ +	NO_3^-
H_3PO_4	$\rightarrow H^+$ +	$H_2PO_4^-$
$H_2PO_4^-$	$\rightarrow H^+$ +	HPO_4^{2-}
HPO_4^{2-}	$\rightarrow H^+$ +	PO_4^{3-}
$H_2C_2O_4$	$\rightarrow H^+$ +	$HC_2O_4^-$
CH_3CO_2H	$\rightarrow H^+$ +	$CH_3CO_2^-$
NH_4^+	$\rightarrow H^+$ +	NH_3
H_2O	$\rightarrow H^+$ +	HO^-
HCN	$\rightarrow H^+$ +	CN^-
HS^-	$\rightarrow H^+$ +	S^{2-}

4.2 Säure-Base-Systeme nach *Lewis*: Nach *Lewis* sind Säuren **Elektronenpaar-Akzeptoren** und Basen **Elektronenpaar-Donatoren.** Diese Definition besitzt den Vorteil, unabhängig von einem Bezugsmedium (bei Brönsted-Säuren ist dieses Wasser) zu sein. Während die Basendefinition mit der nach *Brönsted* kongruent ist - jeder Protonenakzeptor muß ein Elektronenpaar-Donator sein - unterscheiden sich die Säure-Definitionen grundsätzlich. Nach Lewis können auch Moleküle und Ionen, die über keinen gebundenen Wasserstoff verfügen, Säuren sein. Nach *Brönsted* können Säuren nur Stoffe mit gebundenem Wasserstoff sein. Sie können als Protonendonatoren fungieren, während das Proton selbst eine Lewis-Säure ist. Auch Kohlendioxid ($O=C=O$) ist eine Lewis-Säure und keine Brönsted-Säure. CO_2 reagiert mit der Base Hydroxyl-Ion unter Bildung von Hydrogencarbonat:

(11) CO_2 + HO^- $\rightarrow$ HCO_3^-
         Lewis-Säure   Base   Brönsted-Säure

Bringt man Lewis-Säuren in Wasser, reagieren diese unter Bildung einer Brönsted-Säure:

(12) CO_2 + H_2O → H_2CO_3
        Lewis-Säure   Base   Brönsted-Säure

Finden Säure-Base-Reaktionen in nicht-wäßrigen Medien statt, wie dies in der organischen Chemie häufiger der Fall ist, wird die Lewis-Säuredefinition die adäquate sein. In wäßrigen Systemen, wie sie überwiegend auch im physiologischen Bereich vorkommen, ist die Säuredefinition nach *Brönsted* jedoch voll ausreichend.

5. Gleichgewichtsreaktionen und Massenwirkungsgesetz:

5.1 Chemische Reaktionen sind in der Regel **Gleichgewichtsreaktionen**. Der energetisch günstigste Zustand läßt sich im **geschlossenen System** (⇒ kein Austausch von Materie mit der Umgebung) als **dynamisches Gleichgewicht** beschreiben. Das bedeutet, daß zwar Reaktionen zwischen den Ausgangsstoffen (Edukten) und den entstandenen Stoffen (Produkten) ablaufen, die Geschwindigkeiten dieser "Hin-" und "Rückreaktionen" jedoch gleich groß sind. Das führt dazu, daß sich an den Stoffmengen, die im Gleichgewichtszustand vorliegen, nichts ändert. In homogenen Lösungen bleiben somit auch die molaren Konzentrationen der Stoffe konstant. Gleichgewichtsreaktionen werden in Reaktionsgleichungen durch einen Doppelpfeil ⇌ gekennzeichnet:

(13) $a\,A + b\,B \;\rightleftharpoons\; x\,X + y\,Y$

(14) $H_2SO_4 + 2\,H_2O \;\rightleftharpoons\; 2\,H_3O^+ + SO_4^{2-}$

Stört man das Gleichgewicht durch die Änderung eines Parameters (Parameter: Konzentration eines beteiligten Stoffes, Temperatur, Druck), stellt es sich durch eine entsprechende Änderung der Parameter neu ein. Die Störung des Gleichgewichts ist als Zwang zu betrachten, dem das Gleichgewicht durch die Anpassung der Parameter begegnet ("Prinzip des kleinsten Zwanges" von *Le Chatelier*).

Wird z.B. aus dem Reaktionsgleichgewicht nach Gl.(14) durch Zugabe des Stoffes A dessen Konzentration erhöht, reagiert A mit B unter Bildung von X und Y, bis der Gleichgewichtszustand erneut erreicht ist.

5.2 Diese Situation des Chemischen Gleichgewichtes läßt sich durch das **Massenwirkungsgesetz** von *Guldberg und Waage* beschreiben.

In homogenen Lösungen ist im Gleichgewichtszustand bei einer bestimmten Temperatur T der Quotient aus dem Produkt der Konzentrationsterme der Produkte und dem Produkt der Konzentrationsterme der Edukte konstant:

$$K = \frac{c(X)^x \cdot c(Y)^y}{c(A)^a \cdot c(B)^b}$$

$$K = \frac{c(H_3O^+)^2 \cdot c(SO_4^{2-})}{c(H_2SO_4) \cdot c(H_2O)^2}$$

Am Beispiel der Protolyse der Schwefelsäure nach Gleichung (14) läßt sich dieses mit Hilfe von Wahrscheinlichkeitsüberlegungen verstehen:

Grundvoraussetzung für den Ablauf einer Reaktion in Lösung ist, daß die an der Reaktion beteiligten Teilchen zu einem "Reaktionskomplex" an einem Ort zur gleichen Zeit zusammentreffen. Unter der Voraussetzung, daß sich die Teilchen in der Lösung unabhängig voneinander und zufällig (d.h. nur stochastischen Regeln unterworfen) bewegen, ist die Wahrscheinlichkeit des Zusammentreffens und damit die Geschwindigkeit der Reaktion abhängig von der jeweiligen Teilchendichte, also der molaren Konzentration in der Lösung.

$$v_1 = k_1 \cdot c(H_2SO_4) \cdot c(H_2O) \cdot c(H_2O) \qquad \text{v der Hinreaktion}$$

$$v_2 = k_2 \cdot c(H^+) \cdot c(H^+) \cdot c(SO_4^{2-}) \qquad \text{v der Rückreaktion}$$

$$v_1 = v_2 \qquad \text{Gleichgewicht}$$

$$k_1/k_2 = \frac{c(H_3O^+)^2 \cdot c(SO_4^{2-})}{c(H_2SO_4) \cdot c(H_2O)^2} = K$$

Da die molare Konzentration von Wasser in stark verdünnten wäßrigen Lösungen als konstant anzusehen ist, kann diese Konzentration im Massenwirkungsgesetz unberücksichtigt bleiben. Vereinfacht wird formuliert:

$$K_S = \frac{c(H^+)^2 \cdot c(SO_4^{2-})}{c(H_2SO_4)}$$

Es muß aber dabei beachtet werden, daß der Zahlenwert und die Dimension der so berechneten Konstante K_S nicht identisch ist mit der zuerst berechneten Konstante K.

Für das Massenwirkungsgesetz (Abkürzung: MWG) gelten die folgenden Rahmenbedingungen und Regeln:

- Nur Reaktionspartner, die sich in der homogenen Phase "Lösung" befinden, weisen in der Gleichung des MWG einen Konzentrationsterm auf.

- Die Konstante K des MWG ist temperaturabhängig.

- Das MWG gilt exakt nur für Lösungen, in denen sich die gelösten Teilchen nicht gegenseitig beeinflussen, da sie ansonsten keine rein zufälligen Bewegungen unabhängig voneinander ausführen.

- Besitzen gelöste Gase im geschlossenen System über der Phase Lösung einen Partialdruck, der zur molaren Konzentration des Gases in der Phase Lösung proportional ist, können statt der Konzentrationen auch die Partialdrücke der Gase in die Gleichung des MWG eingesetzt werden. Die Konstante besitzt jedoch dann einen anderen Zahlenwert und eine andere Dimension als bei der Berechnung mit molaren Konzentrationen.

- Die stöchiometrischen Faktoren in Reaktionsgleichungen erscheinen als Exponenten für die molaren Konzentrationen im MWG.

6. Massenwirkungskonstanten von Protolysereaktionen

Die Massenwirkungskonstanten von Protolysereaktionen werden als "Säurekonstanten" (K_S) bezeichnet. Die bislang allgemein übliche Bezeichnung als "Dissoziationskonstanten" sollte aufgegeben werden, da es sich bei Säurereaktionen nicht um "Dissoziationen" im eigentlichen Sinn handelt (siehe oben).

6.1 Bezugssystem für Säure-Base-Reaktionen in wäßrigen Lösungen ist das **Autoprotolysegleichgewicht des Wassers** [Gleichung (7) bzw. (10)]. Aus den oben dargelegten Gründen wird Gleichung (10) zur Berechnung der Gleichgewichtskonstante dieser Reaktion herangezogen, die molare Konzentration des Wassers in verdünnten wäßrigen Lösungen also als konstant angesehen.

Der **experimentell ermittelte Wert der Gleichgewichtskonstante** beträgt

$$K_W = c(H^+) \cdot c(HO^-) = 1 \cdot 10^{-14} \ mol^2/l^2 \quad (T = 298 \ K; \ = 25 \ °C)$$

und wird **Ionenprodukt** des Wassers genannt. Bei $T = 310 \ K$ ($= 37 \ °C$, Körpertemperatur des Menschen) hat K_W den Wert $2.42 \cdot 10^{-14} \ mol^2/l^2$

Es ist üblich, die Werte für $c(H^+)$ [eigentlich $c(H_3O^+)$], $c(HO^-)$ und K_W in Form **negativer dekadischer Logarithmen** anzugeben. Diese Werte werden mit einem "p" vor der Bezeichnung gekennzeichnet:

$$pH = -\log c(H^+), \quad pOH = -\log c(HO^-), \quad pK_s = -\log (K_s)$$

Aus $K_w = c(H^+) \cdot c(HO^-) = 10^{-14} \ mol^2/l^2$ wird damit

$$pK_w = pH + pOH = 14$$

Wäßrige Lösungen werden dann als **"neutral"** bezeichnet, wenn die molaren Konzentrationen der Protonen und der Hydroxylionen gleichgroß sind.

Neutrale Lösung: $\quad c(H^+) = c(HO^-)$

Der pH-Wert einer neutralen Lösung beträgt immer $K_W^{1/2}$ ($\sqrt{K_W}$), bei 298 K also 7, bei 310 K aber 6.81. Lösungen, die mehr Protonen (bzw. Hydronium-Ionen H_3O^+) enthalten als Hydroxylionen HO^-, werden als "sauer" bezeichnet. Enthalten sie mehr Hydroxylionen als Protonen, bezeichnet man sie als "basisch".

6.2 Der Begriff der **Säurestärke** bezieht sich auf die Lage des Protolyse-Gleichgewichtes

$$(3)\quad HB \;\overset{K_S}{\rightleftharpoons}\; H^+ + B^-;\quad K_S = Säurekonstante$$

$$K_S = \frac{c(H^+) \cdot c(B^-)}{c(HB)}$$

Ist $K_S > 10^{-4}$ mol/l, wird die Säure als stark bezeichnet. Ist $K_S \leq 10^{-4}$ mol/l, bezeichnet man sie als schwache Säure. Diese weitgehend unscharfe Einstufung der Säurestärke bezieht sich bei mehrprotonigen Säuren wie H_2SO_4 oder H_3PO_4 immer nur auf die erste Deprotonierungsstufe.

6.3 Ionogen abspaltbarer Wasserstoff: Die Eigenschaft, Wasserstoff von einem Molekül als Proton an eine Base abzugeben, ist von dem Molekülrest abhängig, an den das H-Atom gebunden ist. Je stärker die **Elektronegativität des Bindungspartners** von Wasserstoff und die **Stabilität des entstehenden anionischen Restes** ist, umso stärker ist die Abgabe des kovalent gebundenen H-Atoms als H^+ begünstigt. Vor allem aus Bindungen mit den stark elektronegativen Elementen der 6. und 7. Hauptgruppe des Periodensystems wie O oder Cl lassen sich Protonen relativ leicht entfernen. Dabei entstehen Anionen. Die spezifischen Eigenschaften dieser Anionen sind ebenfalls bestimmend für die Protolysereaktion. So ist beim Wasser das nach Abspaltung des Protons vorliegende HO^--Ion eine sehr starke Base, so daß die Säurekonstante K_S des Wassers (nicht mit dem Ionenprodukt K_W verwechseln!) sehr klein ist ($K_S = 1.8 \cdot 10^{-16}$ mol/l bei 25°C). Für Essigsäure, CH_3CO_2H, ist K_S mit $1.8 \cdot 10^{-5}$ mol/l bereits erheblich größer. Die gegenüber Wasser leichtere Abspaltbarkeit des Protons aus Essigsäure ist vor allem durch die geringere Bindungsenergie der O-H -Bindung und durch die Stabilisierung des delokalisierten Anions $CH_3CO_2^-$ zu erklären. Die Ladungsdichte ist im Anion HO^- größer als im Anion $CH_3CO_2^-$.
Dementsprechend ist Chlorwasserstoff, HCl, eine stärkere Säure als Fluorwasserstoff, HF, obwohl Fluor das elektronegativere Element ist. Die Bindungsenergie in H-Cl ist kleiner als in H-F, und Cl^- besitzt einen größeren Ionenradius und damit eine geringere Ladungsdichte als F^-. Insgesamt sind die Parameter, die die Säurestärke von Wasserstoffverbindungen beeinflussen, sehr komplex. In jedem Fall ist die Säurestärke jedoch vom Lösungsmittel abhängig. Es ist zu beachten, daß alle Aussagen zu Brönsted-Säuren sich auf das System in Wasser beziehen.

6.4 Nach der Anzahl der als Protonen von einer Säure abspaltbaren Wasserstoffatome unterscheidet man **ein-und mehrprotonige Säuren.** Es ist leicht einzusehen, daß nach der Abspaltung des ersten Protons von einer mehrprotonigen Säure die Abspaltung des 2. Protons und ggf. der weiteren zunehmend erschwert ist. Jede Stufe der Protolyse stellt ein chemisches Gleichgewicht mit einer bestimmten Gleichgewichtskonstante (Säurekonstante) dar:

Phosphorsäure:

(15) $H_3PO_4 \rightleftharpoons H^+ + H_2PO_4^-$ $\qquad$ $K_S(1) = 7.5 \cdot 10^{-2}$ mol/l

(16) $H_2PO_4^- \rightleftharpoons H^+ + HPO_4^{2-}$ $\qquad$ $K_S(2) = 2.0 \cdot 10^{-8}$ mol/l

(17) $HPO_4^{2-} \rightleftharpoons H^+ + PO_4^{3-}$ $\qquad$ $K_S(3) = 1.0 \cdot 10^{-12}$ mol/l

(18) $H_3PO_4 \rightleftharpoons 3\,H^+ + PO_4^{3-}$ $\qquad$ K_S(gesamt)

$$K_S(\text{gesamt}) = K_S(1) \cdot K_S(2) \cdot K_S(3) = 1.5 \cdot 10^{-21}\ (\text{mol/l})^3$$

Die Massenwirkungskonstante der Gesamtreaktion (18) kann als Produkt der Säurekonstanten der einzelnen Protolysegleichgewichte errechnet werden, wie sich aus den für die einzelnen Reaktionen aufzustellenden Massenwirkungsgleichungen leicht ergibt. Diese Größe, die sich nicht nur im Zahlenwert sondern auch in der Dimension von den üblichen Säurekonstanten unterscheidet, ist jedoch wenig aussagekräftig.

6.5 Die **Basenstärke** von Basen steht in reziproker Beziehung zur Säurestärke der konjugierten Säuren:

B^- sei gemäß Gleichung (3a) die konjugierte Base zur Säure HB. Die Basenreaktion von B^- in Wasser wird durch Gleichung (19) beschrieben:

$$(19)\quad B^- + H_2O \underset{}{\overset{K_B}{\rightleftharpoons}} HB + HO^- \qquad K_B = \text{Basenkonstante}$$

$$K_B = \frac{c(HO^-) \cdot c(HB)}{c(B^-)}$$

In Wasser läßt sich die Protonenkonzentration aus der Hydroxylionenkonzentration über das Ionenprodukt des Wassers berechnen:

$$K_W = c(H^+) \cdot c(HO^-) = 1 \cdot 10^{-14}\ \text{mol}^2/\text{l}^2$$

$c(HO^-) = K_W/c(H^+)$; dieser Wert wird in die Gleichung für K_B eingesetzt:

$$K_B = \frac{K_W \cdot c(HB)}{c(H^+) \cdot c(B^-)} = K_W \cdot \frac{c(HB)}{c(H^+) \cdot c(B^-)}$$

In Verbindung mit der Gleichung für die Säurekonstante K_S der Säure HB

$$K_S = \frac{c(H^+) \cdot c(B^-)}{c(HB)}; \qquad 1/K_S = \frac{c(HB)}{c(H^+) \cdot c(B^-)}$$

erkennt man, daß die Beziehung zwischen Säurekonstante und der Basenkonstante der konjugierten Base durch $\mathbf{K_B = K_W/K_S}$ auszudrücken ist. Daraus ersieht man, daß konjugierte Säure-Base-Paare in wäßriger Lösung ausreichend über die Säurekonstante beschrieben sind, die entsprechende Basenkonstante läßt sich aus ihr jeweils berechnen:

$$pK_B + pK_S = 14 \quad (\text{bei } T = 298\ K)$$

7. Protolysegrad schwacher Säuren.

7.1 Aktuelle und potentielle Acidität: Die experimentell gefundene Säurekonstante der Essigsäure CH_3CO_2H beträgt $1.8 \cdot 10^{-5}$ mol/l (T = 298 K). Aus diesem Wert läßt sich näherungsweise errechnen, daß $c(H^+)$ in einer 0.1 molaren Essigsäure $\approx 1.3 \cdot 10^{-3}$ mol/l beträgt. Nur 1.3 % der gelösten Essigsäure ist protolysiert.

$$(20) \quad CH_3CO_2H \;\rightleftharpoons\; H^+ + CH_3CO_2^-$$

$$K_S = \frac{c(H^+) \cdot c(CH_3CO_2^-)}{c(CH_3CO_2H)}$$

Nach Gleichung (20) ist $c(H^+) = c(CH_3CO_2^-)$. Für eine 0.1 molare CH_3CO_2H gilt also unter der Näherungsannahme $c(CH_3CO_2H) \approx 0.1$ mol/l:

$$c(H^+) \approx \sqrt{1.8 \cdot 10^{-5} \text{ mol/l} \cdot 0.1 \text{ mol/l}} = 1.3 \cdot 10^{-3} \text{ mol/l}$$

$c(H^+)$ wird als **aktuelle Acidität** bezeichnet. Werden jedoch Reaktionen mit einer starken Base (z.B. HO^-) durchgeführt, reagieren alle von der Essigsäure abspaltbaren Protonen mit der Base. Die **potentielle Acidität** wird somit durch die Gesamtkonzentration der Säure und damit der potentiell abspaltbaren Protonen beschrieben. Bei einer starken Säure, etwa einer 0.1 molaren HCl, die in wäßriger Lösung praktisch vollständig protolysiert ist, sind potentielle und aktuelle Acidität faktisch gleichgroß (0.1 mol/l).

7.2 Die obige Aussage, daß nur 1.3 % einer 0.1 molaren CH_3CO_2H bei Raumtemperatur protolysiert sind, wir durch den **Protolysegrad** α ("Dissoziationsgrad") der Brönsted-Säure erfaßt. α bezeichnet den Bruchteil der Stoffmengenkonzentration einer Säure in wäßriger Lösung, der mit Wasser nach Gleichung (5) reagiert hat. Die Stoffmengenkonzentration der Reaktionsprodukte wird durch $c(H^+)$ bzw. $c(B^-)$ repräsentiert, da diese nach der Reaktionsgleichung gleichgroß sind. Die Stoffmengenkonzentration der gelösten Säure c(gesamt) entspricht der Summe von $c(H^+)$ und $c(HB)$:

$$\alpha = \frac{c(H^+)}{c(H^+) + c(HB)} = \frac{c(H^+)}{c(\text{gesamt})}$$

$$c(H+) = \alpha \cdot c(\text{gesamt})$$

$c(\text{gesamt}) - c(H^+) = c(HB)$ | multiplizieren mit 1/c(gesamt):

$1 - c(H^+)/c(\text{gesamt}) = c(HB)/c(\text{gesamt})$

$c(HB) = (1 - \alpha) \cdot c(\text{gesamt})$ | in MWG einsetzen:

$$K_S = \frac{\alpha \cdot c(\text{gesamt}) \cdot \alpha \cdot c(\text{gesamt})}{(1 - \alpha) \cdot c(\text{gesamt})} \qquad | \text{ daraus ergibt sich:}$$

$$\frac{c(\text{gesamt})}{K_S} = \frac{(1 - \alpha)}{\alpha^2} \qquad \textit{Ostwaldsches Verdünnungsgesetz}$$

Aus dem Ostwaldschen Verdünnungsgesetz kann der Grenzwert von α für extrem verdünnte Lösungen und der Wert von α für konzentrierte Lösungen näherungsweise ermittelt werden:

a) extrem verdünnte Lösungen [$c(\text{gesamt}) \rightarrow 0$]: $\qquad \alpha = 1$

b) konzentrierte Lösungen [$c(\text{gesamt}) > 0.1$ mol/l]:

$$1 - \alpha \approx 1 \ \Rightarrow \ \alpha^2 \approx K_S/c(\text{gesamt}) \qquad\qquad \alpha \approx \sqrt{K_S/c(\text{gesamt})}$$

Rechenbeispiele:

1 molare CH_3CO_2H ($K_S = 1.8 \cdot 10^{-5}$ mol/l): $\quad \alpha = \sqrt{1.8 \cdot 10^{-5} / 1} = 4.2 \cdot 10^{-3}$

0.1 molare CH_3CO_2H $\qquad\qquad\qquad\qquad \alpha = \sqrt{1.8 \cdot 10^{-5} / 0.1} = 1.34 \cdot 10^{-2}$

0.01 molare CH_3CO_2H $\qquad\qquad\qquad\quad \alpha = \sqrt{1.8 \cdot 10^{-5} / 0.01} = 4.2 \cdot 10^{-2}$

Wie die Ergebnisse zeigen, ist Essigsäure in einer 1 molaren Lösung nur zu 0.42 % protolysiert, d.h. von 1000 Molekülen CH_3CO_2H haben im Gleichgewicht nur etwa 4 ihr Proton abgegeben. Man erkennt ferner, daß mit zunehmender Verdünnung die Dissoziation deutlich zunimmt.

8. Säure-Base-Titrationen

8.1 Titrationskurven: Unter Titration ist die allmähliche Zugabe einer Reagenzlösung bekannten molaren Gehalts zu einer Lösung des Reaktionspartners unbekannten Gehalts unter Kontrolle des Zugabevolumens zu verstehen (siehe: 1. Maßanalyse). Führt man die Titration diskontinuierlich durch, mißt nach der Zugabe einer bestimmten Menge des Reagenzes einen von der Konzentration eines Reaktionspartners abhängigen Parameter (pH-Wert, Leitfähigkeit, Redox-Potential usw).in der Lösung und trägt die gefundenen Werte gegen die ml zugegebener Reagenzlösung graphisch auf, so erhält man eine **Titrationskurve.**

Beispiel:

10 ml 0.1 molarer HCl sollen mit 10 ml 0.1 molarer NaOH titriert werden. Die Abhängigkeit des pH-Wertes der Reaktionslösung von der zugegebenen Menge an NaOH-Lösung ist in **Tabelle 1/1** dargestellt.

Am Anfang der Titration bewirkt die Zugabe der Natronlauge zur Salzsäure nur eine geringe Änderung des pH-Wertes. In der Nähe des Äquivalenzpunktes - wenn die zugegebene Stoffmenge an HO^- der ursprünglich vorhandenen Stoffmenge an H^+ entspricht - steigt die Titrationskurve jedoch steil an und flacht anschließend wieder ab. In **Abb. 1/3** ist die Titrationskurve graphisch dargestellt.

Tabelle 1/1. Theoretische Titrationskurve der Titration von 0.1 molarer HCl mit 0.1 molarer NaOH

Stoffmenge H^+ in Vorlage / mmol	Zugabe von HO^- 0.1 molar / ml	Lösungsvolumen in Vorlage / ml	$c(H^+)$ in der Vorlage / mol.l^{-1}	pH in Vorlage
1.000	0	10	0.100	1.00
0.500	5.00	15	0.0333	1.48
0.100	9.00	19	0.00526	2.28
0.010	9.90	19.9	0.00050	3.30
0.001	9.99	19.99	0.00005	4.30
0.0001	9.999	19.999	0.000005	5.30

Stoffmenge HO^- in Vorlage / mmol	Zugabe von HO^- 0.1 molar / ml	Lösungsvolumen in Vorlage / ml	$c(HO^-)$ in der Vorlage / mol.l^{-1}	pH in Vorlage
0.0001	10.001	20.001	0.000005	8.70
0.001	10.01	20.01	0.00005	9.70
0.010	10.10	20.10	0.00050	10.70
0.100	11.00	21.00	0.00476	11.68
0.500	15.00	25.00	0.02000	12.30
1.000	20.00	30.00	0.03333	12.52

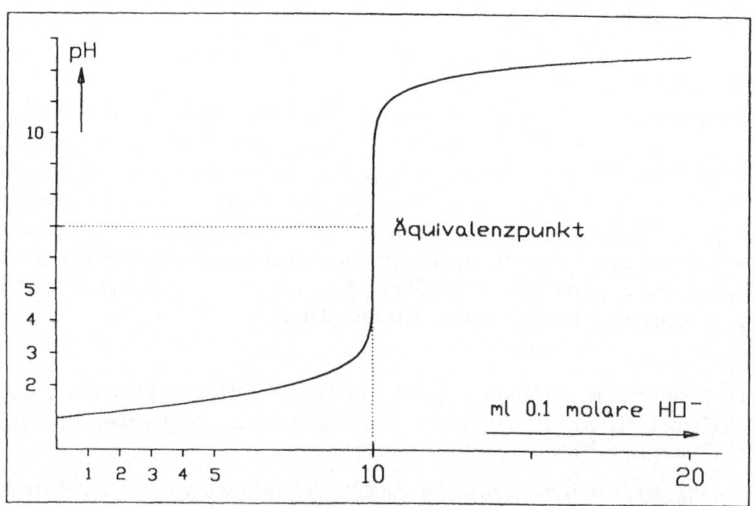

Abb. 1/3. Titration von 10 ml 0.1 molarer Salzsäure mit 0.1 molarer Natronlauge

Die Titrationskurven, die bei Titrationen schwacher Säuren wie Essigsäure mit starken Basen wie HO^- erhalten werden, zeigen einen anderen Verlauf. Sie zeigen eine größere Steigung und einen ausgeprägten Wendepukt im Bereich des flachen Kurvenanstiegs. Der Äquivalenzpunkt liegt nicht bei pH = 7, sondern bei höheren pH-Werten. **Abb. 1/4** zeigt als Beispiel für einen solchen Kurvenverlauf die Titrationskurve von 0.1 molarer CH_3CO_2H mit 0.1 molarer NaOH.

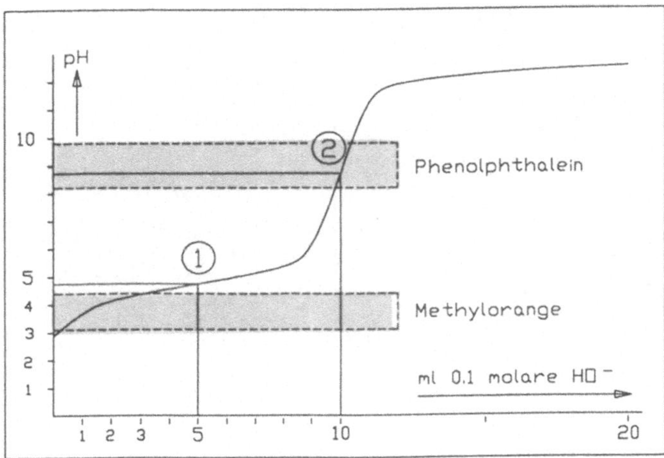

Abb. 1/4. Titration von 10 ml 0.1 molarer Essigsäure mit 0.1 molarer Natronlauge

8.2 Farbindikatoren für Säure/Base-Titrationen: Da die meisten Säuren und ihre korrespondierenden Basen farblos sind,setzt man für die pH-Bestimmung oder für Titrationen eine sehr kleine Menge einer schwachen Säure bzw. ihrer konjugierten Base zu, bei der sich die Farbe der Säure und die der Base gut unterscheiden. Solche **pH - Indikatoren** sind in der Regel organische Verbindungen, z.B. Methylorange oder Phenolphthalein (**Abb. 1/5**).

Diese unterschiedlich gefärbten schwachen Säuren (HInd oder $HInd^+$) bzw. deren konjugierte Basen (Ind^- oder Ind) werden ebenfalls durch ihre Säurekonstante K_{Ind} charakterisiert:

$$K_{Ind} = \frac{c(H^+) \cdot c(Ind^-)}{c(HInd)} \qquad | \text{ logarithmieren:}$$

$$\log K_{Ind} = \log c(H^+) + \log \frac{c(Ind^-)}{c(HInd)} \qquad | \text{ umformen:}$$

$$- \log c(H^+) = - \log K_{Ind} + \log \frac{c(Ind^-)}{c(HInd)} \qquad \begin{vmatrix} - \log c(H^+) = pH \\ \\ - \log K_{Ind} = pK_{Ind} \end{vmatrix}$$

$$\boxed{pH = pK_{Ind} + \log \frac{c(Ind^-)}{c(HInd)}}$$

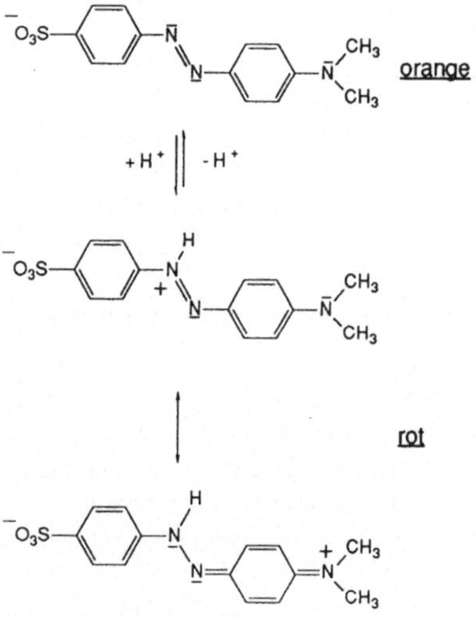

Methylorange, $pK_{Ind} \approx 3{,}5$

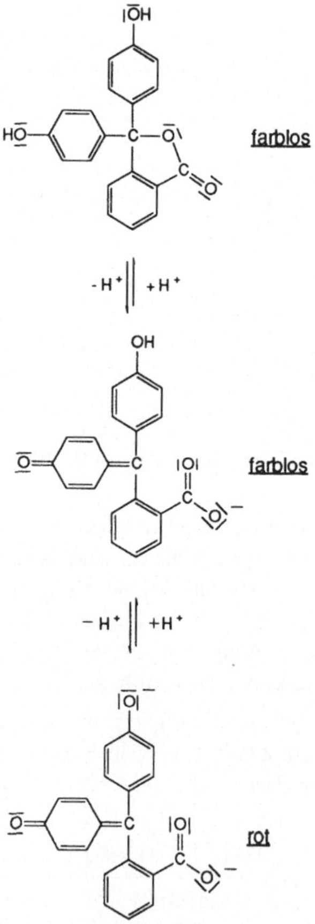

Phenolphthalein, $pK_{Ind} \approx 9$

Abb. 1/5. Beispiele für pH-Indikatorsysteme: Methylorange und Phenolphthalein

Beim Methylorange ist die Säure (HInd) rot und die korrespondierende Base (Ind⁻) gelb. Das menschliche Auge erfaßt die reine Farbe der Säure bzw der Base dann, wenn etwa ein Konzentrationsverhältnis $c(HInd) : c(Ind^-) = 10 : 1$ bzw. $1 : 10$ vorliegt.

Aus der obigen Gleichung ergibt sich für diesen Wechsel folgendes pH-Intervall:

$$pH(1) = pK_{Ind} + \log 10 \qquad = pK_{Ind} + 1$$

$$pH(2) = pK_{Ind} + \log 0.1 \qquad = pK_{Ind} - 1$$

In einem **Umschlagsbereich** von $pH = pK_{Ind} \pm 1$ wechselt der Indikator die Farbe. Die Breite des Umschlagbereichs ist von der Farbintensität der Indikatorfarben und der Farbstärke des Auges abhängig (Achtung: 10 % der Männer zeigen eine mehr oder weniger ausgeprägte Farbschwäche!).

Den Titrationskurven ist zu entnehmen, daß bei Titrationen im Konzentrationsbereich $> 10^{-3}$ mol/l auch bei schwachen Säuren ein so großer pH-Sprung vorliegt, daß der Äquivalenzpunkt mit pH-Farbindikatoren angezeigt werden kann. Allerdings ist dazu eine sorgfältige **Indikatorauswahl** erforderlich. Der pK_{Ind} des Indikators muß annähernd dem pH-Wert entsprechen, der am Äquivalenzpunkt der durchzuführenden Titration vorliegt. Andernfalls erhält man einen falschen oder unscharfen Farbumschlag (siehe 4. Aufgabe).

In **Abb. 1/4.** sind die Umschlagsbereiche von Methylorange und Phenolphthalein gezeichnet Nur wenn der Äquivalenzpunkt im Umschlagsbereich des Indikators liegt, gibt der Indikator auch richtige Werte für den Verbrauch an Säure bzw. Base für die äquivalente Menge an. Eine starke Säure läßt sich wegen des steilen pH-Anstieges noch mit Indikatoren titrieren, deren Zahlenwerte ihrer Säurekonstante pK_{Ind} stärker vom Zahlenwert des pH am Äquivalenzpunkt der Titration abweicht.

Die Titrationskurve der Essigsäure schneidet in ihrem steil ansteigenden Teil nur den Umschlagsbereich des Phenolphthaleins. In den des Methyloranges tritt sie dagegen viel zu früh ein.

Da der Indikator selbst als schwache Säure bzw. Base mittitriert wird, darf nur eine sehr kleine Menge (ca. 2 Tropfen einer 0.1 % Lösung) zugesetzt werden. Der durch das Mittitrieren verursachte Fehler ist dann so klein, daß er noch unterhalb der Meßgenauigkeit liegt.

Tabelle 1/2. Einige wichtige Indikatoren:

Stoff	pK_{Ind}	Umschlags- bereich (pH)	Farbe		
Methylorange	3.2	3.1 - 4.4	rot	→	orange
Methylrot	5.1	4.4 - 6.2	rot	→	gelb
Bromthymolblau	6.9	6.0 - 7.6	gelb	→	blau
Phenolphthalein	9.1	8.2 - 9.8	farblos	→	rot
Thymolphthalein		9.3 - 10.5	farblos	→	blau

Durch eine Mischung geeigneter Indikatoren verschiedener pK-Werte mit abgestuften Umschlagsbereichen lassen sich sogenannte **"Universalindikatoren"** herstellen,mit deren Hilfe man den pH-Wert einer Lösung mit dem Vergleich der beigegebenen Farbskala ungefähr ermitteln kann. Wird Filterpapier mit diesen Lösungen getränkt und anschließend getrocknet, erhält man **Universalindikatorpapier.**

2. Kurstag

Aktivität - Schwache Säuren und Basen - Pufferlösungen

Lernziele: Untersuchung des Einflusses von Aktivitätsänderungen auf die Gleichgewichtskonstante K_c , Untersuchung der Pufferwirkung von Säure-Base-Gemischen, Berechnung und Herstellung von Pufferlösungen, experimentelle Bestimmung von Säurekonstanten schwacher Säuren.

Grundlagenwissen: Massenwirkungsgesetz, Aktivitäten, Aktivitätskoeffizienten, Anwendung des Massenwirkungsgesetzes auf die Titration schwacher Säuren und Basen, Diskussion der Titrationskurven, Puffersysteme, Puffergleichung, Pufferbereich, Pufferkapazität, physiologische Puffersysteme

Benutzte Lösungsmittel und Chemikalien mit Gefahrensymbolen sowie Gefahrenhinweisen und Sicherheitsratschlägen:

		R-Sätze	S-Sätze
1 molare Natronlauge (ca. 4 % NaOH in H_2O)	C	34	26-28-45
0.1 molare Natronlauge (ca. 0.4 % NaOH)	-		
2 molare Ammoniak-Lösung (ca. 3.5 % NH_3 in H_2O)	-		
2 molare Natriumacetatlösung	-		
Natriumacetat (Trihydrat), fest	-		
2 molare Salzsäure (ca. 7.1 % HCl in H_2O)	-		
0.1 molare Salzsäure (ca. 0.4 % HCl in H_2O)	-		
2 molare Essigsäure (ca. 12 % CH_3CO_2H in H_2O)	Xi	36/38	
Magnesiumsulfat, $MgSO_4$, fest	-		
0.005 molares Eisen(III)thiocyanat (0.11 % $Fe(SCN)_3$ in H_2O)	Xn	20/21/22-32	2-13
Methylorange (0.1 % in H_2O)	-		
Phenolphthalein (0.1 % in 60 % Ethanol/Wasser)	F	11	7-16
Thymolphthalein (0.1 % in Ethanol)	F	11	7-16

Zusätzlich benötigte Geräte: 50 ml Bürette mit Stativ und Stativklemmen, 500 ml Enghalsflasche mit ca. 0.1 molarer NaOH vom 1. Kurstag, Rundfilter als Titrierunterlage, Waagen, pH-Meter mit Einstabmeßketten (Glaselektroden, frisch geeicht), Pufferlösungen zum Nacheichen der Glaselektroden, Abfallgefäße für $Fe(SCN)_3$-Lösungen.

Entsorgung: Die $Fe(SCN)_3$ - Abfälle sind in einem speziell aufgestellten Gefäß zu sammeln. Sie werden später oxidativ zerstört.

Die weiteren an diesem Kurstag verwandten Lösungen können in den nach den Versuchsbeschreibungen anfallenden Mengen dem Abwasser beigegeben werden.

6. Aufgabe: *In einer Lösung von Eisenthiocyanat werden durch Zugabe von festem Magnesiumsulfat die Ionenaktivitäten verändert.*

Einige ml 0.005 molarer wäßriger $Fe(SCN)_3$ -Lösung werden im Reagenzglas mit 1 bis 2 Spatelspitzen festem Magnesiumsulfat, $MgSO_4$, versetzt. Was ist zu beobachten, wie ist der Vorgang zu erklären?

7. Aufgabe: *Analog zur 1. Aufgabe (1. Kurstag) wird der Titer der hergestellten ca. 0.1 molaren NaOH mit Phenolphthalein als Indikator durch die Titration genau 0.1 molarer HCl frisch bestimmt.*

Die am 1. Kurstag hergestellte 0.1 molare NaOH wird zweimal mit je 10 ml einer ausgegebenen 0.1 molaren HCl gegen Phenolphthalein (jeweils genau 3 Tropfen zur Lösung hinzufügen) als Indikator titriert und der Titer berechnet. Wie aus der am 1. Kurstag abgeleiteten Titrationskurve einer starken Säure ersichtlich ist (Abb. 1/3.), sollte das mit Phenolphthalein erhaltene Ergebnis nur wenig von dem gegen Methylorange bestimmten Titer abweichen. Stärkere Abweichungen sind auf einen Gehalt an Natriumcarbonat zurückzuführen. In jedem Fall ist bei den weiteren Aufgaben der frisch ermittelte Titer zu benutzen.

8. Aufgabe: *Eine vom Assistenten auszugebende Probe verdünnter Essigsäure wird mit der frisch eingestellten 0.1 molaren NaOH maßanalytisch bestimmt. Die ermittelte Menge an Essigsäure wird in mg angegeben.*

In einem 250 ml Erlenmeyer-Weithalskolben erhält man eine Probe verdünnter Essigsäure, in der die Menge an Essigsäure durch Titration mit der 0.1 molaren NaOH nach Zusatz von 3 Tropfen der Phenolphthalein-Lösung zu bestimmen ist. Man titriert, bis die Lösung gerade schwach rosa ist. Zum besseren Erkennen der Färbung ist eine weiße Unterlage unter den Titrationskolben zu legen. Die Farbe soll etwa 30 s sichtbar bleiben. Da die Lösung am Äquivalenzpunkt der Titration jedoch alkalisch ist, nimmt sie aus der Luft CO_2 auf, was zur erneuten Absenkung des pH-Wertes der Lösung führt. Es ist deshalb falsch, erneut NaOH zuzugeben, wenn die Rotfärbung nach etwa 30 s verschwindet.

Berechnungsbeispiel:

Verbrauch: 15.30 ml ca. 0.1 molare NaOH (f = 0.9524)
$$15.30 \text{ ml} \cdot 0.9524 \cdot 0.1 \text{ mmol/ml} = 1.457 \text{ mmol } H^+ = 1.457 \text{ mmol } CH_3CO_2H$$
$$M(CH_3CO_2H) = 60.0 \text{ g/mol};$$
$$1.457 \text{ mmol } CH_3CO_2H = 1.457 \text{ mmol} \cdot 60 \text{ mg/mmol} = 87.4 \text{ mg } CH_3CO_2H.$$

9. Aufgabe: *Die Wirkungsweise zweier Puffersysteme wird durch qualitative Versuche geprüft. Die Ergebnisse sind im Protokoll zu erläutern.*

Man gibt in ein Reagenzglas 11 ml Wasser und 2 Tropfen Methylorange-Lösung. In ein zweites Reagenzglas gibt man 10 ml 2 molare Natriumacetat-Lösung und 1 ml

2 molare Essigsäure. Versetzt man auch diese Lösung mit 3 Tropfen der Methylorange-Lösung, wird sie die gleiche Farbe zeigen wie das reine Wasser.

Bringt man nun in beide Reagenzgläser tropfenweise 2 molare HCl, so schlägt die Farbe in dem Reagenzglas, das nur H_2O enthielt, **sofort** nach rot um, während bei der Essigsäure/Acetat-Mischung der Farbumschlag zunächst ausbleibt und erst nach Zugabe einer weit größeren Menge HCl eintritt.

In analoger Weise vergleicht man in Reagenzgläsern das Verhalten von 11 ml Wasser mit 2 Tropfen Thymolphthalein-Lösung (Umschlagsbereich pH 9.4 - 10.6, von farblos nach blau) mit einer Lösung, die aus 1 ml 2 molarer Ammoniaklösung und 10 ml 2 molarer Ammoniumchloridlösung und 2 Tropfen Thymolphthaleinlösung besteht, wenn tropfenweisen 2 molare NaOH zugefügt wird. Wie sind die Versuchsergebnisse zu interpretieren?

10. Aufgabe: *Die Zusammensetzung eines Essigsäure-Acetat-Puffers wird für einen vorgegebenen pH-Wert berechnet. Nach dieser Berechnung wird die Puffer-Lösung hergestellt.*

Die Assistentin gibt jeder Arbeitsgruppe die Aufgabe, einen Essigsäure-Natriumacetat-Puffer mit einem bestimmten pH-Wert herzustellen. Für Lösungen mit pH > 5 wird dabei von 10 ml 1 molarer Essigsäure, für solche mit pH < 5 von 25 ml 1 molarer Essigsäure ausgegangen. Die erforderliche Menge an Essigsäure wird mit einer 10 ml bzw. 25 ml Vollpipette in einen sauberen 50 ml Meßzylinder pipettiert.

Die Berechnung erfolgt mit Hilfe der **Puffergleichung** (nach *Henderson* und *Hasselbalch*):

$$pH = pK_S + \log \frac{c(CH_3CO_2^-)}{c(CH_3CO_2H)}$$

Da sich sowohl Essigsäure als auch die konjugierte Base Acetat im selben Flüssigkeitsvolumen befinden, kann der Quotient der Stoffmengenkonzentrationen durch den Quotienten der Stoffmengen von Base und konjugierter Säure ersetzt werden:

$$pH = pK_S + \log \frac{\text{mol } CH_3CO_2^-}{\text{mol } CH_3CO_2H}$$

Das zur Herstellung der Pufferlösung benötigte Natriumacetat (Base) wird als festes Trihydrat auf einer Waage möglichst genau abgewogen und in den Meßzylinder mit der abgemessenen Menge Essigsäure gegeben. Dazu wird erst die Hauptmenge ggf. mit Hilfe eines Trichters aus dem Wägegefäß in den Meßzylinder überführt und anschließend der am Wägegefäß, Spatel und Trichter anhaftende Rest mit wenig H_2O aus der Spritzflasche in den Meßzylinder gespült. Nach dem vollständigen Auflösen des Salzes wird der Inhalt des Gefäßes mit H_2O auf 50 ml aufgefüllt und dabei mit einem sauberen Glasstab gut durchmischt. In der hergestellten Pufferlösung wird der pH-Wert durch die Assistentin mit Hilfe einer pH-Einstabmeßkette ("Glaselektrode", Meßinstrument: "pH-Meter") gemessen. Meßprinzip und Wirkungsweise der Glaselektrode werden im Zusammenhang mit Redox-Reaktionen im 5. Kurstag behandelt.

Rechenbeispiel:

Aufgabe: pH-Wert der Pufferlösung: pH = 4.90;
System: $CH_3CO_2H/CH_3CO_2^-$; $pK_S = 4.75$
Menge der Pufferlösung: 50 ml
Gehalt an Säure: 25 mmol Säure

$$4.90 = 4.75 + \log \frac{X \text{ mmol } CH_3CO_2^-}{25 \text{ mmol } CH_3CO_2H}$$

$$0.15 = \log \frac{X \text{ mmol } CH_3CO_2^-}{25 \text{ mmol } CH_3CO_2H}$$

$$1.4125 = \frac{X \text{ mmol } CH_3CO_2^-}{25 \text{ mmol } CH_3CO_2H} \; ; \quad X = 35.31 \text{ mmol } CH_3CO_2^-$$

Molare Masse von $CH_3CO_2Na \cdot 3\,H_2O = 136.1$ g/mol;
136.1 g/mol $\cdot 35.31 \cdot 10\text{-}3$ mol $= 4.805$ g $CH_3CO_2Na \cdot 3\,H_2O$

11. Aufgabe: *Die Pufferkapazität gegen Basen der hergestellten Pufferlösung sowie einer 1:10 -Verdünnung der Pufferlösung wird jeweils geprüft.*

10 ml der hergestellten Pufferlösung werden mit einer sauberen und trockenen Vollpipette in einen 100 ml Meßkolben gegeben. Anschließend wird auf 100 ml Volumen mit H_2O aufgefüllt.

Ist die Vollpipette nicht trocken, muß sie vor der Abmessung der 10 ml mehrmals mit kleinen Portionen des Puffers gespült werden. Die Spüllösung ist zu verwerfen. Dafür dürfen jedoch höchstens 5 ml der ursprünglichen Pufferlösung benutzt werden! Bei diesem Versuch soll auch geübt werden, mit einer begrenzten Lösungsmenge (Probe) auszukommen. Gelingt dieses nicht, ist die Herstellung der Pufferlösung zu wiederholen.

Jeweils 25 ml der hergestellten Pufferlösung und des verdünnten Puffers werden mit der 25 ml Vollpipette in zwei 100 ml Bechergläser pipettiert. Zwischen den Pipettiervorgängen ist die Pipette mit H_2O zu reinigen und einer geringen Menge der abzumessenden Lösung zu spülen (siehe oben). Anschließend werden aus der Bürette zu beiden Lösungen in den Bechergläsern (10/f) ml (f = Titer der NaOH-Lösung) ca. 0.1 molare NaOH zugefügt (= 1 mmol HO^-). Nach dem Durchmischen werden die pH-Werte der Lösungen mit dem pH-Meter bestimmt. Dazu kann es wegen der notwendigen Eintauchtiefe der Glaselektrode erforderlich sein, die Lösungen in den mit H_2O gereinigten 50 ml Meßzylinder umzufüllen. Vergleichen Sie die gefundenen pH-Werte mit den theoretisch errechneten pH-Werten und berechnen Sie die Pufferkapazität β der beiden Pufferlösungen gegen Basen!

Die Pufferkapazität β einer Pufferlösung ist die molare Menge einer starken Säure oder Base, die in 1 l dieser Lösung eine pH-Wert-Änderung um eine Einheit hervorruft:

$$\beta = \frac{1\ \text{mmol}\ (HO^-)\ /\ 25\ \text{ml}\ (\text{Pufferlösung})}{\Delta\,\text{pH}}$$

12. Aufgabe: *Aus jeweils 2 molaren Lösungen von Ammoniak und von Salzsäure wird eine äquimolare NH_3/NH_4^+-Lösung hergestellt. Aus ihrem pH-Wert wird die Dissoziationskonstante des NH_4^+-Ions ermittelt.*

Von der ausstehenden 2 molaren NH_3-Lösung pipettiert man 10 ml in einen 50 ml Meßzylinder und gibt 2 Tropfen der Methylorange-Lösung hinzu. Mit der Tropfpipette wird langsam bis zum Äquivalenzpunkt 2 molare HCl hinzugefügt (Farbumschlag des Indikators nach rot). Bei dieser groben Arbeitsmethode ohne Einsatz einer Bürette muß besonders darauf geachtet werden, daß nicht "übertitriert" wird. Anschließend füllt man mit dest. Wasser auf 50 ml auf, durchmischt und gießt die Lösung in ein trockenes Gefäß. Danach werden 10 ml der gleichen 2 molaren NH_3-Lösung auf 50 ml verdünnt.

Man verfügt nun über eine NH_3- und eine NH_4^+-Lösung gleicher Konzentration.

Durch Vermischen gleicher Volumina beider Lösungen wird eine Lösung erhalten, deren pH-Wert zahlenmäßig dem pK_S-Wert der Säure NH_4^+ entspricht. Dieser wird mit dem pH-Meter gemessen.

Erläuterungen:

1. Aktivität und Aktivitätskoeffizient

Die Modellvorstellungen, die dem Massenwirkungsgesetz zugrunde liegen, fordern, daß die in einer Reaktionslösung vorhandenen Teilchen eine ungerichtete, unbeeinflußte, rein zufällige Bewegung ausüben. Sie entsprechen hierin den Rahmenbedingungen, die für ein "ideales Gas" in der kinetischen Gastheorie gesetzt werden. Analog dazu spricht man von einer "idealen Lösung". "Reale Lösungen" weichen jedoch von diesem Modell umso stärker ab, je konzentrierter sie sind. Vor allem elektrostatische Wechselwirkungen zwischen den gelösten Teilchen (z.B. Kationen und Anionen) führen dazu, daß die im Sinne des Modells wirksame Teilchendichte, die **Aktivität**, nicht mehr mit der **Stoffmengenkonzentration** (mol/l) identisch sondern nur noch proportional zu ihr ist.

$$a(A) = f_A \cdot c(A)$$

Die Aktivität ist also ein Maß für die thermodynamisch wirksame Konzentration und die eigentliche Größe, die in thermodynamische Gleichungen wie dem Massenwirkungsgesetz und auch der Nernstschen Gleichung (siehe 5. Kurstag) einzusetzen ist.

Die Proportionalitätsfaktoren f_A, f_B, f_C..... werden als **Aktivitätskoeffizienten** bezeichnet. Die Größe der Aktivitätskoeffizienten f ist für jede Teilchenart unterschiedlich und weiterhin vom Lösungsmittel und den Konzentrationen und Ladungen **aller** in der Lösung vorhandenen Teilchen abhängig. Dieses ist verständlich, wenn bedacht wird, daß Ionen durch elektrostatische Wechselwirkungen mit mehr oder weniger dichten "Wolken" entgegengesetzt geladener Ionen umgeben, die die (Re)"aktivität" der so eingehüllten Teilchen behindern.

In extrem verdünnten Lösungen nähern sich die Aktivitätskeffizienten dem Wert 1:

$$\lim_{c \to 0} f = 1$$

Unter Berücksichtigung der Aktivitäten muß das Massenwirkungsgesetz für die Reaktion a A + b B $\rightleftharpoons$ x X + y Y exakt lauten:

$$K_a = \frac{f_X{}^x \cdot c(X)^x \cdot f_Y{}^y \cdot c(Y)^y}{f_A{}^a \cdot c(A)^a \cdot f_B{}^b \cdot c(B)^b} \qquad \text{bzw.}$$

$$K_a = \frac{c(X)^x \cdot c(Y)^y \cdot f_X{}^x \cdot f_Y{}^y}{c(A)^a \cdot c(B)^b \cdot f_A{}^a \cdot f_B{}^b}$$

$$K_a = K_C \cdot \frac{f_X{}^x \cdot f_Y{}^y}{f_A{}^a \cdot f_B{}^b}$$

Während die Aktivitätskoeffizienten von Nichtelektrolyten wie z.B. Glucose auch in realen Lösungen nahezu 1 sind, weichen die Aktivitätskoeffizienten für Ionen bereits in verdünnten Lösungen stark von 1 ab. Entsprechend zeigt in diesen Lösungen die "Gleichgewichtskonstante" K_C eine starke Konzentrationsabhängigkeit.

Für die Dissoziationsreaktion von Eisenthiocyanat (Gl.21), das sich molekular in Wasser löst, ist die Massenwirkungsgleichung wie folgt zu formulieren:

(21) $Fe(SCN)_3 \rightleftharpoons Fe^{3+} + 3\ SCN^-$

$$K_a = \frac{f_{Fe^{3+}} \cdot c(Fe^{3+}) \cdot (f_{SCN^-})^3 \cdot c^3(SCN^-)}{1 \cdot c[Fe(SCN)_3]}$$

wobei der Aktivitätskoeffizient für das nicht-ionisch gelöste $Fe(SCN)_3$ näherungsweise gleich 1 gesetzt wird. Werden die Aktivitätskoeffizienten $f_{Fe^{3+}}$ und f_{SCN^-} dadurch erniedrigt, daß ein Salz, das an der Dissoziationsreaktion nicht beteiligt ist (hier: $MgSO_4$), zusätzlich gelöst wird, müssen die molaren Konzentrationen $c(Fe^{3+})$ und $c(SCN^-)$ zunehmen, damit K_a konstant bleibt. Also verschiebt sich das Dissoziationsgleichgewicht zugunsten dieser Ionen. Das wird optisch durch die Abnahme der Farbintensität der $Fe(SCN)_3$-Lösung angezeigt, da $Fe(SCN)_3$ tiefrot, die Ionen Fe^{3+} und SCN^- dagegen praktisch farblos sind.

Zur Vereinfachung der exemplarischen Rechnungen werden nachfolgend jedoch - wie auch schon am 1. Kurstag - die molaren Konzentrationen in thermodynamische Gleichungen wie das Massenwirkungsgesetz eingesetzt.

Dieses kann bei Vergleichen zwischen experimentell ermittelten und berechneten Werten zu Unterschieden führen, die nicht experimentellen Fehlern, sondern der Unzulänglichkeit des Modells "ideale Lösung" anzulasten sind.

2. Schwache Säuren und Basen.

2.1. pH-Wert in Lösungen, die äquimolare Mengen an Säure und konjugierter Base enthalten: Die Titrationskurve der Essigsäure mit Natronlauge (Abb. 1/4.) weist zwei Wendepunkte auf. Der Wendepunkt (1) ist dort zu finden, wo die vorgelegte Menge CH_3CO_2H gerade mit der Hälfte der äquivalenten Menge an HO^- - Ionen reagiert hat.

Der Gehalt an Säure und konjugierter Base in der Titrationslösung an diesem Punkt (1) läßt sich aus der folgenden Gleichung ermitteln:

(22)   1 mmol CH_3CO_2H + 0.5 mmol HO^- $\longrightarrow$ 0.5 mmol $CH_3CO_2^-$
$\qquad$ + 0.5 mmol CH_3CO_2H
$\qquad$ + 0.5 mmol H_2O

Es ist zu ersehen, daß bei (1) die Stoffmenge (und damit auch die Konzentration) an Säure und konjugierter Base in der Lösung gleichgroß sind.

Wird das Massenwirkungsgesetzes für die Protolyse der Essigsäure

$$K_S = \frac{c(H^+) \cdot c(CH_3CO_2^-)}{c(CH_3CO_2H\ )}$$

in die logarithmische Form überführt, erhält man die *Puffergleichung nach Henderson und Hasselbalch:*

Puffergleichung nach Henderson und Hasselbalch:

$$pH = pK_S + \log \frac{c(CH_3CO_2^-)}{c(CH_3CO_2H)} \; ; \; \text{allgemein:} \quad pH = pK_S + \log \frac{mol\;Base}{mol\;Säure}$$

Mit Hilfe dieser Gleichung können pH-Werte in Gemischen von Säuren mit ihren konjugierten Basen leicht aus dem molaren Mischungsverhältnis berechnet werden (siehe 10. Aufgabe). Umgekehrt kann bei vorgegebenem pH-Wert das Konzentrationsverhältnis Base : Säure errechnet werden.

Am ersten Wendepunkt der Titrationskurve ist $c(CH_3CO_2^-) / c(CH_3CO_2H) = 1$. Wird dieser Wert in die obige Gleichung eingesetzt, ekennt man, daß der pH-Wert am Punkt (1) zahlenmäßig dem pK_S-Wert der Säure des titrierten Säure-Base-Systems entspricht.

$$pH = pK_S, \; \underline{wenn} \; c(CH_3CO_2^-) / c(CH_3CO_2H) = 1$$

In der 12. Aufgabe wird dieser Sachverhalt zur Bestimmung des pK_S-Wertes einer schwachen Säure herangezogen.

2.2. pH-Wert von Lösungen der konjugierten Basen schwacher Säuren: Der Wendepunkt (2) der Titrationskurve der Essigsäure mit HO^- entspricht dem Äquivalentpunkt. Dieses bedeutet, daß die Essigsäure praktisch vollständig zu Acetat, $CH_3CO_2^-$ umgesetzt wurde. Das Acetation reagiert als schwache Base **in geringem Maße** jedoch nach Gl.(19) mit Wasser. Dabei bilden sich Essigsäure sowie Hydroxylionen:

$$(23) \quad CH_3CO_2^- + H_2O \rightleftharpoons CH_3CO_2H + HO^- \quad | \; pK_B(CH_3CO_2^-) = 9.25$$
$$| \; pK_S(CH_3CO_2H) = 4.75;$$
$$| \; (T = 298 \; K)$$

Aus dem Ionenprodukt des Wassers $K_W = c(H^+) \cdot c(HO^-)$, der **Säurekonstante** K_S für CH_3CO_2H, sowie der aus Gl.(23) ableitbaren Beziehung $c(CH_3CO_2H) = c(HO^-)$ läßt sich der pH-Wert der Acetatlösung in Abhängigkeit von der $CH_3CO_2^-$-Konzentration berechnen:

$$K_S = \frac{c(H^+) \cdot c(CH_3CO_2^-)}{c(CH_3CO_2H)}$$

$$K_S = \frac{c(H^+) \cdot c(H^+) \cdot c(CH_3CO_2^-)}{K_W}$$

$$c(H^+)^2 = \frac{K_S \cdot K_W}{c(CH_3CO_2^-)}$$

Bei genauer Betrachtung entspricht die Konzentration $c(CH_3CO_2^-)$ nicht exakt der theoretisch aus den eingesetzten Stoffmengen ermittelten Acetatkonzentration, da ein Bruchteil nach Gl.(23) mit Wasser reagiert hat. Bezeichnet man die theoretische Stoffmengenkonzentration mit $c(B)$, gilt $c(CH_3CO_2^-) = c(B) - K_w/c(H^+)$. Näherungsweise wird jedoch $c(CH_3CO_2^-) = c(B)$ gesetzt. Der dadurch entstehende Fehler ist vernachlässigbar, zumal die vorgenommenen Rechnungen schon mit dem Fehler behaftet sind, der daraus entsteht, daß man mit Konzentrationen statt mit Aktivitäten rechnet.

Für den pH-Wert einer Acetatlösung ergibt sich durch logarithmische Umformung der obigen Gleichung

$$pH = 1/2 \{ pK_S + pK_w + \log [c(CH_3CO_2^-)] \}$$

Beispiel: Wurden 10 ml 0.2 molare CH_3CO_2H (2 mmol) mit 20 ml 0.1 molarer NaOH (2 mmol) umgesetzt, beträgt die theoretische Acetatkonzentration am Äquivalenzpunkt $2/30 = 0.0667$ mmol $CH_3CO_2^-$/ml.

$$pH = 0.5 (4.75 + 14 + \log 0.0667) = 0.5 (18.75 - 1.18) = 8.79$$

Merke: Werden schwache Säuren mit starken Basen titriert, liegt der pH-Wert am Äquivalenzpunkt bei einem größeren Wert als der Wert des Neutralpunktes, also pH > 7 (T = 298 K).

2.3 pH-Wert von Lösungen der konjugierten Säuren schwacher Basen: Wird die Titrationskurve einer schwachen Base mit einer starken Säure aufgenommen (z.B. Umsetzung von NH_3 mit HCl), erhält man einen Kurvenverlauf gemäß **Abb.2/1**.

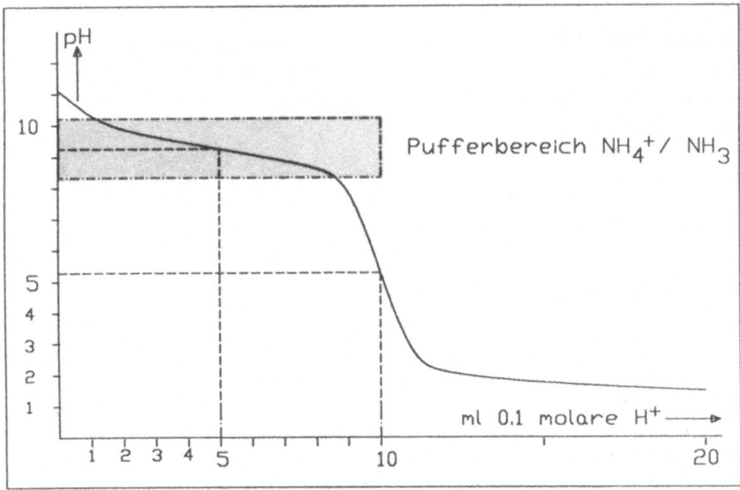

Abb.2/1. Titration von 10 ml 0.1 molarer Ammoniaklösung mit 0.1 molarer Salzsäure

Am Äquivalenzpunkt liegt die schwache Säure Ammonium-Kation, NH_4^+, vor. Diese reagiert in geringem Maße mit H_2O nach Gl.(24):

(24) $NH_4^+ + H_2O \rightleftharpoons NH_3 + H_3O^+$ | $pK_S(NH_4^+) = 9.25$ (bei 298 K)

$$K_S = \frac{c(H_3O^+) \cdot c(NH_3)}{c(NH_4^+)}$$

Nach Gl.(24) ist $c(H^+)$ [bzw. $c(H_3O^+)$] $= c(NH_3)$. Damit gilt

$$c(H^+)^2 = K_S \cdot c(NH_4^+); \quad pH = 1/2 \{ pK_S - \log [c(NH_4^+)] \}$$

Auch bei pH-Berechnungen von Lösungen sehr schwacher Säuren wie NH_4^+ kann aufgrund des vernachlässigbaren Fehlers (siehe vorherige Berechnung von pH-Werten in Lösungen sehr schwacher Basen wie $CH_3CO_2^-$) die in der Lösung vorhandene Konzentration $c(NH_4^+)$ der theoretisch berechneten Stoffmengenkonzentration gleichgesetzt werden.

Beispiel: Wurden 10 ml 0.1 molare NH_3 (1 mmol) mit 10 ml 0.1 molarer HCl (1 mmol) umgesetzt, beträgt die theoretische Ammoniumkonzentration am Äquivalenzpunkt $1/20 = 0.05$ mmol NH_4^+/ml.

$$pH = 1/2 (9.25 - \log 0.05) = 1/2 (9.25 + 1.30) = 5.28$$

Werden schwache Basen mit starken Säuren titriert, liegt der pH-Wert am Äquivalenzpunkt bei einem kleineren Wert als der Wert des Neutralpunktes, also pH < 7 (T = 298 K).

3. Puffersysteme

3.1. Das besondere Verhalten von Lösungen , die gleichzeitig ähnliche Stoffmengen einer Säure und deren konjugierter Base enthalten, gegenüber Säuren- oder Basenzusatz wird in der 9. Aufgabe experimentell ermittelt.

Mit der Puffergleichung

$$pH = pK_S + \log \frac{\text{mol Base}}{\text{mol Säure}}$$

läßt sich der Versuchsablauf bei der 9. Aufgabe wie folgt beschreiben:

a)

11 ml H_2O ; pH $= 7$

Zugabe von 1 Tropfen 2 molare HCl ≈ 0.05 ml 2 molare HCl $= 0.1$ mmol H^+.

HCl als starke Säure liegt praktisch vollständig protolysiert vor.

$c(H^+) = 0.1\ \text{mmol} / 11.05\ \text{ml} \approx 0.0091\ \text{mol/l}$;

pH = **2.04**   **pH-Änderung um 5 Einheiten !**

Durch einen Tropfen 2 molarer HCl wurde die Protonenkonzentration um etwa das 100 000-fache erhöht.

b)

10 ml 2 molare $CH_3CO_2^-$-Lösung = 20 mmol Base

1 ml 2 molare CH_3CO_2H- Lösung = 2 mmol Säure | pK_S = 4.75

pH = 4.75 + log (20/2) = **5.75**

Zugabe von 1 Tropfen 2 molarer HCl $\approx$ 0.05 ml 2 molare HCl = 0.1 mmol H^+.

$$pH = 4.75 + \log \frac{20 - 0.01}{2 + 0.01} \quad | \quad pH = 4.75 + \log \frac{19.99}{2.01}$$

pH = 4.75 + 0.998 $\approx$ **5.75**   **keine beobachtbare pH-Änderung !**

Die Rechnung beim Puffersystem NH_3/NH_4^+ erfolgt analog.

3.2. Pufferdefinition: In wäßrigen Lösungen, die eine Säure und ihre konjugierte Base in angenähert der gleichen Konzentration enthalten, ändert sich der pH-Wert beim Zusatz geringer Mengen von beliebigen Säuren oder Basen nur wenig. Diese Lösungen werden **Pufferlösungen** genannt. Die gelösten Säure-Base-Paare werden **Puffersysteme** genannt.

Säure-Base-Systeme mit unterschiedlichen Säurekonstanten K_S (bzw. pK_S-Werten) zeigen diese Puffereigenschaften in unterschiedlichen pH-Bereichen, den **Pufferbereichen**.

Starke Säuren oder Basen zeigen im physiologisch interessanten pH-Bereich zwischen 3 bis 11 diese pH-stabilisierende Wirkung nicht (siehe z.B. Titrationskurve der Salzsäure mit Natronlauge, **Abb.1/3.**). Allgemein wird der Pufferbegriff auf Systeme beschränkt, die in diesem Bereich ihre Pufferwirkung zeigen, also auf **schwache Säuren und Basen.**

3.3. Der **Pufferbereich** des Puffersystems NH_4^+ / NH_3 ist in der Titrationskurve des Ammoniaks mit Salzsäure durch einen Rahmen gekennzeichnet (**Abb.2/1.**). Er ist durch den pK_S-Wert des Säure-Base-Systems festgelegt. Damit noch eine ausreichende Kapazität des Puffersystems erwartet werden kann, wird der Pufferbereich auf Werte **pH = pK_S ± 1** festgelegt.

3.4. Die **Pufferkapazität** ist ein Maß für die quantitative Fähigkeit einer bestimmten Menge an Pufferlösung, die Zufuhr bestimmter Mengen an Säuren oder Basen ohne weitgehende pH-Änderungen zu verarbeiten. Sie ist definiert als die molare Menge einer starken Säure oder Base, die in 1 l dieser Pufferlösung eine pH-Wert-Änderung um eine Einheit hervorruft:

$$\beta = \frac{\text{mol } HO^- \text{ (oder mol } H_3O^+) / 1 \text{ Pufferlösung}}{\Delta \, pH}$$

Die Pufferkapazität β eines bestimmten Puffersystems kann gegenüber Säuren und die gegenüber Basen unterschiedliche Werte besitzen. Dieses ist abhängig vom Verhältnis mol Base : mol Säure.

Sie hängt sowohl von den absoluten molaren Mengen an Base und Säure in der definierten Menge Pufferlösung als auch vom Verhältnis mol Base / mol Säure ab und ist eigentlich eine differentielle Größe:

$$\beta = \frac{\delta \, [\text{mol } HO^- \text{ (oder mol } H_3O^+)] / 1 \text{ Pufferlösung}}{\delta \, pH}$$

oder allgemein : $\beta = \delta_n/(V_0 \cdot \delta pH)$,

wobei V_0 das Volumen der Pufferlösung und δn die Stoffmenge in mol zugesetzter Säure oder Base ist.

Im Laborversuch kann β jedoch mit befriedigender Genauigkeit auch als Differenzenquotient bestimmt werden (siehe 11. Aufgabe).

Mathematisch stellt die Pufferkapazität β den Kehrwert der Steigung der Titrationskurve einer Säure bzw. einer Base dar. Aus den Titrationskurven ist auch zu ersehen, daß β am 1. Wendepunkt der Titrationskurve (mol Base / mol Säure = 1) den größten Wert besitzt. Die Pufferkapazität ist also dann am höchsten, wenn in einer Pufferlösung die Konzentrationen von Base und konjugierter Säure gleichgroß sind und der **pH-Wert der Pufferlösung damit zahlenmäßig dem pK_S-Wert des Säure-Base-Systems** entspricht.

4. Bedeutung von Puffersystemen.

Der Ablauf vieler chemischer Reaktionen in wäßrigen Lösungen ist vom pH-Wert abhängig. Dieses gilt sowohl für die Gleichgewichtslage (⇒ Thermodynamik) als auch die Geschwindigkeiten der Reaktionen (⇒ Kinetik). Beispiele dafür werden im Verlauf des Praktikums bearbeitet werden. Im besonderen Maße gilt diese Abhängigkeit für Umsetzungen im lebenden Organismus, bei denen spezifisch wirkenden Enzyme wegen ihrer Proteinnatur (⇒ Säure-Base-Systeme) nur unter bestimmten pH-Bedingungen ihre katalytischen Wirkungen entfalten können. Die meisten energieliefernden Redox-Reaktionen laufen im Organismus ebenfalls unter Beteiligung von Protonen ab. Durch geeignete Puffersubstanzen im Blut und in allen Organen muß für optimale pH-Werte gesorgt werden. Dabei ist festzustellen, daß die Pufferkapazität gegenüber Säuren in der Regel größer ist als gegenüber Basen, da als Stoffwechselprodukte vor allem Stoffe sauren Charakters (CO_2) entstehen.

Die dabei einzuhaltenden Toleranzbreiten für pH-Werte zeigen exemplarisch die in
Tabelle 2/1 aufgeführten Werte:

Tabelle 2/1. pH-Werte menschlicher Körperflüssigkeiten:

Körperflüssigkeit	pH - Bereich
Blutplasma	7.39 ± 0.05
Erythrozyten	7.36 ± 0.05
Magensaft	1.0 bis 2.0
Darmsaft	6.2 bis 7.5
Speichel	5.0 bis 6.8
Harn	5 bis 8

Wichtige Puffersysteme in Körperflüssigkeiten sind unter anderem

der **"Kohlensäurepuffer"** CO_2 / HCO_3^- :

$$(25) \quad H^+ + HCO_3^- \; \overset{K_S}{\rightleftharpoons} \; CO_2 + H_2O \quad \mid pK_S(CO_2) = 6.1 \; [\text{bei } 310 \text{ K}];$$

der **Dihydrogenphosphat-Hydrogenphosphatpuffer** :

$$(26) \quad H^+ + HPO_4^{2-} \rightleftharpoons H_2PO_4^- \qquad\qquad \mid pK_S(H_2PO_4^-) = 7.2 \; [\text{bei } 298 \text{ K}];$$

und die **Proteine**.

Letztere enthalten als funktionelle Gruppen die Puffersysteme

Ammonium / Amin $(-NH_3^+ / -NH_2)$ sowie

Carbonsäure / Carboxylat $(-CO_2H / -CO_2^-)$.

3. Kurstag

Mehrphasensysteme - Heterogene Gleichgewichte - qualitative Nachweisreaktionen

Lernziele: Durchführung von Fällungsreaktionen, Auflösen schwerlöslicher Salze, Anwendung von Ionenaustauschern, Trennverfahren, Phasenverteilungsverfahren.

Grundlagenwissen: Phasenbegriff, heterogene und homogene Systeme, Lösungsmitteleigenschaften, Löslichkeit von ionischen Feststoffen, Lösungsenthalpie, Solvatation, Gibbs-Helmholtz-Gleichung, Nernstscher Verteilungssatz, Lösungsgleichgewichte, Löslichkeitsprodukt, molare Löslichkeit, Theorie der Ionenaustauscher.

Benutzte Lösungsmittel und Chemikalien mit Gefahrensymbolen sowie Gefahrenhinweise und Sicherheitsratschläge:

		R-Sätze	S-Sätze
1 molare Natronlauge (ca. 4 % NaOH in H_2O)	C	34	26-28-45
0.1 molare Natronlauge (ca. 0.4 % NaOH in H_2O)	-		
Ammoniaklösung (ca. 32 % NH_3 in H_2O)	C	34-37	26-28-45
Ammoniaklösung (ca. 25 % NH_3 in H_2O)	C	34-37	26-28-45
ca. 2 molare Ammoniaklösung (3.5 % NH_3 in H_2O)	-		
2 molare Ammoniumchloridlösung (107 g NH_4Cl/l)	-		
gesättigte Natriumhydrogenphosphat-Lösung	-		
ca. 4 molare Salzsäure (13.7 % HCl in H_2O)	Xi	36/37/38	26-28
ca. 2 molare Salzsäure (7.1 % HCl in H_2O)	-		
0.1 molare Salzsäure	-		
ca. 2 molare Schwefelsäure (17.5 % H_2SO_4 in H_2O)	C	35	26-30-45
ca. 2 molare Essigsäure (12 % CH_3CO_2H in H_2O)	Xi	36/38	
Calciumcarbonat, fest	-		
Gipswasser ($CaSO_4$ in H_2O, gesättigt, ca. 1 g/l)	-		
Calciumchlorid, gesättigt (42 % $CaCl_2$ in H_2O)	Xi	36	24
1 molare Calciumchloridlösung (147 g $CaCl_2 \cdot 2\ H_2O$/l)	-		
Kaliumiodid, KI	-		
1 molare Magnesiumchloridlösung (203 g $MgCl_2 \cdot 6\ H_2O$/l)	-		
0.1 molare Silbernitratlösung (17 g $AgNO_3$/l)	C	34	26-28-45
1 molare Bariumchloridlösung (244 g $BaCl_2 \cdot 2\ H_2O$/l)	Xn	22	28
0.1 molare Ammoniumoxalatlösung (14.2 g $(NH_4)_2C_2O_4 \cdot H_2O$/l)	Xn	21/22	24/25
Tashiro-Indikator (Methylrot/Methylenblau in Ethanol)	F	11	7-16
1,1,1-Trichlorethan	Xn, N	20-59	24/25-59-61

Zusätzlich benötigte Geräte: Austauschersäule mit gequollenem, stark saurem Kationenaustauscher (z.B. Lewatit$^{(R)}$ S 100), 50 ml Bürette, Rundfilter als Titrierunterlagen, kleine Etiketten.

Entsorgung: Silberhaltige Abfälle sind in die dafür aufgestellten Sammelgefäße zu geben. Ammoniak-haltige Silberlösungen können nach längerem Stehenlassen explosive Verbindungen bilden. Deshab sind ebenfalls die Abfälle von 4 molarer

Salzsäure aus der Regenerierung der Ionenaustauschersäulen diesen Lösungen hinzuzufügen. Dadurch wird NH_3 zu NH_4^+ umgesetzt. **Die Silberionen** sind als **stark wassergefährdend**, Wassergefährdungsklasse (WGK) 3, eingestuft. Sie werden der Wiederverwendung zugeführt.

1,1,1-Trichlorethanhaltige Lösungen werden in den dafür vorgesehenen Abfallgebinden gesammelt. 1,1,1-Trichlorethan wird abgetrennt und am Ende des Praktikums nach der Reduktion der Halogene mit Wasser ausgeschüttelt und redestilliert.

Die weiteren an diesem Kurstag verwandten Lösungen können in den nach den Versuchsbeschreibungen anfallenden Mengen dem Abwasser beigegeben werden.

Vorbemerkung zur Reihenfolge der Aufgaben: *Die Versuche mit dem Kationenaustauscher in der 18. und 19. Aufgabe sind zeitlich aufwendig. Damit die zur Verfügung stehende Zeit optimal ausgenutzt wird, ist es erforderlich, die nachfolgend angegebene Reihenfolge bei der Durchführung der Versuche unbedingt einzuhalten:*

1. Begonnen wird mit dem 1. und 2. Schritt der 18. Aufgabe

2. Während des Regenerierens und Auswaschens der Austauschersäule werden die Versuche der 13. und 14. Aufgabe durchgeführt.

3. Anschließend wird mit dem 3. Schritt der 18. Aufgabe, dem Aufbringen der Analysenlösung und der Isolierung der H_3O^+-Lösung, begonnen.

4. Während des Durchlaufs der Analysenlösung werden die Versuche der 14. bis 17. Aufgabe durchgeführt.

5. Anschließend erledigt man die 19. Aufgabe.

6. Während der Regenerierung der Austauschersäule wird mit der Ausführung der Versuche zur 20. Aufgabe begonnen.

---

13. Aufgabe: *Chlorid-Ionen werden durch die Bildung des schwerlöslichen Niederschlags AgCl nachgewiesen. Die Löslichkeit des gebildeten Niederschlags in 2 molarer NH_3-Lösung wird geprüft.*

Etwa 1 ml der im Praktikum ausstehenden 2 molaren HCl verdünnt man im Reagenzglas mit der doppelten Menge H_2O und gibt 3-4 Tropfen 0.1 molarer $AgNO_3$-Lösung hinzu. Der Niederschlag von farblosem AgCl löst sich in einer ausreichenden Menge 2 molarer NH_3-Lösung auf.

Prüfen Sie auf die gleiche Weise eine Probe von entsalztem Wasser und Leitungswasser. Die Reagenzgläser müssen vorher gut gespült sein!

Beim Stehen an Licht färbt sich AgCl langsam dunkel. Finden Sie dafür eine Erklärung und stellen eine Beziehung zu photographischen Verfahren her!

14. Aufgabe: *Die Löslichkeit der Erdalkalisulfate $CaSO_4$ und $BaSO_4$ wird untersucht. Dabei ist auf die Geschwindigkeit der Kristallbildung zu achten.*

In Reagenzgläsern wird zu je einer Probe 2 molarer H_2SO_4 ca. 1 ml 1 molarer $BaCl_2$-Lösung bzw. ca. 1 ml 1 molarer $CaCl_2$-Lösung gegeben.

Was ist zu beobachten? Formulieren Sie die Reaktionsgleichungen!

Anschließend werden ca. 1 ml 2 molare H_2SO_4 in einem Reagenzglas auf etwa 10 ml unter Durchmischen verdünnt. Drei Proben dieser Lösung werden mit:

a) 1 molarer $BaCl_2$-Lösung,
b) 1 molarer $CaCl_2$-Lösung,
c) gesättigter $CaCl_2$-Lösung versetzt. Was ist zu beobachten?

Die Bildung des $CaSO_4$-Niederschlages in der verdünnten Lösung läßt sich dadurch beschleunigen, daß innerhalb der Flüssigkeit mit einem Glasstab an der Wand des Reagenzglases gerieben wird.

Zuletzt werden zu einer Probe der 1 molaren $BaCl_2$-Lösung einige Tropfen "Gips-Wasser" (gesättigte $CaSO_4$-Lösung) gegeben. Erklären Sie das Resultat dieses Versuches!

15. Aufgabe: *Die Löslichkeit von Calciumsulfat wird mit der von Calciumoxalat verglichen.*

Eine Probe gesättigter Calciumsulfat-Lösung (Gipswasser) wird mit einigen Tropfen einer 1 molaren Ammoniumoxalat-Lösung versetzt. Was geschieht? Welcher Wert ist größer, $pL(CaSO_4)$ oder $pL(CaC_2O_4)$ $[pL = -\,^{10}\!\log L]$?

16. Aufgabe: *Das Verhalten von Calciumoxalat gegenüber schwachen und starken Säuren wird untersucht. Das Ergebnis wird mit dem Verhalten von Calciumcarbonat gegenüber Säuren verglichen.*

Zwei Proben einer heißen 1 molaren $CaCl_2$-Lösung werden mit 1 molarer Ammoniumoxalatlösung versetzt. Nach dem Absetzen der entstandenen Niederschläge wird die überstehende Flüssigkeit abgegossen. Eine Probe des Niederschlags (CaC_2O_4) versetzt man mit 2 molarer Essigsäure, die andere mit 2 molarer HCl. Was ist zu beobachten ?

Anschließend wird eine Spatelspitze Calciumcarbonat (z.B. Marmor), $CaCO_3$, mit einigen Tropfen der 2 molaren Essigsäure versetzt. Das Ergebnis des Versuches ist in Form einer Reaktionsgleichung darzustellen. Die Werte $pL(CaCO_3) = 7.92$ und $pL(CaC_2O_4) = 8.07$ sind nicht sehr unterschiedlich. Was ist die Ursache des unterschiedlichen Lösungsverhaltens von Calciumoxalat und Calciumcarbonat in Essigsäure?

17. Aufgabe: *Die Bildung des Salzes Magnesiumammoniumphosphat wird untersucht.*

Eine Probe 1 molarer $MgCl_2$-Lösung wird mit 2 molarer NH_3-Lösung versetzt. Dann gibt man soviel 2 molare Ammoniumchloridlösung hinzu, daß sich der entstandene Niederschlag von $Mg(OH)_2$ gerade wieder gelöst hat. Anschließend wird eine gesättigte Lösung von Dinatriumhydrogenphosphat, Na_2HPO_4, zugesetzt, wobei ein farbloser Niederschlag von Magnesiumammoniumphosphat, $MgNH_4PO_4$, in Form feiner gefiederter Kristallnadeln entsteht. Die Bildung des Niederschlags erfolgt nur bei einem pH-Wert im Pufferbereich des Systems NH_4^+/NH_3. Warum?

18. Aufgabe: *Eine Erdalkali-Kationen-Probe unbekannten Gehalts wird mit Hilfe eines Kationenaustauschers quantitiv analysiert.*

<u>1. Schritt zur Vorbereitung der Austauschersäule:</u> Die Säule enthält den Kationenaustauscher in gequollenem, bereits mit HCl behandeltem Zustand. Bevor er für die Versuche verwendet wird, muß er nochmals mit 4 molarer HCl gewaschen werden, um sicher zu gehen, daß alle austauschfähigen Gruppen wieder mit H^+ beladen sind. Man läßt die 4 molare HCl langsam durchfließen, wobei etwa zwei Tropfen pro Sekunde ausfließen sollen. Der Quetschhahn an der Austauschersäule ist entsprechend einzustellen. Es ist stets darauf zu achten, daß die Oberfläche immer mit Salzsäure bedeckt bleibt.

<u>2. Schritt:</u> Wenn die Salzsäure bis dicht an die Oberfläche des Austauscherharzes gelangt ist, füllt man das Rohr mit dest. Wasser und wäscht die freie Säure vom Austauscher. Dieses hat solange zu erfolgen, bis die aus der Säule ausfließende Flüssigkeit durch Nachweis mit Indikatorpapier nicht mehr sauer sondern neutral reagiert. Man kann auch auf Cl^--Ionen prüfen, indem etwa 2 ml der auslaufenden Flüssigkeit mit verd. $AgNO_3$-Lösung versetzt werden. Ein Niederschlag zeigt dabei Chlorid und damit die Unvollständigkeit des Waschvorgangs an.

<u>3. Schritt:</u> Man erhält in einem sauberen Gefäß von der Assistentin die zu untersuchende Lösung und gibt sie unverdünnt auf die Austauschersäule. Nach dem fast vollständigen Eindringen der Analysenlösung in die Säule wird das Analysengefäß mindestens zweimal mit je 5 ml H_2O nachgespült und die Spüllösung ebenfalls auf die Säule gegeben. Der Quetschhahn bleibt dabei so eingestellt, daß er etwa zwei Tropfen pro Sekunde durchläßt. Die abtropfende Flüssigkeit wird vollständig in einem 250 ml Erlenmeyer-Weithalskolben aufgenommen. Ist der Flüssigkeitsspiegel bis zu dem über dem Austauscherharz befindlichen Wattebausch abgesunken, wird die Säule unverzüglich mit H_2O gefüllt und das Austauscherharz mit insgesamt 80-100 ml Wasser nachgewaschen wird. Im 250 ml Weithalskolben befinden sich dann insgesamt etwa 130 ml Flüssigkeit. Nunmehr schließt man den Quetschhahn, achtet aber darauf, daß noch etwas Wasser oberhalb des Harzes in der Säule verblieben ist.

<u>Quantitative Analyse der im Kationenaustauscher festgehaltenen Erdalkalikationen:</u> Die vom Kationenaustauscher durch Bindung der Erdalkalikationen verdrängten H_3O^+-Ionen werden unter Verwendung des *Tashiro*-Mischindikators von Methylenblau und Methylrot (Umschlagsbereich pH 4.2-6.2 Farbwechsel von violett nach grün) von der gesamten im Durchlauf erhaltenen Flüssigkeit mit der eingestellten 0.1 molaren NaOH (siehe 1. bzw. 2. Kurstag) titriert. Der Verbrauch an NaOH wird notiert.

<u>Beispiel für die Berechnung des Ergebnisses:</u>

<u>Verbrauch</u> an 0.1 molarer NaOH, f = 0.9524: **10.20 ml**
mmol H_3O^+ = 10.20 ml · 0.9524 · 0.1 mmol/ml = **0.971 mmol H_3O^+**
Erdalkalikationen sind zweifach positiv geladen. Durch ein Kation M^{2+} werden zwei Kationen H_3O^+ substituiert:
0.971 mmol H_3O^+ entsprechen 0.486 mmol M^{2+}.

19. Aufgabe: *Der Kationenaustauscher wird regeneriert und die Art der gebundenen Erdalkali-Kationen qualitativ bestimmt.*

Auch bei der Durchführung der qualitativen Nachweisreaktionen ist stets darauf zu achten, daß die auf die Austauschersäule gebrachten Lösungen nie unter die obere Grenze des Austauscherharzes absinken; das Harz muß stets vollständig mit der Flüssigkeit bedeckt bleiben.

Zum qualitativen Nachweis der Art der Erdalkalikationen, die an die Säule gebunden sind, eluiert man sie durch Verdrängen mit H_3O^+ -Ionen, indem zweimal je 20 ml 4 molare HCl auf die Säule gegeben werden. Es wird sehr langsam eluiert (Durchfluß: alle zwei Sekunden 1 Tropfen). . Anschließend wechselt man das Auffanggefäß und wäscht die Säule noch einmal mit 30-40 ml 4 molarer HCl bei einer Tropfgeschwindigkeit von 2 Tropfen pro Sekunde.

Zum Abschluß wird die Säule unten mit dem Quetschhahn dicht verschlossen, der Säurestand auf eine Flüssigkeitshöhe von ca. 1 cm über dem Harz ergänzt und der Gummistopfen fest aufgesetzt.

Mit dem zuerst aufgefangenen Eluat prüft man, welche Erdalkalikationen die Analysenproben enthalten hat:

Prüfung auf Ca^{2+}: Eine Probe des Eluats wird tropfenweise mit konzentrierter Ammoniaklösung (Vorsicht, Abzug!) bis zur neutralen oder ganz schwach alkalischen Reaktion (Prüfung mit Indikatorpapier) versetzt. Die neutralisierte Lösung wird auf zwei Reagenzgläser verteilt. Zu einer Probe gibt man 1 molare Ammoniumoxalat-Lösung. Ein farbloser Niederschlag zeigt die Anwesenheit von Ca^{2+}-Ionen an.

Prüfung auf Mg^{2+}: Ist der Nachweis auf Ca^{2+} negativ verlaufen, wird die Lösung im 2. Reagenzglas auf Mg^{2+} geprüft, indem das neutralisierte Eluat mit einigen Tropfen 2 molarer NH_3-Lösung (dabei darf gerade kein Niederschlag entstehen, siehe 17. Aufgabe) und einer Na_2HPO_4-Lösung versetzt wird. Das Salz fällt meistens erst nach einigem Warten aus.

Nach der Feststellung, um welches Erdalkalikation es sich in der ausgegebenen Analyse handelte, läßt sich aus dem Ergebnis der Titration die Menge des Metalls in mg ausrechnen:

Beispiel für die Berechnung der Analyse:

<table>
<tr><td>gefunden: 0.486 mmol M^{2+};
war das Kation Mg^{2+} (M = 24.3 mg/mmol),
sind dieses 0.486 mmol · 24.3 mg/mmol = <u>11.8 mg Mg</u>
war das Kation Ca^{2+} (M = 40.1 mg/mmol),
sind dieses 0.486 mmol · 40.1 mg/mmol = <u>19.5 mg Ca</u></td></tr>
</table>

20. Aufgabe: *Die lipophilen Eigenschaften des Halogens Iod werden qualitativ untersucht.*

Wird **KI**, Kaliumiodid, über längere Zeit an der Luft aufbewahrt, ist es mit geringen Mengen von Iod verunreinigt. In einem Reagenzglas wird eine kleine Spatelspitze des ausstehenden Kaliumiodids in ca. 10 ml Wasser gelöst. Die Farbe der Lösung ist zu notieren. Anschließend wird die wäßrige Lösung mit Hilfe einer Pipette mit einigen Tropfen 1,1,1-Trichlorethan (maximal 1 ml) versetzt und mit einem Stopfen verschlossen. Das verschlossene Reagenzglas wird gut geschüttelt. Nach der Phasentrennung wird die Farbe der dichteren 1,1,1-Trichlorethanphase notiert. Erklären Sie Ihre Beobachtungen! Ist der Nernstsche Verteilungskoeffizient $K_{(1,1,1\text{-Trichlorethan/Wasser})}$ für Iod größer oder kleiner als 1 ?

Erläuterungen:

1. Homogene und heterogene Gleichgewichte

1.1 Phasen. Eine abgegrenzte Menge eines Stoffes oder eines Stoffgemisches, das in seiner Zusammensetzung und seinen Eigenschaften einheitlich (*homogen*) ist, wird *Phase* genannt. Stoffgemische, die aus mehreren solcher Phasen bestehen (Beispiele: normaler Sand oder Quarzsand/Wasser), werden als *heterogen* bezeichnet. Reine Stoffe, die in einem Gemisch unterschiedlicher Aggregatzustände vorliegen (Beispiel: Wasser/Eis) sind ebenfalls als heterogene Systeme zu bezeichnen.

1.2 Homogene Gemische. Einheitliche Stoffgemische können in allen Aggregatzuständen vorkommen. Sie werden *Lösungen* genannt, wobei die Überschußkomponente als **Lösungsmittel**, Solvens oder "Lösemittel" bezeichnet wird. **Feste Lösungen** liegen in Legierungen von Metallen vor, gasförmige Lösungen in Gasgemischen wie der Atemluft. Besonders bedeutsam sind flüssige Lösungen wie z.B. die Lösungen von Elektrolyten in Wasser oder von organischen Molekülen in Lösungsmitteln wie aliphatischen Kohlenwasserstoffen. **Lösungen lassen sich nicht mechanisch trennen. Der Durchmesser der gelösten Partikel ist in der Regel < 3 nm.**

1.3 Heterogene Gemische. Ist der Partikeldurchmesser > 3 nm liegen in der Regel Mehrphasensysteme, also heterogene Mischungen vor. Solche Gemische, die bei einem **Partikeldurchmesser > 100 nm** als

Gemenge	(fest/fest),
Suspension	(fest/flüssig)
Emulsion	(flüssig/flüssig) oder
Aerosol	(flüssig/gasförmig oder fest/gasförmig)

bezeichnet werden, können mit mechanischen Verfahren aufgetrennt werden. Eine Sonderstellung nehmen Mischungen von festen Stoffen mit einem **Partikeldurchmesser zwischen 10 und 100 nm** mit Flüssigkeiten wie Wasser ein. Diese können als *Kolloid* vorliegen, ein pseudohomogenes Gemisch, das mechanisch sehr viel stabiler ist als z.B. eine Suspension oder Emulsion.

Beispiele für homogene und heterogene Systeme sind in der Physiologie:

Suspension: Blutkörperchen/Plasma
Emulsion: Fett/Plasma
Aerosol: Atemluft/Staubpartikel/Flüssigkeitströpfchen
Kolloid: Eiweißkörper/Plasma
Lösung: Salze/Plasma; allg. gelöste Stoffe in Körperflüssigkeiten.

1.4 Eigenschaften von Lösungsmitteln werden danach unterschieden, ob sie aus **polaren** oder **unpolaren** Molekülen bestehen. Polare Flüssigkeiten sind gute Lösungsmittel für polare Substanzen. Das stark polare Wasser ist ein typischer Vertreter dieser Lösungsmittelklasse. Stoffe, die sich in Wasser besonders gut lösen, werden mit den Bezeichnungen *hydrophil* oder *lipophob* belegt, sie sind selbst polar.
Typische Vertreter der unpolaren oder weniger polaren Lösungsmittel sind die flüssigen Kohlenwasserstoffe. Sie lösen unpolare bzw. wenig polare Stoffe wie Fette gut, Elektrolyte und Wasser selbst jedoch schlecht oder gar nicht. Stoffe mit diesen Lösungseigenschaften bezeichnet man als *lipophil* oder *hydrophob*.

1.5 Verteilungsgleichgewichte. Besteht ein geschlossenes Lösungssystem aus einer polaren und einer unpolaren Phase, die sich praktisch nicht miteinander mischen, und bringt man in dieses System einen Stoff X ein, der sich mehr oder weniger gut in diesen Phasen löst, wird seine Verteilung auf die beiden Phasen durch ein dynamisches Gleichgewicht bestimmt (Abb. 3/1.). An der Grenzfläche zwischen den beiden Phasen A und B treten Teilchen des Stoffes X von der einen in die andere Phase über. Die Geschwindigkeit $v = \partial c/\partial t$, mit der dieses abläuft, ist proportional zur molaren Konzentration ("Teilchendichte") des Stoffes X in der jeweiligen Phase.

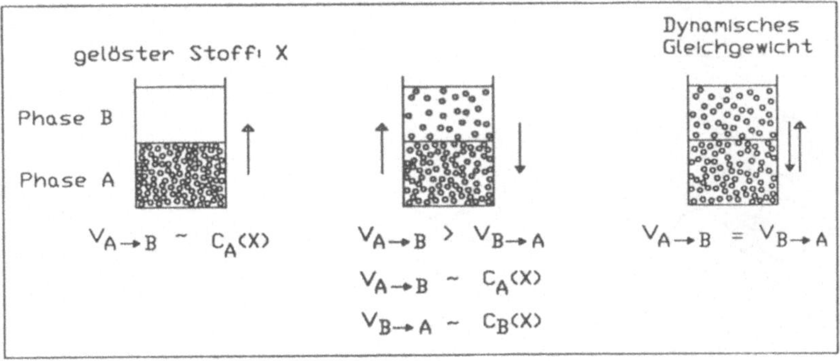

Abb. 3/1 Verteilung von Stoffen zwischen zwei flüssigen Phasen

$$v_{A \to B} = k_1 \cdot c_A(X); \qquad v_{B \to A} = k_2 \cdot c_B(X)$$

Im dynamischen Gleichgewicht, sind die Übertrittsgeschwindigkeiten gleich groß:

$$v_{A \to B} = v_{B \to A} \qquad | k_1 \cdot c_A(X) = k_2 \cdot c_B(X)$$

Nernstscher Verteilungssatz:

$$c_A(X) / c_B(X) = K$$

K = Verteilungskoeffizient;
$c_A(X)$ = Konzentration des Stoffes X in der Phase A in mol/l oder g/l.

Die Moleküle der Halogene Cl_2, Br_2 und I_2 sind unpolar. Sie lösen sich in Wasser deshalb nur schlecht, gut dagegen in den wenig polaren Halogenkohlenwasserstoffen wie 1,1,1-Trichlorethan. Dieses kann zur Anreicherung der Halogene in der unpolaren Phase genutzt werden.
Ältere Chargen von Kaliumiodid enthalten durch die Oxidation mit Luftsauerstoff Spuren von Iod. Wegen der geringen Konzentration kann dieses jedoch nicht durch die Eigenfarbe des I_2 in der Lösung erkannt werden. Wird die wäßrige Phase der Iodidlösung jedoch mit einer geringen Menge 1,1,1-Trichlorethan "ausgeschüttelt", so ist beim Vorhandensein von Iod-Verunreinigungen die Eigenfarbe des Iods in der nichtwäßrigen Phase erkennbar.

1,1,1-Trichlorethan gehört zu den besonders stabilen und damit weniger toxischen Chlorkohlenwasserstoffen. Andererseits führt gerade diese Eigenschaft dazu, daß $Cl_3C\text{-}CH_3$ zur Gefährdung der Ozonschicht der Erde beiträgt. Deshalb ist mit diesem Lösungsmittel besonders sparsam umzugehen. Die entstehenden Abfälle sind zu sammeln und wiederzuverwerten.

Am 6. Kurstag werden am Beispiel von Carbonsäuren Polaritätseinflüsse auf die Verteilung der Stoffe zwischen hydrophilen und lipophilen Phasen genauer untersucht.

2. Lösungen von ionischen Feststoffen in Wasser

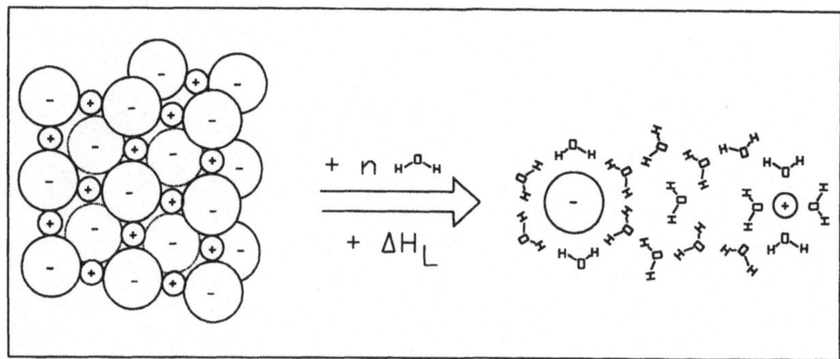

Abb. 3/2. Schematische Darstellung der Lösung eines binären Salzes wie Kochsalz, NaCl, in Wasser.

2.1 Die Lösungsenthalpie eines Salzes ist die Reaktionswärme der Lösereaktion. Zum näheren Verständnis dieser Größe wird der Lösevorgang in zwei Teilschritten dargestellt:

1. Die Spaltung des Ionengitters und
2. die Hydratation (Solvatation) der Ionen (siehe Abb. 3/2)

Zur Trennung des Ionengitters ist dem System die **Gitterenergie** (ΔH_G) (Bindungsenergie des ionischen Feststoffs) zuzuführen. Bei der Hydratation der Ionen wird die **Hydratationsenthalpie** (ΔH_{solv}) freigesetzt. Die Summe dieser beiden Energiebeträge ist die **Lösungsenthalpie** (ΔH_L):

$$\Delta H_L = \Delta H_G + \Delta H_{solv}$$

Zu beachten ist, daß ΔH_G ein **positives** Vorzeichen besitzt, da diese Energie dem System beim Lösevorgang zugeführt werden muß. ΔH_{solv} dagegen ist Energie, die vom System abgegeben wird, also ein **negatives** Vorzeichen besitzt (Abb. 3/3). Ob ΔH_L ein negatives [Fall (1)] oder positives Vorzeichen [Fall (2)] aufweist, hängt vom Größenverhältnis der Beträge von ΔH_G zu ΔH_{solv} ab.

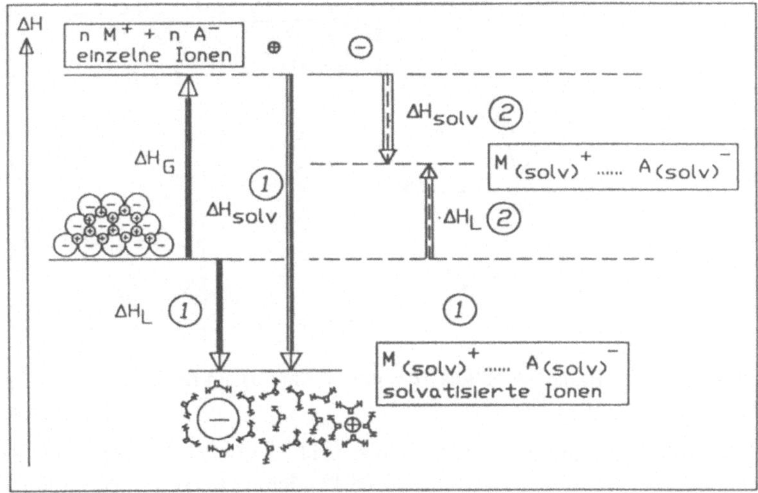

Abb. 3/3. Energiediagramm für die Lösungsenthalpie

Ist ΔH_L **negativ**, wie im Fall (1) in Abb.3/3, ist der Lösevorgang **exotherm** (Beispiel: Lösung von $CaCl_2$ in Wasser, die Lösung erwärmt sich; $\Delta H_L = -186$ kJ/mol).

Ist ΔH_L **positiv** wie im Fall (2), so handelt es sich um einen **endothermen** Lösevorgang (Beispiel: Auflösung von NH_4NO_3 in Wasser , die Lösung kühlt sich stark ab; $\Delta H_L = +25$ kJ/mol).

Die Gitterenergie ionischer Feststoffe hängt von den Radienverhältnissen der gitterbildenden Ionen, der Ladungsgröße der Ionen und vom Gittertyp, d.h. dem Konstruktionsprinzip des Ionengitters, ab.

Die Silberhalogenide AgF, AgCl, AgBr und AgI kristallisieren z.B. in der "Kochsalz-Struktur", in der 6 Halogenid-Anionen ein Silber-Kation umgeben. Für die optimale, d.h. mit einem Maximum an Bindungsenergie versehene, geometrische Situation, in der sich die Anionen und Kationen gerade berühren, läßt sich gemäß Abb. 3/4 ein Radienverhältnis $r(X^-)/r(Ag^+) = 2.44$ errechnen. Wird dieser Wert mit den Ionen-radien von Ag^+ (126 pm), F^- (136 pm), Cl^- (181 pm), Br^- (195 pm) und I^- (216 pm) verglichen, so läßt sich leicht erkennen, daß von den Silberhalogeniden Silberiodid die höchste Gitterenergie aufweisen muß, da hier das Radienverhältnis dem theoretisch berechneten optimalen Radienverhältnis am nächsten kommt.

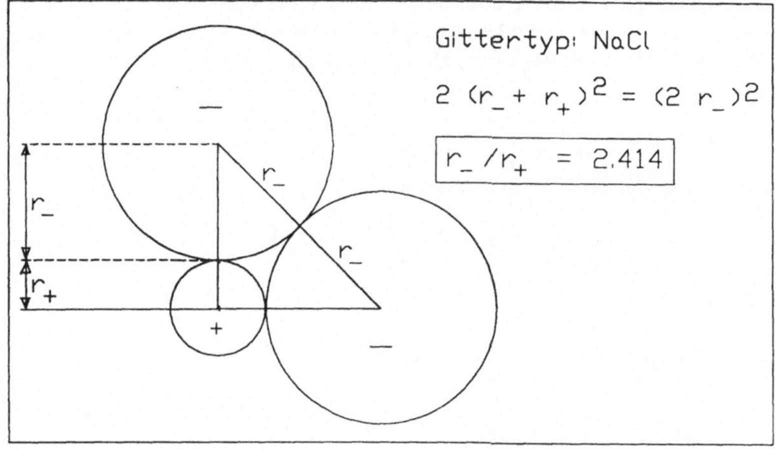

Abb. 3/4 Optimales Radienverhältnis r(Anion)/r(Kation) im Kochsalzgitter.

Die Lösungsenthalpie ΔH_L allein kann jedoch nicht als Entscheidungskriterium dar-über herangezogen werden, ob sich ein Salz leicht oder nur schwer in Wasser löst. So sind z.B. sowohl Calciumchlorid (ΔH_L negativ) als auch Ammoniumnitrat (ΔH_L positiv) in Wasser leicht löslich.

2.2 Bestimmend für die **"Triebkraft" einer chemischen Reaktion** und damit für die Lage des jeweiligen chemischen Gleichgewichts ist die mit der Reaktion verbundene Änderung der Gibbs-Energie ΔG ("freie Enthalpie").

$$\Delta G = \Delta H - T \cdot \Delta S ; \quad \text{Gibbs-Helmholtz-Gleichung}$$

Die Gibbs-Helmholtz-Gleichung berücksichtigt neben dem Postulat, daß die Natur möglichst energiearme Zustände anstrebt, zusätzlich die Aussage des 2. Hauptsatzes der Wärmelehre, nach der möglichst ungeordnete Zustände angestrebt werden. Als **Maß für die Unordnung** in einem System wird die **Entropie S** (bzw. Entropieänderung ΔS) eingeführt.

Vorgänge **mit positivem** ΔG werden als **endergonisch,** solche, bei denen die Änderung der **Gibbs-Energie negativ** ist, als **exergonisch** bezeichnet.

Exergonische Prozesse laufen freiwillig ab.

Endergonische Prozesse können nur unter Zufuhr von Gibbs-Energie (bei mechanischer Energie: "Arbeit") ablaufen.

Ist $\Delta G = 0$, befindet sich das System im Gleichgewicht.

2.3 Bei Lösereaktionen nimmt die Entropie des Systems meistens zu, da aus dem stark geordneten Kristallzustand der weniger geordnete Zustand einer Lösung entsteht. Endotherme Lösungsvorgänge (ΔH_L positiv) laufen dann freiwillig ab, wenn der Wärmebedarf der Reaktion durch die Zunahme an Unordnung überkompensiert wird ($|T \cdot \Delta S| > |\Delta H_L|$).

Die Zunahme der Entropie bei der Auflösung des Kristallverbandes wird durch den ordnenden Einfluß gemindert, den die Ionen bei der Bildung der Hydrathüllen auf die Wassermoleküle ausüben. Dieser ordnende Einfluß ist bei Ionen mit hoher Ladungsdichte (höhergeladene Ionen mit kleinerem Ionenradius) größer als bei Ionen mit geringerer Ladungsdichte (niedriger geladene Ionen mit größerem Radius).

Im Fall des erwähnten endothermen aber exergonischen Lösevorgangs von NH_4NO_3 in Wasser ist die Ladungsdichte des Kations und des Anions relativ niedrig, so daß der Lösevorgang mit einer hohen Entropiezunahme verbunden ist, die den Wärmebedarf der Lösereaktion überkompensiert ($|T \cdot \Delta S| > |\Delta H_L|$).

2.4 Eine gesättigte Lösung enthält gerade die den Gleichgewichtsbedingungen entsprechende Menge Salz. Wird weiteres Salz hinzugefügt, bildet es im Lösungsgleichgewicht einen ungelösten **"Bodenkörper".** Die Einstellung dieses dynamischen Gleichgewichts zwischen Bodenkörper und Lösung erfordert meistens eine gewisse Zeit und wird durch Durchmischen (Rühren) und durch sehr kleine Kristalle des Salzes beschleunigt. Wie andere chemische Gleichgewichte ist es temperaturabhängig. Es gibt Stoffe, bei denen die Löslichkeit mit zunehmender Temperatur ansteigt (weitaus häufigster Fall), solche bei denen sie abnimmt (Beispiel: $CaSO_4$) oder solche, bei denen sie nahezu gleich bleibt (Beispiel: NaCl).

Wenn die Löslichkeit eines Stoffes mit steigender Temperatur zunimmt, scheidet sich beim Abkühlen der bei höherer Temperatur gesättigten Lösung der Feststoff ab, bis der bei der tieferen Temperatur herrschende Lösungs-Gleichgewichtszustand erreicht ist.
Dieser Vorgang wird dazu benutzt, Feststoffe durch "Umkristallisation" zu reinigen.

Das Erreichen des Gleichgewichtszustandes und damit das "Ausfallen" des Feststoffes kann jedoch zeitlich verzögert sein. Man bezeichnet den dabei auftretenden metastabilen Zustand als **"Übersättigung"**. Die Übersättigung läßt sich durch Zusatz von wenigen kleinen Kristallen des entsprechenden Feststoffs ("Kristallkeimen") oder auch durch Reiben mit dem Glasstab an der Glaswand des Gefäßes aufheben (siehe Versuch 14).

2.5 Das **Lösungsgleichgewicht** läßt sich mit dem Massenwirkungsgesetz beschreiben. Dabei ist zu beachten, daß dem Massenwirkungsgesetz Modellvorstellungen zugrunde liegen, nach denen nur solche Stoffe oder Ionen einen Konzentrationsterm in der Massenwirkungsgleichung aufweisen, die sich in der Phase "Lösung" befinden. Unter der Voraussetzung, daß sich die Phase "Kristalliner Feststoff" mit der Phase "Lösung" im Gleichgewicht befindet, ist die entsprechende Gleichgewichtskonstante für den Phasenübergang in die Massenwirkungskonstante einbezogen. Diese wird im Fall von Lösereaktionen **Löslichkeitsprodukt** genannt.

Lösereaktion:

$$(27) \quad CaCO_3 \rightleftharpoons Ca^{2+} + CO_3^{2-}$$

Löslichkeitsprodukt:

$$L(CaCO_3) = c(Ca^{2+}) \cdot c(CO_3^{2-})$$

allgemein:

Lösereaktion: $A_m B_n \rightleftharpoons m\,A + n\,B$

Löslichkeitsprodukt: $L(A_m B_n) = c(A)^m \cdot c(B)^n$

$$- ^{10}\log L = pL$$

Ist das Löslichkeitsprodukt unterschritten, wird von einem als Bodenkörper vorliegenden kristallinen Feststoff soviel in Wasser aufgelöst, daß die Konzentrationen der beteiligten Ionen die Bedingung des Löslichkeitsproduktes erfüllen. Andererseits wird durch die Zugabe von feststoffbildenden Ionen zu einer gesättigten Lösung das Löslichkeitsprodukt überschritten. Als Folge davon scheidet sich der Stoff kristallin aus der Lösung ab, bis die Konzentrationen der Ionen dem Löslichkeitsprodukt genügen.

Die Löslichkeit eines kristallinen Feststoffes wird in der Literatur sowohl durch das jeweilige Löslichkeitsprodukt als auch durch die üblichen Konzentrationsangaben für die gesättigte Lösung angegeben:

g Gelöstes / 100 g Lösungsmittel

g Gelöstes / kg Lösungsmittel

g Gelöstes / l Lösungsmittel

g Gelöstes / l Lösung

mol Gelöstes / l Lösung

Die letzte Angabe ist besonders informativ für stöchiometrische Berechnungen. Sie wird als **Molare Löslichkeit** M_L bezeichnet und läßt sich in Beziehung zum jeweiligen Löslichkeitsprodukt der Substanz bringen:

Wird die gesättigte Lösung eines binären Salzes, z.B. Silberchlorid, AgCl, in Wasser untersucht, ist die molare Löslichkeit des Silberchlorids sowohl durch die molare Konzentration der Ag^+-Kationen als auch durch die der Cl^--Anionen repräsentiert.

$$(28) \quad AgCl \rightleftharpoons Ag^+ + Cl^-$$

$$M_L = c(Ag^+) = c(Cl^-)$$

$$L = M_L \cdot M_L \qquad | \quad M_L = \sqrt{L}$$

Für Salze des Typs A_2B läßt sich die Molare Löslichkeit aus dem Löslichkeitsprodukt wie folgt berechnen:

$$A_2B \rightleftharpoons 2\,A^+ + B^-$$

$$M_L = c(B^-)$$

$$M_L = 1/2 \cdot c(A^+) \qquad | \quad c(A^+) = 2\,M_L$$

$$L = c(A^+)^2 \cdot c(B^-)$$

$$L = [2\,M_L]^2 \cdot M_L \qquad | \quad 4\,M_L^3 = L$$

$$M_L = \sqrt[3]{L/4}$$

Für **Salze des Typs $A_n B_m$** gilt allgemein:

$$\boxed{\quad M_L = \sqrt[(n+m)]{L/m^m \cdot n^n} \quad}$$

2.6 Ungleichgewichtszustände, die z.B. zu übersättigten Lösungen führen, sind von besonderer physiologischer Bedeutung. Chemische Reaktionen sind im Grunde nichts anderes, als der Übergang eines Ungleichgewichtszustandes in den Gleichgewichtszustand des Systems. Wie schnell der Gleichgewichtszustand eintritt, ist eine Frage der **Reaktionsgeschwindigkeit**, also der **Kinetik** der Reaktion.

Soll durch chemische Umsetzungen z.B. Energie zur Verfügung gestellt werden, wie dieses in physiologischen Systemen der Fall ist, muß ständig ein solcher Ungleichgewichtszustand aufrecht erhalten werden. Dieses geschieht in **offenen Systemen**, in denen ein stationärer Zustand (engl.: **steady state**) dadurch erreicht wird, daß die reagierenden Stoffe (Edukte) in dem Maße zugeführt werden, wie sie durch die Reaktion verbraucht werden. Entsprechend werden die entstehenden Stoffe (Produkte) im Maße ihres Entstehens aus dem offenen System entfernt. Dieser Zustand wird als **Fließgleichgewicht** bezeichnet.

In lebenden Zellen, in denen Stoff- und Energieaustauch stattfinden, herrschen solche Fließgleichgewichte, die nicht mit dem thermodynamischen Gleichgewicht geschlossener Systeme verwechselt werden dürfen.

Thermodynamische Ungleichgewichte im Zusammenhang mit der Bildung von Niederschlägen spielen in den Nieren eine besondere Rolle. Beispielsweise ist die Konzentration von Calciumionen und Oxalationen in der Niere in der Regel höher, als nach dem Löslichkeitsprodukt für CaC_2O_4 zu erwarten wäre. Die kinetische Hemmung der Gleichgewichtseinstellung wird durch Schleimstoffe herbeigeführt, die in den Nieren produziert werden und die die freie Bewegung der gelösten Ionen hemmen. Ist diese Nierenfunktion gestört, kann es zur Aufhebung der kinetischen Hemmung kommen und CaC_2O_4 fällt in der Niere aus, es kommt zur Bildung von Oxalat-Nierensteinen.

3. Ausfällen und Auflösen von Niederschlägen

Unter der Bedingung der raschen Einstellung des chemischen Gleichgewichts läßt sich die Bildung und Auflösung von ionischen Feststoffen im Gleichgewicht mit wäßrigen Lösungen durch die Veränderung der Konzentrationen der beteiligten Ionen in der Lösung steuern. Dabei gibt das jeweilige Löslichkeitsprodukt die Gleichgewichtsbedingungen an.

3.1 Die Erhöhung der Konzentration einer beteiligten Ionensorte in der Lösung führt dazu, daß die andere ebenfalls an der Niederschlagsbildung beteiligte Ionensorte weitgehend aus der Lösung entfernt werden kann, d.h. nahezu quantitativ im abtrennbaren Feststoff gebunden wird.

Beispiel:

Bariumsulfat ist ein schwerlösliches Bariumsalz, das als Bestandteil von Kontrastmitteln in der Röntgendiagnostik genutzt wird, obwohl Bariumkationen toxisch sind. Deren Konzentration ist jedoch im Gleichgewicht mit dem Feststoff gering. Sie kann zusätzlich durch die Zugabe von Sulfationen zu der Lösung herabgesetzt werden.

$$(29) \quad Ba^{2+} + SO_4^{2-} \rightleftharpoons BaSO_4 \qquad | \ L(BaSO_4) = 10^{-10} \, mol^2/l^2$$

$$| \ 10^{-10} = c(Ba^{2+}) \cdot c(SO_4^{2-})$$

Wird eine gesättigte Lösung von Bariumsulfat aus Wasser und kristallinem Bariumsulfat hergestellt, ist in dieser Lösung die Konzentration der Bariumkationen genauso groß wie die der Sulfatanionen.

$$c(Ba^{2+}) = c(SO_4^{2-}) = \sqrt{10^{-10}} = 10^{-5}$$

Wird dem System "Gesättigte Lösung + Bodenkörper" jedoch leichtlösliches Natriumsulfat, Na_2SO_4, (gelöst als Na^+ und SO_4^{2-}) hinzugesetzt, scheidet sich mehr $BaSO_4$ als Feststoff ab, da das Löslichkeitsprodukt im Gleichgewichtszustand auch bei einem stöchiometrischen Überschuß von SO_4^{2-} gegenüber Ba^{2+} gilt. Ist durch die Zugabe von Natriumsulfat die SO_4^{2-}-Konzentration beispielsweise auf 1 mol/l eingestellt worden, ergibt sich für $c(Ba^{2+})$:

$$10^{-10} = c(Ba^{2+}) \cdot c(SO_4^{2-}) \qquad | \ c(SO_4^{2-}) = 1 \, mol/l$$

$$10^{-10} = c(Ba^{2+}) \cdot 1 \qquad | \ c(Ba^{2+}) = 10^{-10} \, mol/l$$

Durch den Sulfatzusatz wurde die Bariumkonzentration also um das 100 000-fache herabgesetzt.

3.2 Das Auflösen von Niederschlägen kann herbeigeführt werden, indem eine Komponente der ionischen Feststoffes durch eine chemische Reaktion aus dem Lösungsgleichgewicht entfernt wird.

3.2.1 Säure-Base-Reaktionen werden zum Auflösen von Niederschlägen dann herangezogen, wenn die Anionen des entsprechenden schwerlöslichen Salzes starke Basen sind:

$$(30) \qquad CaCO_3 \; \rightleftharpoons \; Ca^{2+} + CO_3^{2-} \qquad | \; L = 1.2 \cdot 10^{-8} \, mol^2/l^2$$

$$(31) \qquad CO_3^{2-} + H^+ \; \rightleftharpoons \; HCO_3^- \qquad | \; K_S(HCO_3^-) = 4 \cdot 10^{-11} \, mol/l$$

Im Fall des Calciumcarbonats wird durch die Zugabe von H^+ das Carbonatanion aus dem Lösungsgleichgewicht durch Bildung von Hydrogencarbonat entfernt. Das Gleichgewicht stellt sich durch weiteres Auflösen von festem $CaCO_3$ erneut ein, bis kein Bodenkörper mehr vorhanden ist oder die Konzentration von H^+ nicht mehr zur Bildung von HCO_3^- ausreicht (Säure-Base-Gleichgewicht).

Das Auflösen von Calciumcarbonat durch protonenhaltige Lösungen bedroht in den Ballungszentren alle Kulturdenkmäler und Gebäude die aus Kalkstein oder Marmor errichtet sind ("Saurer Regen").

Im Fall des $CaCO_3$ ist das Anion eine relativ starke Base. Handelt es sich um eine schwächere Base, ist darauf zu achten, daß die konjugierte Säure nicht eine stärkere Säure ist als die, die als Protonendonator eingesetzt wird. So kann Calciumoxalat nicht von Essigsäure aufgelöst werden, wohl aber von verdünnter Salzsäure als starker Säure.

Oxalsäure: $HO_2C\text{-}CO_2H$

$$(32) \qquad CaC_2O_4 \; \rightleftharpoons \; Ca^{2+} + C_2O_4^{2-} \qquad | \; L = 2 \cdot 10^{-9} \, mol^2/l^2$$

$$(33) \qquad C_2O_4^{2-} + H^+ \; \rightleftharpoons \; HC_2O_4^- \qquad | \; K_S(HC_2O_4^-) = 6 \cdot 10^{-5} \, mol/l$$
$$\qquad\qquad\qquad\qquad\qquad\qquad\qquad\qquad | \; K_S(CH_3CO_2H) = 1.8 \cdot 10^{-5} \, mol/l$$

Die Löslichkeit von Salzen schwacher Säuren in Säuren ist jedoch nicht allein von der Basizität des jeweiligen Anions und der Säurestärke des Protonendonators abhängig, sondern gleichfalls vom Löslichkeitsprodukt des Salzes. So sind viele Metallsulfide selbst in starken Säuren unlöslich, obwohl das S^{2-}-Ion relativ stark basisch ist. Der Grund hierfür liegt in dem sehr kleinen Löslichkeitsprodukt des Metallsulfides (z.B. Quecksilbersulfid: $L(HgS) = 10^{-52} \, mol^2/l^2$), das selbst durch eine hohe Protonenkonzentration nicht unterschritten wird.

Die Löslichkeit des Niederschlags Magnesiumammoniumphosphat, $MgNH_4PO_4$, ist ebenfalls abhängig von der herrschenden Protonenkonzentration, da NH_4^+ einerseits eine schwache Säure, PO_4^{3-} aber eine relativ starke Base ist. Deshalb ist das in der 17. Aufgabe angegebene Verfahren zur Einstellung des pH-Wertes genau einzuhalten.

3.2.2 Komplexbildungsreaktionen können dazu herangezogen werden, die Kationen eines ionischen Feststoffes aus dem Lösungsgleichgewicht zu entfernen. So reagiert Ag^+ mit Ammoniak unter Bildung des Komplexkations $[Ag(NH_3)_2]^+$ und kann somit aus dem Lösungsgleichgewicht von AgCl entfernt werden.

$$(34) \qquad AgCl_{(fest)} + 2\,NH_3 \; \rightleftharpoons \; [Ag(NH_3)_2]^+ + Cl^-$$

Die Möglichkeit, kristalline Feststoffe durch Komplexbildung aufzulösen, ist abhängig von der Größe der jeweiligen Löslichkeitsprodukte und Komplexbildungskonstanten. Näheres wird dazu im Zusammenhang mit den Komplexbildungsreaktionen erläutert.

Mehrprotonige organische Säuren wie Zitronensäure oder Weinsäure besitzen sowohl saure als auch komplexbildende Eigenschaften und sind so besonders effektiv bei der Auflösung von Salzen schwacher Säuren. So greift bei längerer Einwirkungsdauer die in "sauren Drops" häufig enthaltene Zitronensäure das im Zahnschmelz vorhandene Hydroxylapatit, $[3\ Ca_3(PO_4)_2 \cdot Ca(OH)_2]$, aber auch Fluorapatit, $[3\ Ca_3(PO_4)_2 \cdot CaF_2]$, dadurch an, daß zum einen Phosphat protoniert wird und zum anderen Calciumionen komplex gebunden werden.

Tabelle 3/1. Löslichkeitsprodukte einiger Salze bei 298 K (angegeben als -log L = pL):

Salz	pL	Salz	pL
$CaCO_3$	7.92	$AgCl$	10
$CaSO_4$	4.32	$AgBr$	12.4
CaC_2O_4	8.07	AgI	16
CaF_2	10.46	$MgNH_4PO_4$	12.6
$BaSO_4$	10	$PbCO_3$	13.5
HgS	52	$Fe(OH)_3$	34.7

4. Ionenaustauscher

4.1 Definition: Ionenaustauscher sind wasserunlösliche Feststoffe, die aus einer wäßrigen Lösung Ionen der Sorte A binden und dafür eine äquivalente Menge anderer Ionen B an die Lösung abgeben. Diese Feststoffe besitzen kationische oder anionische Zentren, die nicht in die Phase Lösung übergehen können. Die erforderlichen Gegenionen - Anionen bzw. Kationen - sind vor allem durch elektrostatische Kräfte an den Austauscher gebunden und können durch Ionen aus der Lösung ersetzt werden, wobei sie selbst in die Lösung übergehen.

Sind die fest gebundenen Gruppen Anionen, können Kationen ausgetauscht werden. Dieser Feststoff wird dann als **Kationenaustauscher** bezeichnet. Sind die gebundenen Gruppen Kationen, liegt ein **Anionenaustauscher** vor.

Ionenaustauschereigenschaften treten sowohl bei nicht-anthropogenen Stoffen wie den im Erdreich vorkommenden Zeolithen (Aluminiumsilikate) wie bei synthetischen "Austauscherharzen" auf.

4.2 Die im Laboratorium eingesetzten Ionenaustauscher sind in Wasser unlösliche polymere organische Stoffe in denen entweder anionische Gruppen (z.B. $-SO_3^-$) für den Austausch von H^+-Ionen durch andere Kationen oder kationische Gruppen (z.B. $-N(CH_3)_3^+$) für den Austausch von HO^--Ionen durch andere Anionen fest eingebaut sind (Abb. 3/5).
Das Polymerharz wird zunächst durch Wasser aufgequollen, so daß die reaktiven Gruppen im Harz für in der Lösung vorhandene Ionen zugänglich werden. Katio-

nenaustauscher werden anschließend durch Waschen mit einer starken Säure wie HCl protoniert, Anionenaustauscher werden durch Waschen mit einer NaOH-Lösung mit Hydroxylionen "beladen".

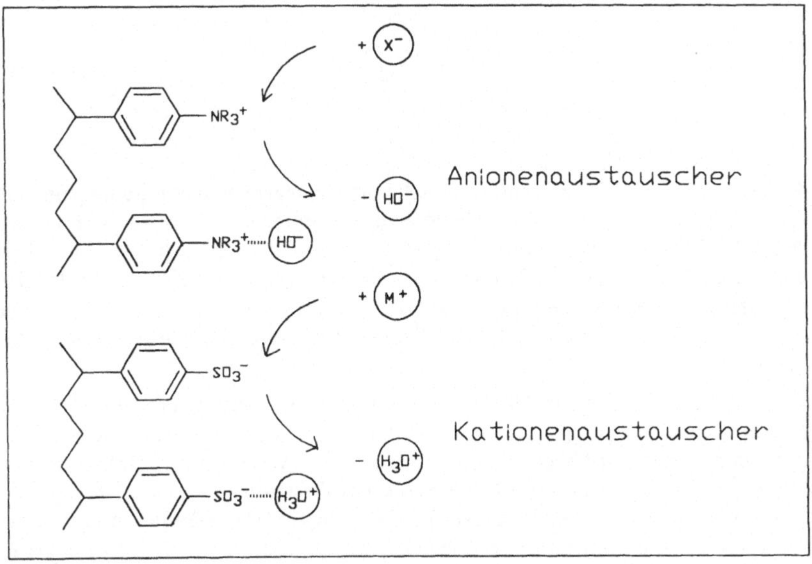

Abb. 3/5 Kationen- und Anionenaustauscherharze

4.3 Eine bestimmte Menge Ionenaustauscher enthält auch eine bestimmte Menge an austauschbaren Kationen (z.B. H^+) bzw. Anionen (z.B. HO^-), besitzt also eine begrenzte Austauscherkapazität. Wird diese erreicht, tritt eine **Sättigung** des Austauschers für die bestimmte Ionenart ein. Wenn sichergestellt werden soll, daß eine bestimmte Ionenart vollständig durch Bindung an einen Ionenaustauscher aus einer Lösung entfernt wird, muß deren Menge weit unterhalb der Sättigungsgrenze der eingesetzten Austauschermenge liegen.

Unter dieser Bedingung kann beispielsweise durch die quantitative Bestimmung der freigesetzten Protonen aus einem Kationenaustauscher auf die Menge der in einer Probe vorhandenen und vom Austauscher aufgenommenen Erdalkalikationen geschlossen werden. Zu beachten ist dabei, daß die zweifach positiv geladenen Erdalkalikationen eine äquivalente Menge von Protonen, also zwei Protonen pro Erdalkalikation ersetzen.

Der Konzentrationsbereich, in dem ein lineares Verhältnis zwischen der Konzentration des Stoffes am Austauscher und der in der Lösung existiert, wird als **Arbeitsbereich** bezeichnet.

$$(35) \quad \boxed{K}\!\!<^{H}_{H} \; + \; M^{2+} \; \rightleftharpoons \; \boxed{K}\!-\!M \; + \; 2\,H^{+}$$

4.4 Die Affinität von Ionen zum Austauscher ist abhängig von deren Ladung und deren Ionenradius. Von den im Praktikum eingesetzten Kationenaustauschern werden in der Regel höher geladene Kationen fester gebunden als einfach positiv geladene und bei gleicher Ladung größere fester als kleinere Kationen. Letzteres ist dadurch zu erklären, daß die kleineren Kationen eine höhere Ladungsdichte und damit eine stabilere Solvathülle besitzen, die die Bindung des Kations an den Austauscher behindert.

Da der Ionenaustausch eine Gleichgewichtsreaktion ist, können durch hohe Konzentrationen an Ionen mit geringerer Affinität, die sich in der Phase Lösung befinden, gebundene Ionen mit höherer Affinität wieder vom Austauscher verdrängt werden. Dieses macht man sich beim **Regenerieren** des Austauschers zunutze. Durch Waschen mit Lösungen hoher Protonen- bzw. Hydroxylionenkonzentration können Ionenaustauscher, die mit Metallkationen oder Anionen beladen sind, wieder in die H-Form bzw. HO-Form überführt werden.

4.5 Die Anwendung von Ionenaustauschern erstreckt sich einmal auf technische Bereiche wie die **Wasserentsalzung**, zum anderen auf die Anwendung in der **Analytik**. In der Chemotherapie können unverdauliche Ionenaustauscher, die mit ionischen Pharmaka beladen sind, dazu dienen, während der Magen-Darm-Passage diese Pharmaka verzögert und kontinuierlich an den Körper abzugeben.

Das im Labor verwendete "destillierte Wasser" ist durch Ionenaustauscher "entsalztes Wasser". Für bestimmte analytische und biochemische Zwecke wird allerdings "bidestilliertes Wasser" benötigt. Zu diesem Zweck wird das mit Ionenaustauschern entsalzte Wasser noch zusätzlich in einer Quarz-Apparatur destilliert.

In Fällen von Anwendungen, bei denen es nur darum geht, bestimmte Ionensorten wie z.B. die "Härtebildner" Mg^{2+}, Ca^{2+}, HCO_3^-, SO_4^{2-} aus dem Wasser zu entfernen, können die Ionenaustauscher auch mit anderen Ionen als H^+ und HO^- beladen werden., z.B. mit Na^+ und Cl^-. Deshalb werden die in Spülmaschinen eingebauten Ionenaustauscher mit Kochsalz, NaCl, regeneriert.

Im analytischen Bereich werden Ionenaustauscher zur Trennung, Anreicherung und Isolierung von Kationen und Anionen eingesetzt.

Beispielsweise lassen sich Gemische von Aminocarbonsäuren in wäßrigen Lösungen an Ionenaustauschern auftrennen, wenn ein "pH-Gradient" angelegt wird. Als Folge der unterschiedlichen pK_S-Werte der Aminocarbonsäuren ("isoelektrische Punkte") liegen diese bei bestimmten pH-Werten entweder als Kationen, als Neutralteilchen oder als Anionen vor. Die Affinität der einzelnen Aminocarbonsäuren zum Ionenaustauscher kann so über den pH-Wert der Lösung gesteuert werden. Trennungsverfahren, die dieses ausnutzen, werden als **Ionenaustauscherchromatographie** bezeichnet.

Chromatographische Verfahren werden im 9. Kurstag behandelt.

4. Kurstag

Komplexverbindungen - Komplexbildungsgleichgewichte - Kolorimetrie

Lernziele: Einfluß von Komplexbildungsreaktionen auf die Löslichkeit von Salzen, Reaktivität von Komplexverbindungen, Änderung spektroskopischer Eigenschaften (Farbe) bei der Komplexbildung, Einführung in spektroskopische Bestimmungsmethoden, Kolorimetrie.

Grundlagenwissen: Die chemische Bindung, Bindungsarten, Polarität von Atombindungen, Komplexbildung, Komplexbildungsgleichgewichte, pH-Abhängigkeit der Komplexbildung, Chelatkomplexe, Metallindikatoren, komplexometrische Titrationen, Kolorimetrie, spektroskopische Bestimmungsmethoden, Beersches Gesetz, Lambert-Beersches Gesetz, Eichkurven

Benutzte Lösungsmittel und Chemikalien mit Gefahrensymbolen, Gefahrenhinweisen und Sicherheitsratschlägen:

		R-Sätze	S-Sätze
ca. 4 molare Salzsäure (13.7 % HCl in H_2O)	Xi	36/37/38	26-28
2 molare Natronlauge (7.4 % NaOH in H_2O)	C	35	26/27-37/39-45
Ammoniaklösung (10 % NH_3 in H_2O)	Xi	36/37/38	26
konzentrierte Ammoniaklösung (32 % NH_3 in H_2O)	C	34-37	26-28-39-45
2 molare Ammoniaklösung (ca. 3.5 % NH_3 in H_2O)	-		
Pufferlösung aus NH_4^+/NH_3, pH 10	-		
(350 ml 32 %ige NH_3-Lösung + 54 g NH_4Cl mit H_2O,			
auf 1 l aufgefüllt)			
0.1 molare Silberlösung ($AgNO_3$ in H_2O, 17.0 g/l)	Xi	36/38	26
0.2 molare Kupfer(II)lösung			
($CuSO_4$ • 5 H_2O in H_2O, 49.9 g/l)	Xn	22	
Kupfer(II)lösung 1 mg/ml ($CuSO_4$ • 5 H_2O in H_2O, 3.932 g/l)	-		
Sulfidlösung, ca. 0.1 molar			
(Na_2S •x H_2O (ca. 35 % Na_2S) in H_2O, 22.3 g/l)	Xi	31-34	26
0.1 molare Chloridlösung (NaCl in H_2O, 5.8 g/l)	-		
0.1 molare Bromidlösung (KBr in H_2O, 11.9 g/l)	-		
0.1 molare Iodidlösung (KI in H_2O, 16.6 g/l)	-		
5 %ige Thiosulfatlösung ($Na_2S_2O_3$ in H_2O, 50 g/l)	-		
0.02 molare Titriplex$^{(R)}$(III)lösung			
(Na_2EDTA • 2 H_2O in H_2O, 3.722 g/l)	-		
Eriochromschwarz T (0.2 % in Ethanol)	F	11	7-16
Titangelblösung (0.05 % in Ethanol)	F	11	7-16
Magnesiumlösung 2 mg/ml			
($MgSO_4$ • 7 H_2O in H_2O, 20.28 g/l)	-		
Magnesiumlösung 0.5 mg/ml			
($MgSO_4$ • 7 H_2O in H_2O, 5.07 g/l)	-		
Magnesiumlösung 1 mg/ml			
($MgCl_2$ • 6 H_2O in H_2O, 8.356 mg/l)	-		
Spinat, tiefgefroren	-		

Zusätzlich benötigte Geräte: Bürette mit Stativ und 1 Klemme, Dreifuß mit Auflage, Faltenfilter, Rundfilter, Siedesteine, kleine Etiketten, Abfallgefäße für Silberabfälle und Kupferabfälle, jeweils mit Trichter.

Entsorgung: Silberhaltige Abfälle und stärker kupferhaltige Abfälle (WGK 2) sind in speziell dafür aufgestellten Sammelgefäßen zu sammeln. Ammoniakhaltige Silberlösungen können nach längerem Stehenlassen explosive Verbindungen bilden. Deshab sind zu diesen Abfällen ebenfalls die Abfälle von 4 molarer Salzsäure hinzuzufügen. Dadurch wird NH_3 zu NH_4^+ umgesetzt. Am Ende des Kurstages ist der pH-Wert der Silberabfall-Lösungen zu prüfen und gegebenenfalls mit zusätzlicher Salzsäure auf einen pH-Wert von 5-6 zu bringen. Dieses ist im Abzug durchzuführen, da gegebenenfalls Schwefelwasserstoff, H_2S, entstehen kann.

Die weiteren an diesem Kurstag verwandten Lösungen können in den nach den Versuchsbeschreibungen anfallenden Mengen dem Abwasser beigegeben werden.

21. Aufgabe: *In Reagenzglasversuchen wird die Komplexbildung und die Existenz von Komplexbildungsgleichgewichten in Lösung untersucht.*

21a. In einem Reagenzglas versetzt man 3-4 ml einer etwa 0.1 molaren $AgNO_3$-Lösung zunächst tropfenweise mit 2 molarer Ammoniaklösung. Es entsteht ein Niederschlag. (Woraus besteht dieser?) Dann wird ein Überschuß von 2 molarer NH_3-Lösung hinzugefügt. Die dabei entstehende klare Lösung wird auf drei Reagenzgläser verteilt:

Zur **1. Probe** gibt man einen Tropfen verd. NaCl-Lösung (kein Niederschlag von AgCl, warum?), zur **2. Probe** einen Tropfen einer 0.1 molaren KBr-Lösung und zur **3. Probe** einen Tropfen einer 0.1 molaren KI Lösung. Es entstehen weiße bis gelbliche Niederschläge von AgBr und AgI. Nach dem Absetzen des Feststoffes im Reagenzglas wird die <u>überstehende Flüssigkeit</u> abgegossen (--> Silberabfälle). AgBr löst sich in konzentrierter NH_3-Lösung (--> Abzug), AgI in einer Natriumthiosulfatlösung (5 % $Na_2S_2O_3$ in H_2O). Setzt man zu der dabei entstehenden klaren Lösung **nur einige Tropfen** Natriumsulfid-Lösung (Na_2S in H_2O, ca. 0.1 mol/l) hinzu, fällt schwarzes Silbersulfid, Ag_2S, aus.

> Dabei ist darauf zu achten, daß Na_2S nicht im Überschuß verwandt wird, da Sulfid in Gegenwart von Protonen (z.B. beim späteren Ansäuern der Abfall-Lösungen) das sehr giftige und teratogene Gas Schwefelwasserstoff, H_2S, bilden kann, was zumindest zu starker Geruchsbelästigung führt.

21b. In ein weiteres Reagenzglas werden etwa 3 ml einer 0.2 molaren $CuSO_4$-Lösung gefüllt. Anschließend gibt man zuerst tropfenweise 2 molare NH_3-Lösung, sodann einen Überschuß der Ammoniaklösung. Was ist zu beobachten und wie lassen sich die Beobachtungen erklären? Stellen Sie Reaktionsgleichungen auf!

22. Aufgabe: *Die Bildung des tiefblauen Kupfertetrammindiaqua-Komplexkations wird zu einer einfachen kolorimetrischen Kupferbestimmung ausgenutzt.*

Sechs Reagenzgläser möglichst gleichen Durchmessers werden mit kleinen Etiketten versehen und nebeneinander in einem Reagenzglasgestell aufgestellt. Jede Arbeitsgruppe erhält 25-30 ml einer wäßrigen Kupfersulfatlösung [$c(Cu^{2+})$ = 1 mg/ml]. Im 100 ml Meßkolben erhält jede Arbeitsgruppe ebenfalls eine Cu^{2+}-Salzlösung unbekannten Gehaltes. Diese wird mit H_2O bis zur Marke aufgefüllt und dabei durchmischt. Von dieser Lösung pipettiert man 10 ml in das erste Reagenzglas, das als Analysenprobe mit A bezeichnet wird. In die 5 übrigen Reagenzgläser werden mit einer Meßpipette der Reihe nach 1 ml, 2 ml, 3 ml, 4 ml und 5 ml der 1 mg Cu^{2+}-Ionen enthaltenden Lösung eingefüllt. Nach dem Ausspülen der Meßpipette werden die Proben in gleicher Reihenfolge mit 9 ml, 8 ml, 7 ml, 6 ml und 5 ml H_2O versetzt, so daß sie dann alle 10 ml Lösung enthalten. Die so hergestellten Cu^{2+}-Lösungen mit den Konzentrationen 0.1 mg/ml, 0.2 mg/ml, 0.3 mg/ml, 0.4 mg/ml und 0.5 mg/ml werden mit Konzentrationsangaben auf Etiketten versehen.

Anschließend werden aus der Meßpipette in alle 6 Reagenzgläser je 5 ml 10 %ige Ammoniak-Lösung gegeben. Dann wird vorsichtig umgeschüttelt. Die Farbintensität der Analysenprobe wird mit den Farbintensitäten der hergestellten Vergleichslösungen durch Betrachten gegen einen hellen, weißen Hintergrund verglichen. Sind die Schichtlängen gleich (was bei richtigem Abmessen der Volumina und vor allem gleichen Abmessungen der Reagenzgläser der Fall sein müßte), können die Farbintensitäten auch in der Durchsicht von oben gegen einen weißen Untergrund verglichen werden. Die Farbintensität der Analysenprobe wird entweder mit der Farbintensität einer der Vergleichslösungen übereinstimmen oder zwischen zwei der Vergleichslösungen einzuordnen sein. Als Ergebnis der Analyse ist anzugeben, wieviel mg Cu^{2+} in der erhaltenen Probe vorhanden waren. Dabei ist zu beachten, daß man nur einen Anteil der ursprünglichen Probe analysiert hat!

Beispiel:

> Die Farbintensität liegt zwischen den Vergleichsproben mit c = 0.4 mg/ml und c = 0.5 mg/ml.
> Das Volumen der Analysenlösung und der Vergleichslösungen betrug vor der Zugabe von NH_3 10.0 ml. Demnach sind 10 ml · 0.45 mg/ml = 4.5 mg Cu^{2+} in der Analysenlösung gewesen. Dieses war 1/10 der als Analyse erhaltenen Menge; also waren in der Analysenprobe 45 mg Cu^{2+} enthalten.

> Stehen im Praktikum physikalisch-chemische Meßinstrumente wie Colorimeter oder Photometer zur Verfügung, kann das hier als Meßinstrument eingesetzte menschliche Auge durch diese ersetzt werden. Dieses führt zu einer sehr viel größeren Empfindlichkeit und Genauigkeit des Verfahrens.

23. Aufgabe: *Durch Titration der wäßrigen Lösung eines Magnesiumsalzes bekannten Mg-Gehaltes mit einer 0.02 molaren wäßrigen Lösung von Na_2H_2EDTA (Dinatriumsalz der Ethylendiamintetraessigsäure, Titriplex$^{(R)}$III- bzw Idranal$^{(R)}$III) gegen Eriochromschwarz T als Metallindikator wird die Arbeitsweise der Komplexometrie geübt. Anschließend wird auf die gleiche Weise der Magnesiumgehalt einer unbekannten Probe bestimmt.*

In einem <u>sauberen und trockenen</u> Erlenmeyer-Weithalskolben werden ca. 50 - 60 ml einer Magnesiumsulfatlösung mit der genauen Konzentration von 0.5 mg Mg^{2+}/ml gegeben. Des weiteren erhält jede Arbeitsgruppe in einem ebenfalls <u>sauberen und trockenen</u> Gefäß ca. 100 ml der 0.02 molaren Na_2H_2EDTA-Lösung, mit der die Bürette zu füllen ist.

In einen <u>sorgfältig mit dest. Wasser gereinigten</u> Erlenmeyer-Weithalskolben werden 2 ml der Pufferlösung (pH = 10) und 6 Tropfen der Indikatorlösung gegeben. **Das Gemisch muß eine blauviolette Farbe aufweisen.** Sollte es rot gefärbt sein, war das Titriergefäß mit Spuren von Metallkationen verunreinigt. In diesem Fall muß es noch einmal gründlich gespült werden, bevor erneut Puffer- und Indikatorlösung eingefüllt werden.

In die blauviolette Lösung werden genau 10.0 ml der $MgSO_4$-Lösung gegeben. Die Lösung wird **rot** (Farbe des Mg^{2+}-Komplexes von Eriochromschwarz-T). Die Lösung wird auf etwa 30 °C erwärmt ("handwarm") und über einer weißen Unterlage mit der Na_2H_2EDTA-Lösung titriert, bis ein deutlicher Farbumschlag nach **blau bis blaugrün** auftritt und kein roter Farbton mehr erkennbar ist (Eigenfarbe des Eriochromschwarz-T beim herrschenden pH-Wert). Aus dem Titrationsergebnis wird die vorgelegte Menge an Magnesium berechnet. Sie darf vom Erwartungswert (10 ml · 0.5 mg/ml = 5 mg Mg^{2+}) um höchstens 0.5 % abweichen. Andernfalls muß die Titration weiter geübt werden, bis befriedigende Ergebnisse erzielt werden.

Stöchiometrie der Titrationsreaktion:

$$(36) \qquad Mg^{2+} + H_2EDTA^{2-} + 2\,HO^- \rightleftharpoons [Mg(EDTA)]^{2-} + 2\,H_2O$$

Die Hydroxylionen werden vom Puffer zur Verfügung gestellt.

Beispiel:

Verbrauch: 10.40 ml 0.02 molare H_2EDTA^{2-} (f = 1.000)

10.40 ml · 0.02 mmol/ml = 0.208 mmol Mg^{2+}

M(Mg) = 24.3 g/mol

0.208 mmol · 24.3 mg/mmol = 5.05 mg Mg^{2+}

eingesetzte Menge: 5.00 mg Mg^{2+};

Fehler: 1 %; --> Titration wiederholen!

24. Aufgabe: *Komplexometrische Bestimmung von Magnesium.*

In ein sauberes Titriergefäß, das bereits 2 ml Pufferlösung und 6 Tropfen Indikatorlösung enthält (Farbe: blauviolett), wird vom Assistenten die Analysenprobe gegeben. Die Titration und die Berechnung des Ergebnisses erfolgt wie in der 23. Aufgabe. Anzugeben ist die gefundene Menge Magnesium in mg.

25. Aufgabe: *Nachweis von Magnesium mit Titangelb*

10 ml einer Lösung von $MgCl_2$ · 6 H_2O, die 1 mg /ml Magnesium enthält, werden in ein Reagenzglas pipettiert. Zu dieser Lösung gibt man 10 ml 2 molare NaOH und anschließend 1 ml 0.05 % Titangelblösung und rührt mit einem Glasstab um. Rotfär-

bung der Lösung bzw. ein roter Niederschlag zeigen die Bildung des Mg-Titangelb-Komplexes an.

26. Aufgabe: *Nachweis von Magnesium aus Chlorophyll nach der Hydrolyse mit 4 molarer Salzsäure.*

10 g Spinat (tiefgefroren und aufgetaut) werden mit 10 ml 4 molarer HCl in einem 250 ml Erlenmeyer-Weithalskolben über dem Bunsenbrenner (Dreifuß, Drahtnetz) im Abzug einmal kurz aufgekocht. Zur Vermeidung von Siedeverzügen werden einige Siedesteine in die wäßrige Aufschlämmung der Spinatblätter gegeben (Vorsicht vor Spritzern!). Danach wird die Suspension durch ein Faltenfilter gegeben und das klare Filtrat durch tropfenweise Zugabe von 2 molarer Natronlauge unter Prüfung mit pH-Papier neutralisiert. Dabei kann sich die Lösung leicht trüben. Die neutralisierte Lösung wird in einen 100 ml Meßkolben überführt und auf 100 ml verdünnt. Mit einer Vollpipette werden 10 ml dieser Lösung in ein Reagenzglas gegeben. In das Reagenzglas werden zusätzlich 10 ml 2 molare NaOH sowie 1 ml der 0.05 %igen Titangelblösung gegeben und mit einem Glasstab umgerührt. Rotfärbung oder ein roter Niederschlag zeigen die Anwesenheit von Mg^{2+} im Hydrolysat des Spinats an.

Erläuterungen:

1. Die chemische Bindung

Atome lagern sich dann nach bestimmten Gesetzmäßigkeiten zu chemischen Verbindungen zusammen, wenn der Verbindungszustand energieärmer ist als der, in dem die Atome einzeln vorliegen. Die Größe des dabei freigesetzten Energiebetrages ("**Bindungsenergie**") ist abhängig von den Eigenschaften der Atome (Ionisierungsenergie, Elektronenaffinität, Elektronegativität, ⇒ siehe einschlägige Lehrbücher) und der Struktur der als Verbindung vorliegenden Atomaggregate.

Grundsätzlich kann zwischen zwei **Arten von Bindungen** unterschieden werden:

I. Heteropolare Bindung, bei der entgegengesetzt geladene Ionen durch elektrostatische Kräfte zusammengehalten werden ("Ionenbindung") und

II. Homöopolare (kovalente) Bindung, bei der die Bindungskräfte aus der Wechselwirkung zwischen den Kernen der beteiligten Atome mit einer als Einheit gesehenen Elektronenhülle des Atomaggregats abgeleitet werden ("Atombindung", "kovalente Bindung").

1.1 Die kovalente Bindung, auch **Atombindung** genannt, wird analog zum Orbitalmodell für die Elektronenhülle der Atome mit einem System von Molekülorbitalen beschrieben. Während Atomorbitale eine möglichst energiearme Verteilung eines oder mehrerer negativ geladener Elektronen um **einen** positiv geladenen Atomkern beschreiben, wird durch Molekülorbitale die Elektronendichteverteilung um **mehrere** positiv geladene Atomkerne beschrieben (Abb. 4/1).

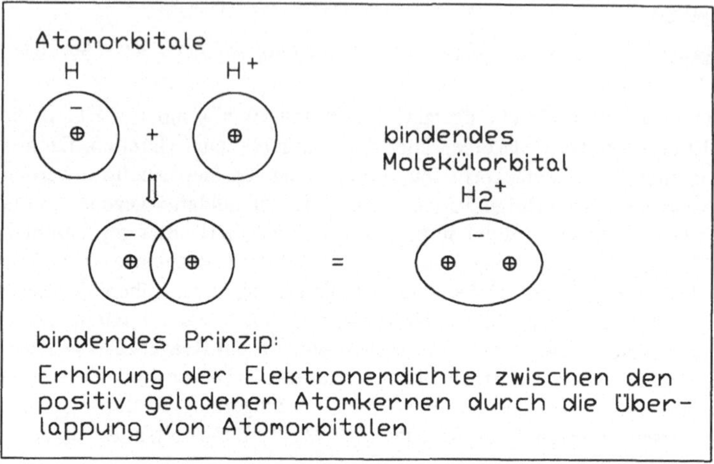

Abb. 4/1. Atomorbitale und Molekülorbital.

Molekülorbitale können "bindend", "nicht bindend" oder "antibindend" sein. Die Anzahl der Molekülorbitale in einem Molekül oder Molekülion muß der Summe der Zahl der Atomorbitale der molekülbildenden Atome entsprechen. Durch die Besetzung **bindender Molekülorbitale** wird ein energiegünstigerer Zustand erreicht, als er in den isolierten Atomen vorliegt. **Antibindende Orbitale** beschreiben dagegen energiereichere Zustände als in den isolierten Atomen. "Überlappen" dagegen Atomorbitale der an einer Bindung beteiligten Atomen räumlich nicht miteinander, dann treten sie auch nicht in Wechselwirkung und behalten auch als Molekülorbitale weitgehend die Eigenschaften von Atomorbitalen. Solche Orbitale werden als **nichtbindend** bezeichnet.

Die chemische Bindung ist dadurch gekennzeichnet, daß sich im Bindungszustand mehr Elektronen in bindenden Orbitalen befinden als in antibindenden. Das **bindende Prinzip** in Molekülen bzw. Molekülionen läßt sich durch die **Erhöhung der Elektronendichte zwischen den Kernen der an der Bindung beteiligten Atome** erklären. Bindungselektronenpaare werden in Strukturformeln durch einen Strich symbolisiert. Ist mehr als ein Elektronenpaar an einer Bindung beteiligt, wird die Zahl der Bindungsstriche entsprechend vervielfacht (Doppelbindung, Dreifachbindung).

1.2 Die Metallische Bindung ist ein Sonderfall der kovalenten Bindung. In Metallen geht eine sehr große Zahl von gleichen Atomen Bindungsbeziehungen in "Riesenmolekülen" ein. Die Elektronenverteilung in diesen Riesenmolekülen ist durch eine Vielzahl von Molekülorbitalen zu beschreiben, die sehr ähnliche Energieeigenwerte aufweisen. Man spricht von einer **"Bänderstruktur"** der Molekülorbitale.
Ist z.B. - wie im Fall der Alkalimetalle Natrium, Kalium usw. - die Hälfte der bindenden Orbitale nicht besetzt, bedarf es nur einer sehr geringen

"Anregungsenergie", um Elektronen aus dem ursprünglichen "Grundzustand" in etwas energiereichere und leere Molekülorbitale zu transferieren. Dazu reichen z.B. die durch elektromagnetische Felder übertragenen Energiemengen aus. Dieses Bindungsmodell beschreibt so auch die spezifischen Eigenschaften der Metalle, wie die elektrische Leitfähigkeit, die Undurchsichtigkeit und den Glanz.

Bei bestimmten Stoffen ist die Energiedifferenz zwischen besetzten und leeren Orbitalbändern nur geringfügig größer als bei den echten Metallen. Eine geringe Energiezufuhr (z.B. Wärme) oder eine Störung des Molekülaufbaus (z.B. durch den Einbau von Fremdatomen) kann dann zu elektrischer Leitfähigkeit führen. In diesen Fällen spricht man von "Halbleitern" (Beispiel: Silicium).

1.3 Polare Atombindungen werden bei Bindungspartnern gefunden, die sich in ihrer Elektronegativität unterscheiden. Dieses trifft nicht auf Moleküle zu, die nur aus einer Atomsorte bestehen wie z.B. Wasserstoff, H_2, oder Stickstoff, N_2. Hier sind die Bindungselektronen symmetrisch zwischen den Bindungspartnern und im Raum um die Atome verteilt. Auch bei Bindungspartnern mit geringen Elektronegativitätsunterschieden ist dieses weitgehend der Fall, so z. B. bei C-H-Bindungen
[EN(C) = 2.5, EN(H) = 2.1, Δ(EN) = 0.4].

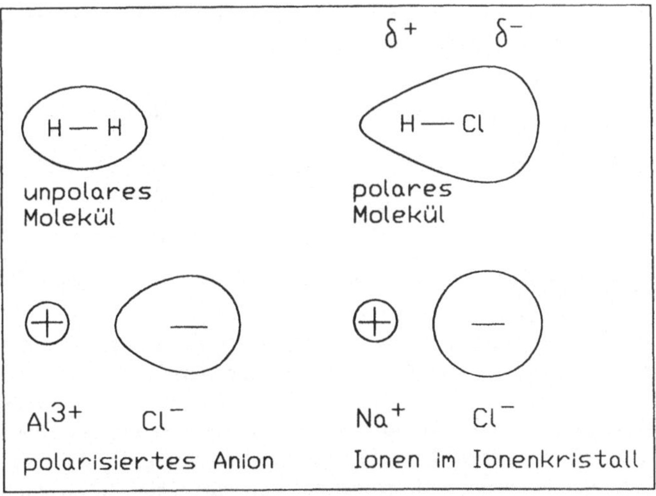

Abb. 4/2. Übergänge zwischen kovalenter und ionischer Bindung.

Bei Atombindungen zwischen Elementen mit einem großen Elektronegativitätsunterschied ist von einer Zuordnug der Bindungselektronen zu beiden Bindungspartnern zu gleichen Anteilen jedoch nicht mehr auszugehen. So zeigt sich bei Chlorwasserstoff, H-Cl [EN(H) = 2.1, EN(Cl) = 3.0], daß die vom Bindungselektronenpaar stammende Elektronendichte weitgehend beim elektronegativeren Chlor lokalisiert ist. Das Molekül HCl ist somit ein **Dipol**, bei dem Chlor das negative und Wasserstoff das positive Ende darstellt. Die Richtung der Polarisierung wird, falls erforderlich, durch $\delta+$ und $\delta-$ gekennzeichnet (siehe Abb. 4/2).

Der Grad und die Richtung der Polarität von Bindungen in Molekülen ist bedeutsam für die Reaktivität der Stoffe.

1.4 Ionenbindung. Zeigen Bindungspartner einen sehr großen Elektronegativitätsunterschied, so findet eine vollständige Übertragung der Bindungselektronen auf den elektronegativeren Bindungspartner statt. Es liegen dann positiv und negativ geladene Ionen vor.

Dem Aufbau des **Ionengitters** ("Gittertyp") entsprechend hat im Kristall jedes Ion eine bestimmten Zahl der Gegenionen als direkte Nachbarn. So ist im NaCl-Kristall jedes Na^+-Ion von 6 Cl^--Ionen und jedes Cl^--Ion von 6 Na^+-Ionen umgeben. Eine Bindungsbeziehung im Sinne der Atombindung liegt zwischen den Ionen jedoch nicht vor. Der Zusammenhalt wird vor allem durch **elektrostatische Wechselwirkungen** ("Coulomb-Kräfte") gewährleistet.

Die Bindung zwischen Ionen in Feststoffen wird als Ionenbindung bezeichnet. Die Bindungsenergie zwischen den Ionen ist durch die Gitterenergie (siehe 3. Kurstag) repräsentiert, sie ist jedoch nicht der Wärmebedarf der Synthesereaktion des ionischen Feststoffes aus den Atomen. In diesen gehen zusätzlich die Ionisierungsenergie und die Elektronenaffinität der Ionisierungsreaktionen ein:

$$Na\ +\ \text{Ionisierungsenergie}\qquad = Na^+\ +\ e^-$$

$$Cl\ +\ e^-\ +\ \text{Elektronenaffinität}\quad = Cl^-$$

$$Na^+\ +\ Cl^-\ +\ \text{Gitterenergie}\qquad = NaCl_{(kristallin)}$$

$$\overline{Na_{(atomar)}\ +\ Cl_{(atomar)}\ +\ \Delta H\qquad = NaCl_{(kristallin)}}$$

$$\Delta H = \text{Ionisierungsenergie (IE)}\ +\ \text{Elektronenaffinität (EA)}\ +\ \text{Gitterenergie }(\Delta H_G)$$

Während die Ionisierungsenergie in der Regel einen positiven Betrag aufweist, die Abspaltung von Elektronen aus dem Atom also der Energiezufuhr bedarf, ist die Aufnahme eines Elektrons in ein nicht oder nicht vollständig besetztes Orbital des Atoms unter Bildung eines Anions meistens ein energieliefernder Prozess. Der Betrag der Elektronenaffinität besitzt dann ein negatives Vorzeichen. Da die Bildung des Ionengitters aus den Ionen ein stark exothermer Vorgang ist, können Reaktionen unter Bildung von Ionenkristallen trotz geringer Elektronenaffinität und hoher Ionisierungsenergie stark exotherm ablaufen:

Beispiel:

$$IE(Na) =\ +494\,kJ/mol,\quad EA(Cl) = -364\,kJ/mol,\quad \Delta H_G(NaCl) = -770\,kJ/mol$$

Die kovalente Bindung mit symmetrischer Ladungsdichteverteilung und die reine Ionenbindung stellen **Grenzfälle** im Spektrum der möglichen Modelle für die chemische Bindung dar. Mit ihnen können chemische Verbindungen nur dann genau beschrieben werden, wenn sie entweder aus gleichartigen Atomen (Atombindung) oder aber aus sehr unterschiedlichen Atomen mit sehr hoher Elektronegativitätsdifferenz (Ionenbindung) zusammengesetzt sind.

In vielen Fällen sind chemische Verbindungen entweder als kovalente Verbindungen zu beschreiben, deren Bindungen mehr oder weniger stark polar sind, oder als aus Ionen bestehende Salze mit mehr oder weniger starken kovalenten Wechselwirkungen zwischen den Kationen und Anionen.

2. Komplexverbindungen

2.1 Komplexe sind Verbindungen, die durch Anlagerung von einem oder mehreren Ionen oder Neutralteilchen an ein "Zentralatom" entstehen. Zentralatome können sowohl Ionen als auch ungeladene Atome sein. Die an das Zentralatom gebundenen Moleküle oder Ionen werden als **Liganden** bezeichnet. Die Bindung zwischen Zentralatom und Ligand ist als kovalent mit ionischen Anteilen zu beschreiben, sie ist mehr oder weniger stark polar. Das Maß der Polarität ist sowohl von der Natur des Zentralatoms als auch von der des Liganden abhängig. Die Ionenladung eines Komplexes wird durch die Summe der Ladungen des Zentralatoms M^{n+} (n = 0, 1+, 2+, 3+ usw.) und der Ladungen der Liganden bestimmt. Es existieren nichtionische Komplexe mit der Ladungssumme = 0 sowie Komplexkationen und Komplexanionen.

Beispiele:

$Ni + 4\,CO$	- $[Ni(CO)_4]$	$L = CO$
$Ag^+ + 2\,NH_3$	- $[Ag(NH_3)_2]^+$	$L = NH_3$
$Ag^+ + 2\,CN^-$	- $[Ag(CN)_2]^-$	$L = CN^-$
$Ag^+ + 4\,SCN^-$	- $[Ag(SCN)_4]^{3-}$	$L = SCN^-$
$Cu^{2+} + 6\,H_2O$	- $[Cu(H_2O)_6]^{2+}$	$L = H_2O$
$Cu^{2+} + 4\,Cl^-$	- $[CuCl_4]^{2-}$	$L = Cl^-$
$[Cu(H_2O)_6]^{2+} + 4\,NH_3$	- $[Cu(NH_3)_4(H_2O)_2]^{2+} + 4\,H_2O$	$L = NH_3, H_2O$
$[Cu(H_2O)_6]^{2+} + 2\,NH_2\text{-}CH_2\text{-}CO_2^-$	- $[Cu(NH_2\text{-}CH_2\text{-}CO_2)_2] + 6\,H_2O$	$L = $ Glycinat-Anion

2.2 Die **Koordinationszahl (KZ)** und die **Geometrie** der Komplexe wird

- durch das Größenverhältnis von Liganden zum Zentralatom
- durch die elektronischen Eigenschaften des Zentralatoms und
- durch die elektronischen und sterischen Eigenschaften der Liganden bestimmt.

Es wird diejenige Koordinationszahl und -geometrie bevorzugt, bei der der Komplex energetisch am stärksten begünstigt ist.

Die Koordinationszahl eines Komplexes gibt die Zahl der Ligandenatome an, die in Bindungsbeziehung zum Zentralatom stehen. In den Fällen, in denen Liganden mehr als eine Bindungsbeziehung zum Zentralatom ausbilden, ist die KZ deshalb größer als die Ligandenzahl (Bisglycinatokupfer(II): Ligandenzahl = 2, KZ = 4).

Die wenigen bislang aufgeführten Beispiele für Komplexe zeigen bereits, daß die Art der Ladungen von Zentralatom und Liganden sowie die Zahl der Liganden bzw. die Koordinationszahl bei verschiedenen Komplexen sehr unterschiedlich sein kann.

Cu^{2+} hat z.B. mit H_2O oder NH_3 die bevorzugte Koordinationszahl 6, mit Cl^- dagegen 4.

Beispiele für verschiedene geometrische Anordnungen sind in **Abb. 4/3** gegeben:

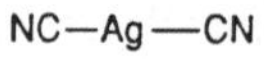

$[\ Ag(CN)_2\ ]^-$
Koordinationszahl = 2; linear

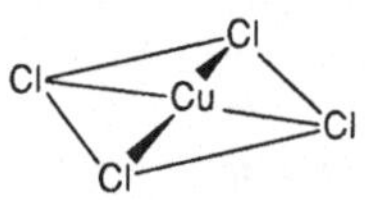

$[\ CuCl_4\ ]^{2-}$
Koordinationszahl = 4; quadratisch planar

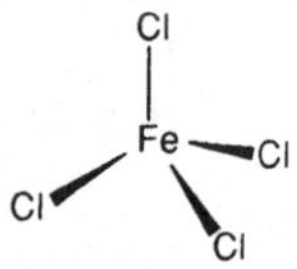

$[\ FeCl_4\ ]^-$
Koordinationszahl = 4; tetraedrisch

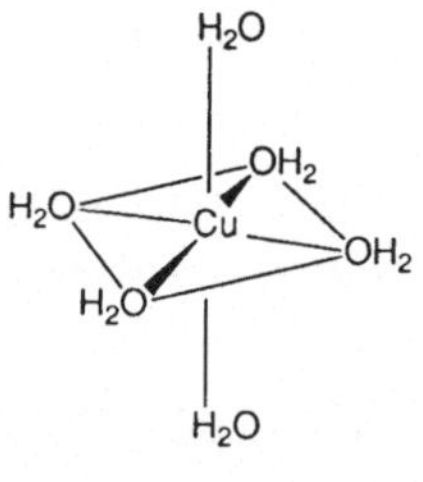

$[\ Cu\,(H_2O)_6\ ]^{2+}$
Koordinationszahl = 6; verzerrt oktaedrisch

Abb. 4/3. Koordinationszahlen und Koordinationsgeometrie bei Komplexen.

Als ein Beispiel für den Einfluß der Elektronenstruktur des Zentralatoms auf die Koordinationszahl sei das Bestreben der Zentralatome angeführt, für ihre äußere Elektronenhülle einschließlich der Bindungselektronen "**Edelgaskonfiguration**" zu erreichen. Für die Übergangsmetalle der 4. Periode bedeutet diese Edelgaskonfiguration eine Elektronenzahl von 18 Elektronen in der äußeren Elektronenhülle (⇒ Elektronenkonfiguration des Edelgases Krypton).

Beispiele:

$$Co^+ \quad + \quad 5\,L \quad \rightleftharpoons \quad [CoL_5]^+$$
$$8\,e^- \quad + \quad 10\,e^- \quad \rightleftharpoons \quad 18\,e^-$$

$$Co^{3+} \quad + \quad 6\,L \quad \rightleftharpoons \quad [CoL_6]^{3+}$$
$$6\,e^- \quad + \quad 12\,e^- \quad \rightleftharpoons \quad 18\,e^-$$

$$Fe^{2+} \quad + \quad 6\,CN^- \quad \rightleftharpoons \quad [Fe(CN)_6]^{4-} \qquad | \text{ stabiles Komplexanion,}$$
$$6\,e- \quad + \quad 12\,e- \quad \rightleftharpoons \quad 18\,e- \qquad | \text{ relativ ungiftig}$$

$$Fe^{3+} \quad + \quad 6\,CN^- \quad \rightleftharpoons \quad [Fe(CN)_6]^{3-} \qquad | \text{ instabileres Komplexanion,}$$
$$5\,e^- \quad + \quad 12\,e^- \quad \rightleftharpoons \quad 17\,e- \qquad | \text{ relativ giftig}$$

Das Beispiel der Eisen(II)- und Eisen(III)hexacyanoferrat - Anionen demonstriert den Einfluß der Elektronenkonfiguration auf die Stabilität von Komplexen besonders eindrucksvoll, da bei diesen Anionen die Änderung der Elektronzahl in der Valenzschale des Zentralatoms zu einer Erhöhung der Toxizität des Stoffes führt: Während das "Gelbe Blutlaugensalz" $K_4[Fe(CN)_6]$ nur eine sehr geringe Toxizität aufweist, wird das "Rote Blutlaugensalz" $K_3[Fe(CN)_6]$ wegen der geringeren Stabilität gegenüber körpereigenen Säuren, wie der Salzsäure im Magen, teilweise unter Bildung von sehr giftigem Cyanwasserstoff, HCN ("Blausäure"), umgesetzt.

2.3 Ligandenaustausch. Im Verhältnis zur Reaktivität anderer Moleküle und Molekülionen **ist für Komplexe charakteristisch, daß sich die Liganden relativ leicht durch andere austauschen lassen.** Dieses unterscheidet sie von "klassischen" kovalenten Verbindungen wie CH_4 und führt zu einer sehr großen Variationsbreite für die Zusammensetzung von Komplexen.

Als Liganden können alle Moleküle oder Anionen wirken, die über mindestens ein freies Elektronenpaar verfügen, das für eine Zentralatom-Ligand-Bindung zur Verfügung steht.

Die Elektronenpaar-Donator-Akzeptor-Beziehung zwischen den Liganden und dem Zentralatom des Komplexes ist mit einer Lewis-Säure-Base-Beziehung vergleichbar.

2.4 Ligandenstärke. So, wie es für die Reaktion mit der Säure H^+ stärkere und schwächere Basen im Verhältnis zur Base H_2O gibt, können auch Liganden nach ihrer "Ligandenstärke" gegenüber einem bestimmten Zentralatom M^{n+} eingeordnet werden. Sowohl bei den Säure-Base-Beziehungen als auch bei der Beziehung zwischen dem Liganden und dem Zentralatom ist der Begriff der "Stärke" mit der Stabilität der entstehenden chemischen Bindung verknüpft.

Für eine Reihe von Molekülen und Ionen, die häufig als Liganden wirken, läßt sich die relative Stärke der Bindung der Liganden an das Zentralatom wie folgt angeben:

$$CN^- > NO_2^- > NH_3 > H_2O \approx C_2O_4^{2-} > OH^- > F^- > Cl^- > Br^- > I^-$$

Aus dieser Reihenfolge, die auch "Spektrochemische Reihe" genannt wird und von der es für bestimmte Zentralatome auch Abweichungen gibt, ist zu ersehen, daß die Ligandenstärke nicht direkt proportional zur Basenstärke ist.

Von besonderer Bedeutung sind Liganden, die zwei oder mehrere Bindungen mit dem Zentralatom ausbilden.

In obiger Reihe ist davon das Oxalatanion $^-$OOC-COO$^-$ angeführt, das z.B. mit Fe^{3+} den oktaedrischen Trisoxalatokomplex $[Fe(C_2O_4)_3]^{3-}$ bildet.

3. Chelatkomplexe.

3.1 Komplexe mit **Liganden, die zwei oder mehrere Koordinationsstellen am Zentralatom** besetzen, werden als Chelatkomplexe bezeichnet. Die entsprechenden Liganden sind Chelatliganden [chelae (lateinisch): Schere (von Krebstieren) bzw. chälä, vgkg (griechisch): Kralle, Krebsschere].

Neben der Bedingung, daß mehr als ein freies Elektronenpaar für Bindungsbeziehungen zur Verfügung steht, ist es auch erforderlich, daß in den **Chelatliganden** diese freien Elektronenpaare sterisch so angeordnet sind, daß sie zu dem entsprechenden Zentralatom "passen".

Sind diese Bedingungen erfüllt, bilden Chelatliganden besonders stabile Komplexe.

Die Chelatliganden werden nach der Zahl der zu Bindungsbeziehungen zur Verfügung stehenden freien Elektronenpaare unterschieden. Sie werden als "zweizähnige", "vierzähnige" usw. Liganden bezeichnet. Beispiele für biologisch und medizinisch wichtige Chelatliganden sind in **Abb. 4/4** aufgeführt.

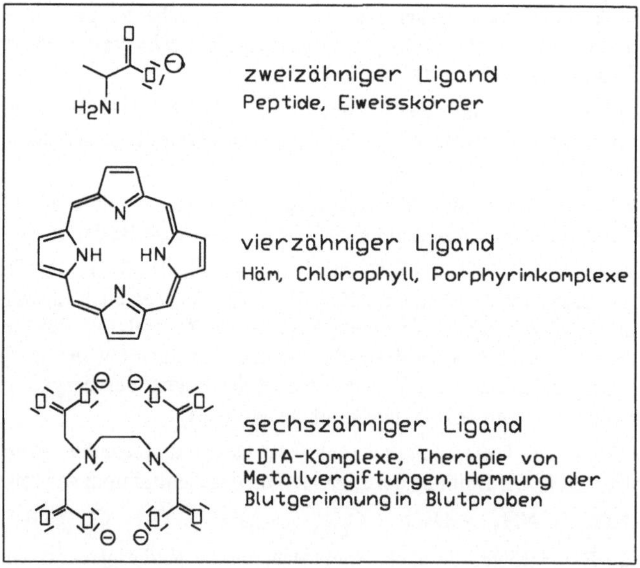

Abb. 4/4. Biologisch und medizinisch wichtige Chelatliganden.

Chelatkomplexe wirken in biochemischen Prozessen häufig als

- **Katalysatoren** wie die Cytochrome - mit Fe^{2+}/Fe^{3+} als Zentralion und dem Porphyrinsystem als Liganden - oder als
- **Transportmedien** wie das Hämoglobin - mit Fe^{2+} als Zentralion und dem Porphyrinsystem als Liganden -.

3.2 Die **besondere Stabilität von Chelatkomplexen** im Vergleich zu Komplexen mit einzähnigen Liganden, der **"Chelateffekt"**, beruht vorrangig auf einer **Entropiezunahme** bei der Bildung der Chelatkomplexe. So entstehen z.B.bei der Verdrängung von 6 NH_3-Liganden aus einem Hexamminkomplex durch 3 zweizähnige Ethylendiaminliganden insgesamt 7 Teilchen gegenüber den auf der Eduktseite des Bildungsgleichgewichtes vorliegenden 4 Teilchen :

$$[M(NH_3)_6]^{2+} \; + \; 3 \; H_2N{-}CH_2{-}CH_2{-}NH_2 \; \rightleftharpoons \; [M(en)_3]^{2+} \; + \; 6\,NH_3$$

Die Erhöhung der Teilchenzahl bedeutet eine Zunahme an Unordnung und damit an Entropie im System. Nach der Gibbs-Helmholtz-Gleichung

$$\Delta G = \Delta H - T \cdot \Delta S$$

bedeutet dieses einen negativen Beitrag zur Gibbs-Energie des Systems. Unter der Voraussetzung, daß die Reaktion nicht unter einer bedeutenden Enthalpieänderung verläuft - im obigen Beispiel werden 6 M-N -Bindungen gelöst und 6 M-N -Bindungen wieder geknüpft - verläuft die Chelatkomplexbildungsreaktion also exergonisch.

4. Komplexbildungsgleichgewichte.

4.1 Komplexbildungsreaktionen sind **Gleichgewichtsreaktionen**, die dem Massenwirkungsgesetz gehorchen. Die Gleichgewichtskonstante wird hier als "Komplexbildungskonstante" K_K bzw. "Komplexdissoziationskonstante" K_D bezeichnet.,

Die Massenwirkungsgleichung für die Bildung des Silberdiamminkomplexes gemäß Gl. (37) lautet

$$(37) \quad Ag^+ + 2\,NH_3 \; \overset{K_K}{\underset{K_D}{\rightleftharpoons}} \; [Ag(NH_3)_2]^+$$

$$K_K = \frac{c\{[(Ag(NH_3)_2)]^+\}}{c(Ag^+) \cdot c^2(NH_3)} = 1.26 \cdot 10^7 \cdot l^2/mol^2$$

$$K_D = \frac{c(Ag^+) \cdot c^2(NH_3)}{c\{[(Ag(NH_3)_2)]^+\}} = 7.94 \cdot 10^{-8} \cdot mol^2/l^2$$

Es ist zu beachten, daß $K_K = K_D^{-1}$ ist!

Für die Bildung des Kupfer(II)tetramminkomplexes

(38) $[Cu(H_2O)_6]^{2+} + 4\,NH_3 \rightleftharpoons [Cu(NH_3)_4(H_2O)_2]^{2+} + 4\,H_2O$

lautet die Massenwirkungsgleichung:

$$K_K = \frac{c\{[Cu(NH_3)_4(H_2O)_2]^{2+}\}}{c\{[Cu(H_2O)_6^{2+}]\}\, c^4(NH_3)}$$

Auch hier wird die Konzentration von H_2O in die Konstante K_K einbezogen, da $c(H_2O)$ bei stark verdünnten Lösungen als konstant betrachtet werden kann.

4.2 In der 21. Aufgabe wird die Komplexbildungsreaktion nach Gl.(37) dazu benutzt, um **Niederschläge schwerlöslicher Silberhalogenide aufzulösen**. Die Massenwirkungskonstante des Auflösevorgangs nach Gl. (40) läßt sich als das Produkt aus der Komplexbildungskonstante des Silberdiamminkomplexes und dem jeweiligen Löslichkeitsprodukt des Silberhalogenids berechnen:

Lösereaktion:

(39) $AgX \underset{}{\overset{L(AgX)}{\rightleftharpoons}} Ag^+ + X^-$

X	$L(AgX)/(mol^2/l^2)$
Cl	10^{-10}
Br	$10^{-12.4}$
I	10^{-16}

$[L(AgX) = c(Ag^+) \cdot c(X^-)]$

Komplexbildung:

(37) $Ag^+ + 2\,NH_3 \underset{K_D}{\overset{K_K}{\rightleftharpoons}} [Ag(NH_3)_2]^+$ $K_K = 10^{7.1} \cdot l/mol$

Auflösevorgang:

(40) $AgX + 2\,NH_3 \overset{K}{\rightleftharpoons} [Ag(NH_3)_2]^+ + X^-$

Aus den Gleichungen (37), (39) und (40) ist ersichtlich, daß der Auflösevorgang nach Gl.(40) als Summe der Lösereaktion und der Komplexbildungsreaktion zu betrachten ist. Die Massenwirkungskonstante ergibt sich dementsprechend aus dem Produkt der Gleichgewichtskonstanten der Reaktionen nach Gl.(37) und Gl.(39):

$$K = \frac{c\{[(Ag(NH_3)_2)]^+\} \cdot c(X^-)}{c^2(NH_3)} = L(AgX) \cdot K_K$$

Aus dieser Gleichung kann die Löslichkeit der Silberhalogenide in Ammoniak abhängig von der NH_3-Konzentration ermittelt werden:

Es ist davon auszugehen, daß sich soviel AgX gelöst hat, wie sich X^- in der Lösung befindet. Ag^+ hat mit NH_3 unter Bildung von $[Ag(NH_3)_2]^+$ reagiert. Dann gilt:

$c(X^-) = c([Ag(NH_3)_2]^+)$ und damit gemäß der Massenwirkungsgleichung für den Auflösevorgang:

$$c^2(X^-) = c^2(NH_3) \cdot L(AgX) \cdot K_K$$

Durch Einsetzen der Löslichkeitsprodukte für AgX und des Wertes für K_K lassen sich für unterschiedliche NH_3-Konzentrationen die folgenden Konzentrationswerte für X^- berechnen:

$$c(X^-) = c(NH_3) \cdot \sqrt{10^{7.1} \cdot L(AgX)}$$

1. Für AgCl und $c(NH_3) = 2\,mol/l$ ergibt sich:

$$c(Cl^-) = 2 \cdot \sqrt{10^{7.1} \cdot 10^{-10}} = 2 \cdot 10^{-1.45} = 0.07\,mol/l$$

⇒ gelöste Menge AgCl: 10 mg/ml

2. Für AgBr und $c(NH_3) = 17\,mol/l$ (ca. 33 % NH_3 in Wasser, $d = 0.89\,g/cm^3$) ergibt sich:

$$c(Br^-) = 17 \cdot \sqrt{10^{7.1} \cdot 10^{-12.4}} = 17 \cdot 10^{-2.65} = 0.038\,mol/l$$

⇒ gelöste Menge AgBr: 7.1 mg/ml

3. Für AgI und $c(NH_3) = 17\,mol/l$ ergibt sich:

$$c(I^-) = 17 \cdot \sqrt{10^{7.1} \cdot 10^{-16}} = 17 \cdot 10^{-4.45} = 6.03 \cdot 10^{-4}\,mol/l$$

⇒ gelöste Menge AgI: 0.14 mg/ml

Bei der Durchführung von Lösungsversuchen mit Silberhalogeniden ist demnach zu beachten, daß sich AgCl nur mäßig in 2 molarem NH_3, AgBr mäßig in konzentriertem NH_3 und AgI sich nur sehr wenig in konzentriertem NH_3 löst.

5. Nomenklatur der Komplexverbindungen

5.1 Die Formeln der anionischen, kationischen oder neutralen Komplexe werden in eckige Klammern gesetzt. Dabei werden die Ionenladungen nach den Klammern angegeben. Innerhalb der Klammern steht das Symbol des Zentralatoms am Anfang.

Danach werden die ionischen und anschließend die neutralen Liganden in jeweils alphabetischer Reihenfolge angeführt.

5.2 Im Namen der Komplexe wird der Name des Zentralatoms <u>hinter</u> die der Liganden gestellt. Die Zahl der Liganden wird mit den griechischen Grundzahlen *di, tri-, tetra-* usw. ergänzt. Bei komplizierten Verbindungen treten an deren Stelle die Vorsilben *bis-,tris-,tetrakis-* usw..

Bei anionischen Komplexen erhalten die Namen der Zentralatome die Endsilbe *-at*. Die Oxidationszahl der Zentralatome kann in verschiedener Weise gekennzeichnet werden:

$K_3[Fe(CN)_6]$ --> Kalium-hexacyanoferrat(III) oder Trikaliumhexacyanoferrat

$K_4[Fe(CN)_6]$ --> Kalium-hexacyanoferrat(II) oder Tetrakaliumhexacyanoferrat.

Durch beide Angaben wird eindeutig dokumentiert, daß das Zentralatom ein Fe^{3+}- bzw. ein Fe^{2+}- Kation ist.

5.3 Die Namen der Liganden werden bei anionischen Liganden mit der Endung *-o* (hinter den Endungen id,it,at) versehen.

Beispiele:

H^- als Ligand:	*hydrido*
NO_2^- als Ligand:	*nitrito*
$C_2O_4^{2-}$ als Ligand:	*oxalato*
SCN^- als Ligand:	*thiocyanato*

Übliche Ausnahmen davon sind z.B.

Cl^- als Ligand:	*chloro* (und nicht "chlorido")
Br^- als Ligand:	*bromo*
CN^- als Ligand:	*cyano*
O^{2-} als Ligand:	*oxo*
O_2^{2-} als Ligand:	*peroxo*
OH^- als Ligand:	*hydroxo*
S^{2-} als Ligand:	*thio*

Die Namen gebundener neutraler Moleküle werden unverändert benutzt mit zwei Ausnahmen:
H_2O als Ligand wird mit *aqua*, NH_3 mit *ammin* bezeichnet.

Einige Beispiele:

$[Ag(NH_3)_2]Cl$	Diamminsilber(I)chlorid
$K[Ag(CN)_2]$	Kaliumdicyanoargentat(I)
$K_3[Ag(SCN)_4]$	Kaliumtetrathiocyanoargentat(I)
$[Cu(H_2O)_6]SO_4$	Hexaquakupfer(II)sulfat (oder Hexaaqua...)
$[Cu(NH_3)_4(H_2O)_2]SO_4$	Tetrammindiaquakupfer(II)sulfat (oder Tetraammin...)
$Cs[CuCl_4]$	Cäsiumtetrachlorocuprat(II).

6. Komplexometrie

6.1 Ethylendiamintetraacetat, EDTA^{4-} (oder auch Ethylendinitrilotetraacetat), ist ein sechszähniger Ligand, der sowohl über seine Carboxylatgruppen als auch die Aminogruppen Bindungen mit einem Zentralatom (z.B. Mg^{2+}) eingehen kann:

EDTA^{4-} entsteht durch die Abspaltung von 4 Protonen aus der Ethylendiamintetra-essigsäure (H$_4$EDTA), ist eine starke Base und wird in H$_2$O protoniert. In der Praxis wird das Dinatriumsalz der Säure, Na$_2$H$_2$EDTA, eingesetzt. Dementsprechend ist die Komplexbildungsreaktion mit diesem Reagenz wie folgt zu formulieren:

$$
(41) \qquad H_2EDTA^{2-} \; \underset{}{\overset{K_{S''}}{\rightleftharpoons}} \; EDTA^{4-} + 2\,H^+ \quad |\; K_{S''} = 3.8 \cdot 10^{-17}\,mol^2/l^2
$$

$$
(42) \qquad M^{2+} + EDTA^{4-} \; \underset{}{\overset{K_K}{\rightleftharpoons}} \; [M(EDTA)]^{2-} \;|\; M^{2+}: \text{z.B. } Ca^{2+},\, Mg^{2+},\, Pb^{2+}
$$

Summe:

$$
(43) \qquad M^{2+} + H_2EDTA^{2-} \; \underset{}{\overset{K}{\rightleftharpoons}} \; [M(EDTA)]^{2-} + 2\,H^+
$$

$$
K = K_{S''} \cdot K_K = \frac{c\{[M(EDTA)]^{2-}\} \cdot c^2(H^+)}{c(H_2EDTA^{2-}) \cdot c(M^{2+})}
$$

Es ist ersichtlich, daß die Massenwirkungskonstante K der Reaktion des Metallkations mit H$_2$EDTA^{2-} nicht der eigentlichen Komplexbildungskonstante K$_K$ entspricht, sondern sehr viel kleiner ist. Deshalb ist es bei vielen Metallkationen - so auch bei Mg^{2+} und Ca^{2+} - erforderlich, die in der Komplexbildungsreaktion entstehenden Protonen mit einem Säure-Base-Puffer aus dem Reaktionsgleichgewicht zu entfernen, um quantitativ den EDTA-Komplex zu erhalten.

6.2 Die Komplexbildungsreaktionen mit H$_2$EDTA^{2-} können in Form von Titrationen zur **quantitativen Bestimmung von Metallkationen** herangezogen werden. Zur Endpunktsanzeige werden dabei **Metallindikatoren** eingesetzt.

Metallindikatoren sind Komplexliganden mit einer durch ihre elektronischen Eigenschaften bedingten Eigenfarbe. Durch die Bindungen an ein Metallkation in einem Komplex ändern sich diese Eigenschaften. Dadurch weist der gebundene Ligand eine andere Farbe als in nichtgebundenem Zustand auf.

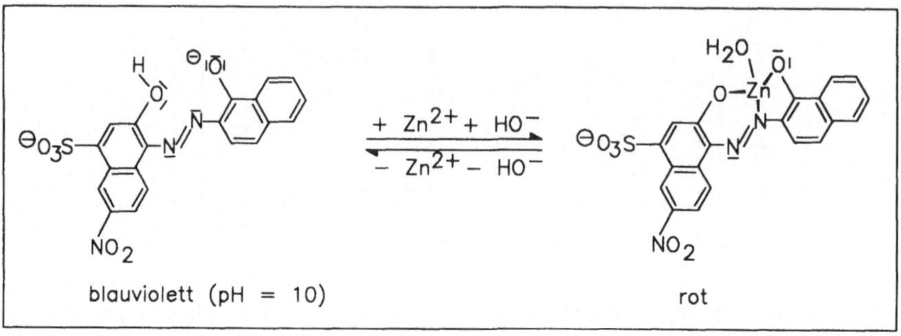

Eriochromschwarz T

Als Beispiel für einen Metallindikator sei der Azofarbstoff Eriochromschwarz T aufgeführt, der in wäßriger Lösung beim pH 10 blauviolett ist und mit Mg^{2+}-Ionen einen roten Magnesiumkomplex bildet.

Zur Vereinfachung beim Schreiben von Reaktionsgleichungen soll in folgendem der Farbstoff mit **HFa^{2-}** abgekürzt werden.

Die Wirkungsweise des Indikators im Verlauf der Titration läßt sich mit den folgenden Reaktionsgleichungen beschreiben:

1. Bildung des Indikator-Metall-Komplexes (sehr kleine Menge an HFa^{2-}):

$$(44) \qquad HFa^{2-} \rightleftharpoons H^+ + Fa^{3-} \qquad\qquad\qquad | \text{ blauviolett}$$

$$Fa^{3-} + M^{2+} \; \overset{K_K(Fa)}{\rightleftharpoons} \; [M(Fa)]^- \qquad\qquad | \text{ rot}$$

$$(45) \qquad HFa^{2-} + M^{2+} \; \overset{K(Fa)}{\rightleftharpoons} \; [M(Fa)]^- + H^+ \qquad | \text{ rot}$$

2. Komplexbildung mit H_2EDTA^{2-}:

$$(43) \qquad M^{2+} + H_2EDTA^{2-} \; \overset{K(EDTA)}{\rightleftharpoons} \; [M(EDTA)]^{2-} + 2\,H^+$$

3. Reaktion am Äquivalenzpunkt der Titration:

$$(46) \qquad [M(Fa)]^- + H_2EDTA^{2-} \; \overset{K}{\rightleftharpoons} \; [M(EDTA)]^{2-} + HFa^{2-} + H^+$$
$$\text{blauviolett}$$

Damit die Ligandenaustauschreaktion am Äquivalenzpunkt ablaufen kann, muß das Verhältnis der pH-abhängigen Komplexbildungskonstanten **K(EDTA) : K(Fa) = K größer als 1** sein. Das bedeutet, daß das zu titrierende Metallkation beim gegebenen pH-Wert mit $EDTA^{4-}$ einen stabileren Komplex bildet als mit Fa^{3-}.

7. Porphyrin-Komplexe

Komplexe mit einem Porphyrin-Grundgerüst als Ligand sind im biochemischen Bereich von besonderer Bedeutung. Diese Stoffklasse stellt eine Vielzahl von Biokatalysatoren. Von zentraler Bedeutung für die Photosynthese in grünen Pflanzen sind die Chlorophyllide. Den verschiedenen Chlorophyllarten ist ein Magnesium-Porphyrinkomplex als aktives Zentrum gemein.

Chlorophyll überträgt Lichtenergie durch einen komplizierten Mechanismus auf andere an der Photosynthese-Reaktionskette beteiligte Ionen und Moleküle. Mg^{2+} hat neben der Stabilisierung des Pophyringerüstes auch eine katalytische Funktion bei der Energieübertragung.

Chlorophyll

Durch Protonierung des Porphyrinsystems wird Mg^{2+} aus dem Komplex verdrängt (Gl. 47). Freies Mg^{2+} läßt sich durch den Chelatliganden (Metallindikator) Titangelb nachweisen, der mit Mg^{2+} einen roten Komplex bildet.

(47)

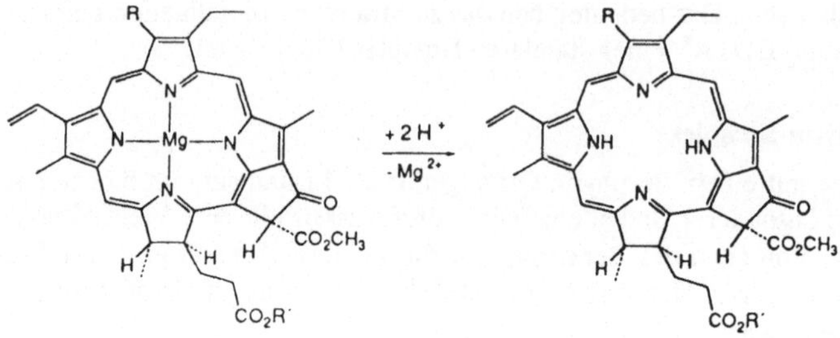

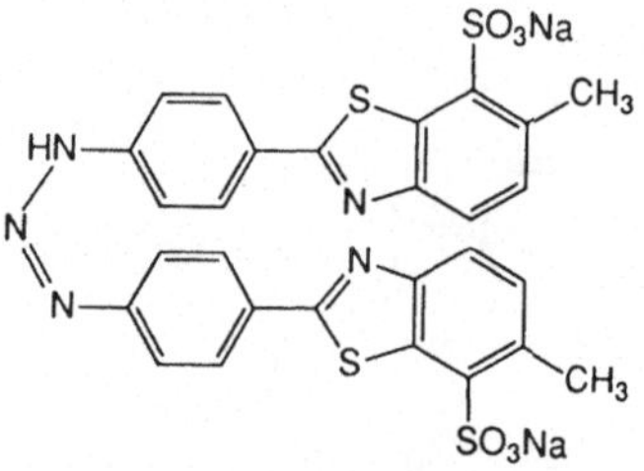

$$+ 2H^+ \quad -Mg^{2+}$$

Titangelb

Mit Proteinen verbundene Porphyrin-Eisenkomplexe sind für die Aufnahme und den Transport von O_2 der Luft (Häm) und als Redoxkatalysatoren in den Cytochromen von entscheidender Bedeutung (siehe Lehrbücher der Biochemie).

Im roten Blutfarbstoff, dem Hämoglobin, ist Fe^{2+} in folgendem Häm-Komplex gebunden:

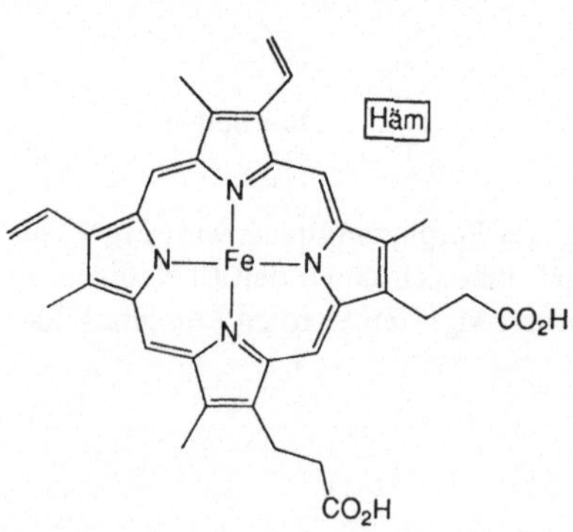

Der Sauerstofftransport wird durch eine lockere Bindung des Liganden O_2 an das Zentralion Fe^{2+}, das zugleich über Histidin an das Protein Globin gebunden ist, er-möglicht.

Der stärkere Ligand Kohlenmonoxid, CO, stört den O_2-Transport dadurch, daß das Komplexbildungsgleichgewicht zu ungunsten des O_2-Komplexes verschoben wird. Nur bei sehr hohen Konzentrationen von O_2 kann CO wieder durch Sauerstoff ver-drängt werden. Als Therapie bei CO-Vergiftungen wird daher eine Beatmung mit Sauerstoff durchgeführt.

8. Kolorimetrie und Photometrie

8.1 Elektromagnetische Wellen (auch "Schwingungen" bzw. im Quantenmodell: "Strahlung"), d.h. periodische Störungen elektrischer und magnetischer Felder, kön-nen ganz bestimmte Energiebeträge übertragen. Diese Energiebeträge sind abhängig von der Frequenz ν bzw. der Wellenlänge λ der elektromagnetischen Wellen. Es gilt die **Plancksche Wirkungsbeziehung**

$$E = h \cdot \nu$$

h ist das Plancksche Wirkungsquantum: $h = 6.60 \cdot 10^{-34}$ J·s

Da Frequenz und Wellenlänge über die Beziehung $\nu = c/\lambda$ (c = Lichtgeschwin-digkeit: $\approx 3 \cdot 10^8$ m/s) miteinander verknüpft sind, kann auch formuliert werden:

$$E = h \cdot c \cdot 1/\lambda \; ; \; E \sim 1/\lambda; \; 1/\lambda = \text{Wellenzahl} \; \bar{\nu} \; (\text{"}\nu \text{ quer"})$$

Damit sind die **Frequenz** und die **Wellenzahl** charakteristische Größen elektro-magnetischer Wellen, die direkt proportional zum Betrag der durch diese Strahlung übertragenen **Energie** sind.

Tabelle 4/1. Spektrum elektromagnetischer Wellen

Radiowellen	$\nu = 10^4$ bis 10^{10} s^{-1}
Mikrowellen und Infrarotstrahlung	$\nu = 10^{10}$ bis 10^{14} s^{-1}
Sichtbares bis ultravioletten Licht	$\nu = 10^{14}$ bis 10^{16} s^{-1}
Röntgenstrahlen	$\nu = 10^{16}$ bis 10^{19} s^{-1}
γ-Strahlen	$\nu = 10^{19}$ bis über 10^{21} s^{-1}

8.2 Die Absorption und die Emission elektromagnetischer Wellen durch die Materie ist bei der Absorption mit der Aufnahme und bei der Emission mit der Abgabe ganz bestimmter Energiebeträge verbunden.

Einfache Beispiele dafür sind das Erwärmen eines farbigen Körpers im Sonnenlicht und das Leuchten eines thermisch angeregten Körpers wie der Glühfaden einer Glühbirne.

Tritt sichtbares Licht durch die Lösung eines farbigen Stoffes hindurch, werden be-stimmte Wellenbereiche des Lichtes absorbiert. Die aufgenommene Energie führt zur "**Anregung**" von Valenzelektronen des absorbierenden Stoffes. Sie wird in den meisten Fällen in Form von Wärme wieder abgegeben. Die Elektronen fallen dabei in ihren energetischen "Grundzustand" zurück. Dieses bezeichnet man als **"Relaxation"**. Erfolgt die Relaxation durch die Emission elektromagnetischer Strahlung, wird dieser Vorgang als Fluoreszenz oder Phosphoreszenz bezeichnet. Der allgemeine Begriff, der von der Art der vorhergehenden Anregung der Elektronen unabhängig ist, lautet Lumineszenz.

Die Emission elektromagnetischer Strahlung erfolgt unter anderem bei der Relaxation thermisch angeregter Elektronen.

Die gelbe Farbe der Flammen von verbrennendem Holz ist z.B. auf die Relaxation thermisch angeregter Natriumatome zurückzuführen. Vorgänge dieser Art werden in klinischen Laboratorien bei der "Flammenphotometrie" genutzt.

8.3 Die Absorption von sichtbarem Licht durch farbige Lösungen ist um so größer, je höher die **Konzentration der absorbierenden Teilchen c** in der Lösung und je größer die durchstrahlte **Schichtdicke d** ist.

Durch die Absorption von Licht einer bestimmten Wellenlänge aus dem Spektrum des "weißen" Sonnenlichtes wird dem menschlichen Auge ein Sinneseindruck vermittelt: die beobachtete Farbe des absorbierenden Stoffes. Diese Farbe ist eine andere als die Farbe der absorbierten Lichtes. Sie wird "Komplementärfarbe" genannt.

Tabelle 4/2. Komplementärfarben

Absorbiertes Licht Wellenlänge/nm	Farbe	beobachtete Komplementärfarbe
640	rot	blaugrün
550	gelb	indigoblau
510	grün	purpurrot
450	blau	orange
400	violett	grünstichig gelb

Je mehr Licht absorbiert wird, um so größer erscheint dem Auge die Intensität der beobachteten Farbe.

Für die Absorption von Licht einer bestimmten Frequenz gilt die folgende Proportionalität, die auf der Annahme beruht, daß der Grad der Absorption proportional zur Zahl der absorbierenden Teilchen im Strahlengang ist:

$$-\Delta I \sim c \cdot d \quad | \quad \begin{aligned} -\Delta I &= \text{Intensitätsschwächung,} \\ c &= \text{Konzentration der absorbierenden Teilchen,} \\ d &= \text{vom Licht durchstrahlte Schichtdicke} \end{aligned}$$

Werden zwei Lösungen desselben Stoffes im selben Lösungsmittel mit unterschiedlichen Konzentrationen c_1 und c_2 und unterschiedlicher Schichtdicke d_1 und d_2 miteinander verglichen, gilt für den Fall, daß sie bei gleichgearteter Betrachtung die **gleiche Farbintensität** aufweisen, das **Beersche Gesetz:**

Beersches Gesetz:

$$c_1 \cdot d_1 = c_2 \cdot d_2$$

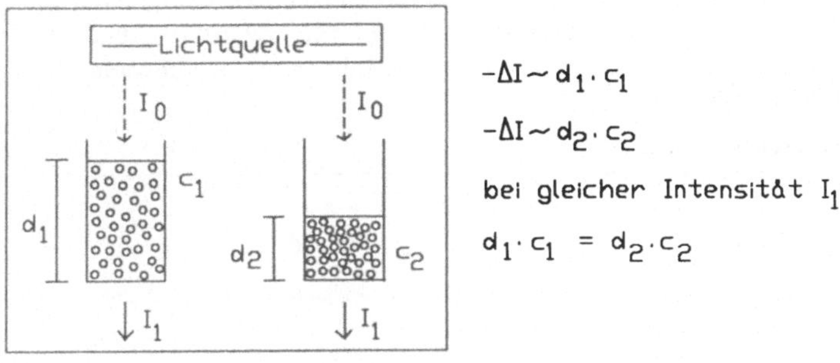

Abb. 4/5. Veranschaulichung des Beerschen Gesetzes

8.4 Das Beersche Gesetz kann zur **kolorimetrischen Konzentrationsbestimmung** bei farbigen Lösungen herangezogen werden. Voraussetzung dafür ist die Verfügbarkeit einer **Vergleichslösung bekannter Konzentration** c_1.

Entweder wird diese Vergleichslösung mit der Lösung unbekannter Konzentration c_2 so verglichen, daß durch Variation der Schichtdicke d_2 eine gleiche Farbintensität in der Vergleichs- und der Analysenlösung festzustellen ist,
oder es wird bei gleichen Schichtdicken d_1 und d_2 eine Verdünnungsreihe der Vergleichslösung erstellt, mit deren jeweiliger Farbintensität die Farbintensität der Analysenlösung verglichen wird.

Im ersten Fall gilt $c_2 = c_1 \cdot d_1/d_2$; wobei c_1 und d_1 bekannt sind und d_2 als Variable zu bestimmen ist. Diese Beziehung basiert auf einem einfachen Absorptionsmodell und ist umso genauer, je näher der Quotient d_1/d_2 bei 1 liegt.

Deshalb wird im Praktikum nach der 2. Variante gearbeitet und aus einer Lösung bekannten Gehaltes eine Verdünnungsreihe erstellt. Bei gleichen Schicktdicken d_1 und d_2 wird durch den Vergleich der Farbintensität der Analysenlösung mit den Farbintensitäten der Verdünnungsreihe die Konzentration der Vergleichslösung ermittelt, die der unbekannten Konzentration der Analysenlösung entspricht. Da nur eine beschränkte Anzahl von Vergleichslösungen in der Verdünnungsreihe zur Verfügung steht, muß zwischen den ähnlichsten Farbintensitäten **interpoliert** werden.

Diese **kolorimetrischen Verfahren,** durch Farbvergleich Konzentrationen zu bestimmen, werden in einer Vielzahl von Schnelltests im Bereich der medizinischen und der Umweltanalytik eingesetzt. Sie sind jedoch relativ ungenau, da zum einen das menschliche Auge als Meßinstrument unzuverlässig ist und zum anderen die Geltung des Beerschen Gesetzes auf einen begrenzten Konzentrationsbereich beschränkt ist.

8.5 Beim Einsatz **photometrischer Methoden** mit **physikalischen Meßinstrumenten zur Bestimmung von Intensitäten** elektromagnetischer Wellen einer bestimmten Wellenlänge werden viel genauere Analysenergebnisse erhalten.

Grundlage photometrischer Bestimmungsmethoden ist das **Lambert-Beersche Gesetz**, nach dem nicht Farbintensitäten miteinander verglichen und Intensitätsübereinstimmungen ermittelt werden, wie bei der Anwendung des Beerschen Gesetzes, sondern das von der **direkten Bestimmung der relativen Abnahme des Strahlungsflusses** (Intensitätsabnahmen) für sichtbares oder ultraviolettes Licht einer bestimmten Wellenlänge ausgeht.

Lambert-Beersches Gesetz:

alte Form:	$E = \epsilon \cdot c \cdot d$
neue Form:	$A = \chi_n \cdot c \cdot d$

$\epsilon =$	molarer Extinktionskoeffizent (von der Wellenlänge der Strahlung abhängige Stoffkonstante)
$E =$	$-^{10}\log(I/I_0)$; Extinktion
$I =$	nach dem Durchgang durch die Probe gemessene Intensität
$I_0 =$	vor dem Eintritt in die Probe gemessene Intensität
$\chi_n =$	**molarer dekadischer Absorptionskoeffizient (von der Wellenlänge der Strahlung abhängige Stoffkonstante)**
$A =$	$-^{10}\log(\tau_i)$; **spektrales dekadisches Absorptionsmaß** (nach DIN)
$\tau_i =$	Φ_{ex}/Φ_{in}; **Transmissionsgrad;** Φ = **spektraler Strahlungsfluß** (ex = austretend, in = eintretend)
$c =$	**Konzentration der zu analysierenden Lösung in mol/l**
$d =$	**Schichtdicke der Probe im Stahlengang in cm**

Der molare dekadische Absorptionskoeffizient χ_n wird durch das Messen von A in Verdünnungsreihen bestimmt. Dieses kann sowohl graphisch durch "Eichkurven" (**Abb. 4/7**) als auch mathematisch geschehen.

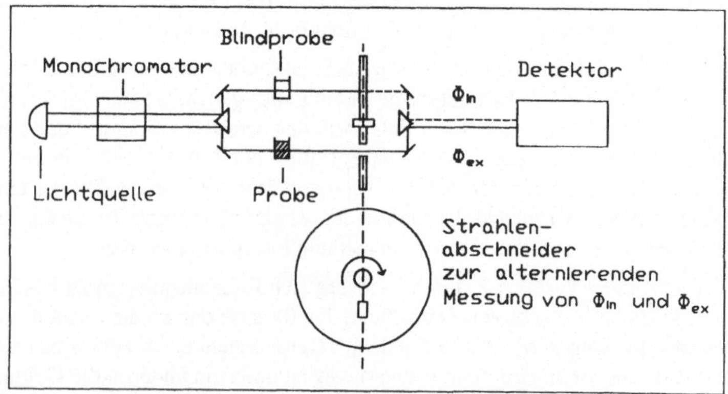

Abb. 4/6. Schematisches Meßprinzip von Photometern

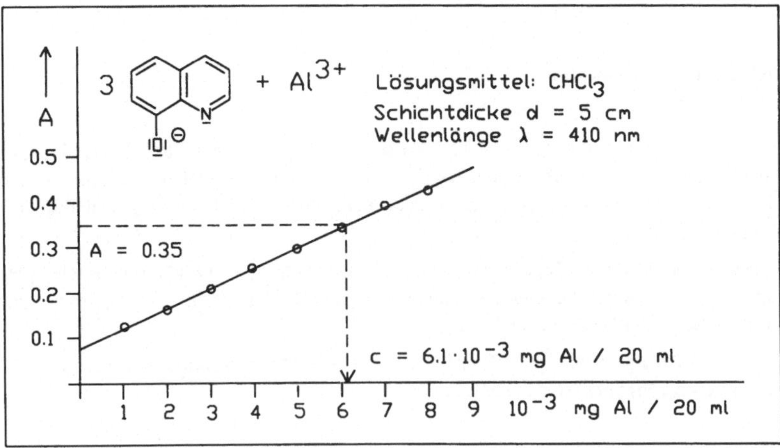

Abb. 4/7. Beispiel einer Kalibrierkurve(*„ Eichkurve "*); hier für die photometrische Bestimmung von Aluminium als Oxinatokomplex in Chloroform.

Mit der Kalibrierkurve kann durch das Bestimmen des Absorptionsmaßes A unter gleichen Bedingungen, wie sie bei der Ermittlung der Kalibrierkurve herrschten (gleiches Lösungsmittel, vergleichbarer Konzentrationsbereich, gleiche Wellenlänge des Lichtes, gleiche Schichtdicke) die Konzentration des zu analysierenden Stoffes ermittelt werden:

$$c = A/\chi_n \qquad \text{(für d = konstant)}$$

Als Meßgefäße werden dabei sehr genau kalibrierte "Küvetten" aus Quarzglas oder anderen Materialien verwandt.

Die hier angesprochenen Verfahren der Absorptionsmessungen haben die Untersuchung elektromagnetischer Wellen zum Gegenstand, die durch eine zu untersuchende Probe hindurchgeleitet wurden, es sind also Verfahren der **Transmissionsspektroskopie**.

Elektromagnetische Wellen werden jedoch auch von diffus streuenden Stoffen reflektiert. Wird die diffus reflektierte Strahlung untersucht, handelt es sich ein Verfahren der **Reflexionsspektroskopie**.

Reflexionsspektroskopische Verfahren werden im Bereich der medizinischen Diagnostik zunehmend eingesetzt. Z.B. können damit Teststreifen zur Blutuntersuchung quantitativ ausgewertet werden.

5. Kurstag:

Oxidation und Reduktion

Lernziele: Durchführung von Redoxreaktionen, Oxidationsmittel, Reduktionsmittel, Aufstellung stöchiometrischer Redox-Gleichungen, Iodometrie, Rücktitrationen, indirekte Titrationen, pH-Steuerung von Redoxreaktionen, präparative Isolierung von Feststoffen, Vakuumfiltration.

Grundlagenwissen: Redoxreaktionen, Elektronegativität, Oxidationszahlen, pH-abhängige Redoxreaktionen, elektrochemische Potentiale, Nernstsche Gleichung, Normalpotentiale, Normal-Wasserstoffelektrode.

Benutzte Lösungsmittel und Chemikalien mit Gefahrensymbolen sowie Gefahrenhinweise und Sicherheitsratschläge:

		R-Sätze	S-Sätze
1 molare Schwefelsäure (ca. 9.3 % H_2SO_4 in H_2O)	Xi	36/38	2-26
2 molare Salzsäure (ca. 7.1 % HCl in H_2O)	-		
2 molare Natronlauge (ca. 8 % NaOH in H_2O)	C	35	26/27-37/39
ca. 0.1 molare Sulfidlösung,			
($Na_2S \bullet x\ H_2O$ (ca. 35 % Na_2S) in H_2O, 22.3 g/l)	Xi	31-34	26-45
5 %ige Thiosulfatlösung ($Na_2S_2O_3$ in H_2O, 50 g/l)	-		
0.1 molare Thiosulfatlösung mit Faktorangabe bzw.			
0.05 molare Thiosulfatlösung mit Faktorangabe,			
($Na_2S_2O_3 \bullet 5\ H_2O$ in H_2O,			
24.818 g/l bzw. 12.409 g/l)	-		
Thioglycolsäurelösung			
($HS\text{-}CH_2\text{-}CH_2\text{-}CO_2H$ in H_2O, 50 mg/ml)	T	23/24/25-36/38	25-27-28-45
Kaliumiodid, KI	-		
0.1 molare Iodidlösung (KI in H_2O, 16.6 g/l; Iod-frei)	-		
0.05 molare Iodlösung mit Faktorangabe,			
($KI \bullet I_2$ in Wasser, (12.7 g I_2 + 20 g KI)/l)	-		
0.05 molare Iod-Kaliumiodidlösung 1:1,			
($KI \bullet I_2$ in Wasser, (12.7 g I_2 + 16.6 g KI)/l)	-		
Chlorwasser (Cl_2 in H_2O, ca. 6.4 g/l)	Xn	20-22-31-37	7-9-23
Iodwasser (I_2 in H_2O, ca. 0.33 g/l)	-		
0.25 molare Bromatlösung ($KBrO_3$ in H_2O 41.8 g/l)	-		
Molybdatlösung (0.1 % $(NH_4)_2MoO_4$ in H_2O)	-		
Wasserstoffperoxidlösung (ca. 0.2 % H_2O_2 in H_2O)	-		
Stärkelösung (Stärke in H_2O 40 g/l)	-		
1,4-Dihydroxybenzol (Hydrochinon)	Xn	20/22[1]	2-24/25-39
p-Benzochinon (Chinon)	T	24/25-36/37/38	26-28-45
1,1,1-Trichlorethan	N, Xn	20	24/25-59-61
Ethanol	F	11	7-16

---

[1]   zusätzlich ist irreversibler Schaden möglich, da Carcinogen der Kategorie 3 (Einstufung: AGS)

Zusätzlich benötigte Geräte: Laborwaagen, 50 ml Bürette mit Stativ und Stativklemme, Wasserstrahlpumpe, Dreifuß mit Auflage, Abfallbehälter für 1,1,1-Trichlorethan, Iodlösungen und Chinon/Hydrochinonabfälle, Filterscheibchen für Hirschtrichter, Rundfilter, Einmalhandschuhe.

Entsorgung: Iod- und 1,1,1-Trichlorethan-haltige Abfallösungen werden in den dafür vorgesehenen und gekennzeichneten Abfallbehältern gesammelt. **Abfälle von p-Benzochinon und Hydrochinon** werden, getrennt nach festen Rückständen und Lösungen in den dafür vorgesehenen Abfallbehältern gesammelt.

Die weiteren an diesem Kurstag verwandten Lösungen können in den nach den Versuchsbeschreibungen anfallenden Mengen dem Abwasser beigegeben werden.

27. Aufgabe: *In Reagenzglasversuchen wird die Oxidationswirkung von Iod geprüft.*

a) Wenige ml 0.1 molarer Natriumsulfidlösung werden im Reagenzglas tropfenweise mit einer wäßrigen Iodlösung ("Iodwasser") versetzt. Die Farbe des Iods verschwindet und gleichzeitig trübt sich die Lösung durch ausgeschiedenen Schwefel. Stellen Sie die Gleichung für die abgelaufene Reaktion auf!

b) Wäßrige Iodlösung wird mit verdünnter Natriumthiosulfatlösung versetzt. Beschreiben Sie im Labortagebuch Ihre Beobachtungen und stellen Sie eine Reaktionsgleichung auf!

28. Aufgabe: *Am Beispiel von Iod wird die Disproportionierungsreaktion eines Stoffes untersucht.*

Zu wenigen ml Iod-Lösung wird tropfenweise 2 molare NaOH zugefügt, bis die braune Farbe verschwindet. Daraufhin säuert man mit 1 molarer H_2SO_4 wieder an. Was ist zu beobachten, wie ist der Reaktionsablauf zu erklären? Stellen Sie Reaktionsgleichungen auf!

29. Aufgabe: *Eine einfache Nachweisreaktion für I^--Ionen beruht auf deren leichter Oxidierbarkeit und der guten Löslichkeit von I_2 in organischen Lösungsmitteln. Iodid wird mit Chlor oxidiert.*

In einem Reagenzglas werden einige ml einer verdünnten Kaliumiodid-Lösung mit 1,1,1-Trichlorethan unterschichtet. Anschließend wird das Reagenzglas mit einem sauberen Stopfen verschlossen und gut umgeschüttelt. Dabei darf sich die organische Phase nicht violett färben; anderenfalls enthielt die Iodidlösung durch Oxidation mit Luftsauerstoff bereits I_2. In diesem Fall ist sie durch eine frisch bereitete KI-Lösung zu ersetzen. Die Zugabe von 2-3 Tropfen Chlorwasser zu dem Zweiphasensystem färbt die wäßrige Schicht braun. Beim Umschütteln geht Iod in die 1,1,1-Trichlorethanschicht über, die sich violett färbt. **Achtung:** Ein Überschuß von Chlorwasser bildet Iodtrichlorid (ICl_3), das sich mit nur schwach gelber Farbe im 1,1,1-Trichlorethan löst.

30. Aufgabe: *Iod wird mit Stärke unter Bildung eines blauen Einschlußkomplexes umgesetzt.*

Die ausstehende Iodlösung wird so weit verdünnt, daß gerade noch eine gelbbraune Farbe erkennbar ist. Diese Lösung wird mit einigen Tropfen einer verdünnten wäßrigen Stärkelösung versetzt. Die Lösung färbt sich tiefblau. Erhitzen Sie die Lösung und kühlen Sie sie anschließend unter fließendem Wasser wieder ab! Was beobachten Sie?.

Diese "Iod-Stärke-Reaktion" ist besonders empfindlich in Gegenwart von Iodid: Ein Tropfen der Iodlösung wird in einem Reagenzglas mit H_2O so stark verdünnt, daß die resultierende Lösung nach Zugabe der Stärkelösung farblos bleibt. In einem weiteren Reagenzglas wird iodfreie Iodidlösung mit Stärke versetzt. Diese Lösung muß ebenfalls farblos sein. Wird die Iodidlösung zur Iodlosung gegeben, tritt Blaufärbung auf.

31. Aufgabe:

In einer wäßrigen Lösung wird Thioglykolsäure mit 0.05 molarer Iod-Lösung im Überschuß umgesetzt. Die verbliebene Menge Iod wird durch Titration mit 0.05 molarer Thiosulfatlösung bestimmt und daraus die Menge an Thioglycolsäure in der Probe bestimmt.

Jede Arbeitsgruppe erhält in zwei <u>sauberen</u> und <u>trockenen</u> Gefäßen jeweils ca. 100 ml 0.05 molarer Iodlösung ($I_2 \cdot I^-$) und 0.05 molarer Thiosulfatlösung ($S_2O_3^{2-}$). **Der jeweilige Titrationsfaktor ist beim Assistenten zu erfragen und bei den Berechnungen zu berücksichtigen!**

In einem 100 ml Meßkolben wird eine bestimmte Menge Thioglykolsäure
(HS-CH_2-COOH) ausgegeben. Diese wird mit H_2O auf 100 ml aufgefüllt und dabei gut durchmischt. 25 ml der entstandenen Lösung werden mit der Meßpipette in einen Titrationskolben gegeben, in den vorher schon genau 25 ml 0.05 molarer Iodlösung eingefüllt waren. Die Reaktionslösung wird durchmischt. Anschließend wird die <u>saubere</u> Bürette (mit Titrationslösung vorspülen!) mit der 0.05 molaren $S_2O_3^{2-}$-Lösung befüllt und das in der Reaktionslösung befindliche Iod titriert. Erst wenn die Lösung im Titrationskolben nur noch schwach braun gefärbt ist, werden 1 bis 2 ml Stärkelösung zugesetzt und die Titration bis zum Äquivalenzpunkt (Entfärben der blauen Lösung) fortgesetzt. Beim Äquivalenzpunkt ist zu bedenken, daß sich in der "austitrierten" Lösung I^- befindet, das leicht von Luftsauerstoff wieder zu I_2 oxidiert wird. Schlägt kurze Zeit nach Erreichen des Äquivalenzpunktes die Farbe wieder nach blau um, darf **nicht** weitertitriert werden!

Stöchiometrie der Reaktionen:

(48) $2 \text{ HOOC-CH}_2\text{-SH} + I_2 \rightleftharpoons \text{HOOC-CH}_2\text{-S-S-CH}_2\text{-COOH} + 2 \text{ HI}$

(49) $2 S_2O_3^{2-} + I_2 \rightleftharpoons 2 I^- + S_4O_6^{2-}$

Beispiel:

Vorlage: 25.00 ml 0.05 molare I_2-Lösung, $F = 1.030$
Verbrauch: 10.20 ml 0.05 molare $S_2O_3^{2-}$ -Lösung, $F = 1.009$

$-->$ 0.05 mmol/ml $\cdot$ 25.00 ml $\cdot$ 1.030 $= 1.288$ mmol I_2
$-->$ 0.05 mmol/ml $\cdot$ 10.20 ml $\cdot$ 1.009 $= 0.5146$ mmol $S_2O_3^{2-}$

Berechnung: 1.288 - (0.5146/2) $= 1.031$ mmol Iod, die in der Reaktion nach
Gl.(48) umgesetzt wurden, das entspricht einer Menge von
1.031 mmol $\cdot$ 2 $= 2.062$ mmol Thioglycolsäure.
Es wurde 1/4 (d.h. 25 ml von 100 ml) der als Analyse erhaltenen
Thioglycolsäuremenge titriert. Damit ist das Analysenergebnis:
2.062 mmol $\cdot$ 4 $= 8.248$ mmol $C_2H_4O_2S$ ($M = 92.1$ g/mol)
$= $ **759 mg $C_2H_4O_2S$**

32. Aufgabe: *Wasserstoffperoxid wird "indirekt" durch iodometrische Titration quantitativ bestimmt.*

Wasserstoffperoxid oxidiert in saurer Lösung Iodid zu Iod, das anschließend mit Thiosulfat titriert wird.
Die zu bestimmende Probe der H_2O_2-Lösung wird von der Assistentin in ein Titriergefäß gegeben. Man löst in einem Becherglas eine kleine Menge (eine gute Spatelspitze, mindestens 250 mg) KI in etwa 10 ml Wasser auf, säuert mit ca. 3 ml 2 molarer HCl an und gibt als Katalysator für die Oxidationsreaktion noch 1 ml verdünnte Ammoniummolybdatlösung hinzu. Diese Mischung wird zur H_2O_2-Lösung im Titriergefäß gegeben. Iod wird freigesetzt und als I_3^- ($I_2 \cdot I^-$) gebunden. Das durch die Oxidation mit H_2O_2 entstandene I_2 wird mit der 0.1 molaren Thiosulfat-Lösung in der zuvor angegebenen Weise titriert. Die erhaltene Menge H_2O_2 ist in mg zu berechnen!

Stöchiometrie der Reaktion [zur Titration von Iod mit Thiosulfat siehe Gl.(49)]:

$$(50) \qquad H_2O_2 + 2 H^+ + 2 I^- \rightleftharpoons 2 H_2O + I_2$$

Beispiel:

Verbrauch: 10.95 ml 0.1 molarer $S_2O_3^{2-}$-Lösung, $F = 1.009$
Berechnung: 10.95 ml $\cdot$ 0.1 mmol/ml $\cdot$ 1.009 $= 1.105$ mmol $S_2O_3^{2-}$
1 mmol $S_2O_3^{2-}$ entspricht 0.5 mmol I_2, entspricht 0.5 mmol H_2O_2
1.1051 mmol $S_2O_3^{2-}$ entsprechen 0.552 mmol H_2O_2
0.552 mmol H_2O_2 (M $= 34$ g/mol) $= 18.8$ mg H_2O_2

33. Aufgabe: *p-Benzochinon wird in wäßriger Lösung durch Oxidation von Hydrochinon mit Kaliumbromat hergestellt.*

Bei der Durchführung der Versuche mit Hydrochinon und p-Benzochinon sind Einmalhandschuhe zu benutzen!

Auf einer Laborwaage werden 0.8 g Hydrochinon (1,4-Dihydroxybenzol) abgewogen und in ein Reagenzglas gegeben. Zu diesem Feststoff werden mit einer Meßpipette 10 ml einer 0.25 molaren $KBrO_3$-Lösung gegeben und die Lösung solange vorsichtig erwärmt, bis sich der Feststoff gelöst hat. Was wird dabei beobachtet?

In einem 2. Reagenzglas werden 5 ml 1 molarer H_2SO_4 mit 5 ml H_2O verdünnt. 1.5 ml dieser so verdünnten Säure werden in die zuerst hergestellte Lösung gegeben (Umrühren mit Glasstab!). Anschließend wird das Gemisch mit heißem Wasser auf 60 - 70 °C erwärmt. Dazu wird das Reagenzglas in ein "Wasserbad" gegeben, das aus einem mit heißem Wasser gefüllten Becherglas hergestellt wird. Das Becherglas wird mit dem Bunsenbrenner (auf Dreifuß und Drahtnetz) vorsichtig erwärmt. Was wird in Abhängigkeit von der Reaktionsdauer beobachtet?

Der Versuch ist mißlungen, wenn die Lösung auch nach einiger Zeit noch dunkel ist und kein Niederschlag ausfällt. In diesem Fall ist er nach dem Reinigen der Glasgeräte zu wiederholen und dabei darauf zu achten, daß die Versuchsbedingungen genau eingehalten werden.

Ist die Lösung rein gelb geworden, wird das Reagenzglas unter fließendem kalten Wasser abgekühlt und der entstandene Feststoff mit Hilfe eines Hirschtrichters auf einem Saugrohr, das mit der Wasserstrahlpumpe evakuiert wird, abfiltriert.

Wasserstrahlpumpen dürfen nicht benutzt werden, wenn Lösungen abzusaugen sind, die leicht flüchtige Halogenkohlenwasserstoffe wie 1,1,1-Trichlorethan oder andere leichtflüchtige wassergefährdende Stoffe enthalten. Dieses würde zur Verunreinigung des Abwassers mit gefährlichen Stoffen führen!

Die Substanz wird auf einem Rundfilter ausgebreitet und durch Zusammendrücken von anhaftendem Wasser befreit. anschließend wird die "Ausbeute" durch Wiegen der erhaltenen Substanzmenge bestimmt und notiert.

So hergestelltes p-Benzochinon riecht stechend und schmilzt bei 116 °C.

Es wird für den nächsten Versuch aufbewahrt. Formulieren Sie die stöchiometrisch exakte Reaktionsgleichung für diese Synthese! (Hinweis: Bromat, BrO_3^-, wird vollständig zu Bromid, Br^-, reduziert).

---

p-Benzochinon ist giftig! Beachten Sie die Sicherheitshinweise.

---

34. Aufgabe: *Die pH-abhängigen Redoxeigenschaften des Systems p-Benzochinon/Hydrochinon wird mit Reagenzglasversuchen untersucht.*

In jeweils einem Reagenzglas ist aus einer Spatelspitze Substanz und etwa 3 ml Ethanol eine gesättigte Lösung von p-Benzochinon in Ethanol und eine gesättigte Lösung von Hydrochinon in Ethanol herzustellen.

In zwei anderen Reagenzgläsern werden jeweils 2 ml Stärkelösung mit einem Tropfen Iodlösung ($I_2 \cdot I^-$ in H_2O) gemischt. In eines dieser Reagenzgläser tropft man etwas von der gesättigten Hydrochinonlösung, in das andere etwas von der gesättigten p-Benzochinonlösung. Die Beobachtungen sind in *Tabelle 5/1* einzutragen.

In zwei weiteren Reagenzgläsern sind 2 ml Stärkelösung, 3 Tropfen KI-Lösung und ein Tropfen der verdünnten H_2SO_4 zu vermischen. Zu je einer dieser Mischungen werden ebenfalls 10 Tropfen der ethanolischen p-Benzochinon- bzw. der ethanolischen Hydrochinonlösungen gegeben. Was wird bei der Zugabe beobachtet? Notieren Sie auch diese Beobachtungen in der Tabelle 5/1. Es ist die Reaktionsgleichung für das Redox-Gleichgewicht p-Benzochinon/Hydrochinon aufzustellen. Erklären Sie damit die in der Tabelle zusammengefaßten Versuchsergebnisse!

Tabelle 5/1. Zusammenstellung der Versuchsergebnisse von Aufgabe 34.

Substanz in Ethanol	Zugabe von I_2/KI + Stärke	Zugabe von KI + Stärke
p-Benzochinon		
Hydrochinon		

Erläuterungen:

1. Oxidation und Reduktion

1.1 Die Begriffe Oxidation und Reduktion beziehen sich ursprünglich auf Reaktionen mit Sauerstoff und die Zurückführung sauerstoffreicher Stoffe in sauerstoffarme:

$$(51) \quad 4\,Fe + 3\,O_2 \rightleftharpoons 2\,Fe_2O_3 \qquad | \text{ Oxidation des Eisens zu Eisenoxid}$$

$$(52) \quad 2\,Fe_2O_3 + 3\,C \rightleftharpoons 4\,Fe + 3\,CO_2 | \text{ Reduktion des Eisenoxids zu Eisen}$$

Wird dieser Vorgang genauer betrachtet, ist festzustellen, daß Eisen bei der Oxidation Elektronen an den Reaktionspartner abgegeben hat. Eisen(III)oxid besteht in fester Form vereinfacht gesagt aus Fe^{3+}-Kationen, die oktaedrisch von O^{2-}-Anionen umgeben sind. Bei der Reduktion werden die Fe^{3+}-Kationen unter Elektronenaufnahme wieder in den elementaren Zustand als Fe zurückgeführt.

Analoge Reaktionen, die unter Abgabe bzw. Aufnahme von Elektronen ablaufen, lassen sich auch mit anderen Stoffen als Sauerstoff durchführen:

(53) $2\,Fe + 3\,Cl_2 \;\rightleftharpoons\; 2\,FeCl_3$ | $FeCl_3$: Fe^{3+}-Kationen und Cl^--Anionen

Als **Oxidation** eines Stoffes wird ein Vorgang bezeichnet, bei dem der Stoff **Elektronen** an den Reaktionspartner **abgibt**. Als **Reduktion** eines Stoffes wird ein Vorgang bezeichnet, bei dem von ihm **Elektronen** vom Reaktionspartner **aufgenommen** werden..

Die Aufnahme und die Abgabe von Elektronen sind danach immer gekoppelte Vorgänge, die Kombination wird als "**Redoxreaktion**" bezeichnet.

Stoffe, die bei einer Reaktion Elektronen an den Reaktionspartner abgeben, bezeichnet man als **Reduktionsmittel**, diejenigen, die diese Elektronen aufnehmen, als **Oxidationsmittel**.

Unter Vernachlässigung der eigentlichen Bindungssituation werden diese Definitionen für Redoxreaktionen auch dann angewandt, wenn als Reaktionsprodukte weitgehend kovalente Verbindungen entstehen, wie z.B. in Gl (52) Kohlendioxid, $O=C=O$. Dem elektronegativeren Bindungspartner werden in diesen Fällen die Bindungselektronen formal zugeordnet. Man betrachtet CO_2 so, als habe das Kohlenstoffatom auf jedes Sauerstoffatom jeweils 2 Elektronen übertragen.

1.2 Als **Oxidationszahl (OxZ)** eines Atoms wird die Zahl der gegenüber dem Elementzustand **formal** aufgenommenen (negatives Vorzeichen) oder abgegebenen (positives Vorzeichen) Elektronen bezeichnet.

Tabelle 5/2. Elektronegativitäten nach Pauling

H							He
2.20							
Li	Be	B	C	N	O	F	Ne
0.98	1.57	2.04	2.55	3.04	3.44	3.98	
Na	Mg	Al	Si	P	S	Cl	Ar
0.93	1.31	1.61	1.90	2.19	2.58	3.16	
K	Ca	Ga	Ge	As	Se	Br	Kr
0.82	1.00	1.81	2.01	2.18	2.55	2.96	3.0
Rb	Sr	In	Sn	Sb	Te	I	Xe
0.82	0.95	1.78	1.96	2.05	2.10	2.66	2.6
Cs	Ba	Tl	Pb	Bi			
0.79	0.89	2.04	2.33	2.02			

Entscheidendes Kriterium für die Bestimmung der formalen Oxidationszahlen ist die Elektronegativitätsdifferenz zwischen Bindungspartnern. Das Konzept der Oxidationszahl ersetzt den früher benutzten vieldeutigen Begriff der "Wertigkeit".

> Die **"Elektronegativität"** eines bestimmten Atoms ist ein Maß für das Bestreben
> dieses Atoms, in einer chemischen Verbindung (Molekül, mehratomiges Ion usw.)
> Elektronen an sich zu ziehen. Sie ist eine dimensionslose relative Größe

Oxidationszahlen werden unter Verwendung bekannter Oxidationszahlen der
Bindungspartner derart festgelegt, daß die **Summe aller Oxidationszahlen in einem
neutralen oder ionischen Teilchen der Ladung dieses Teilchens entspricht.**

Einige der als bekannt vorauszusetzenden "fundamentalen" Oxidationszahlen sind in
Tabelle 5/2 zusammengefaßt.

Tabelle 5/3. Oxidationszahlen (OxZ)

Atom	Elektronegativität	Oxidationszahl
F	3.98	- 1
Li, Na, K	0.98 - 0.82	+ 1
Mg, Ca, Ba	1.31 - 0.89	+ 2
H	2.2	+ 1 Ausnahme in NaH usw.: - 1
O	3.44	- 2 Ausnahmen **in -O-O- : - 1** in OF_2: + 2

Elementen (z.B. I_2, H_2, O_2, C, Fe) wird definitionsgemäß die Oxidationszahl 0
zugeordnet.

Beispiel: Zuordnung von Oxidationszahlen:

$$
(49) \qquad 2\,\overset{?\ -2}{S_2O_3^{2-}} + \overset{0}{I_2} \rightleftharpoons \overset{?\ -2}{S_4O_6^{2-}} + 2\,\overset{?}{I^-}
$$

$$
(49a) \qquad 2\,\overset{+1\ ?\ -2}{Na_2S_2O_3} + \overset{0}{I_2} \rightleftharpoons \overset{+1\ ?\ -2}{Na_2S_4O_6} + 2\,\overset{+1\ ?}{NaI}
$$

Berechnung der Oxidationszahlen (OxZ) des Schwefels:

$Na_2S_2O_3$:	$2 \cdot OxZ(S) + 2 \cdot (+1) + 3 \cdot (-2) = 0;$	| $OxZ(S)$	$= + 2$
$S_2O_3^{2-}$:	$2 \cdot OxZ(S) + 3 \cdot (-2) = -2$	| $OxZ(S)$	$= + 2$
$S_4O_6^{2-}$:	$4 \cdot OxZ(S) + 6 \cdot (-2) = -2$	| $OxZ(S)$	$= + 2.5$

Im Gegensatz zur Anzahl von Elementarladungen, die nur ganzzahlig sein kann, ist
es möglich, daß formale Oxidationszahlen auch als Dezimalbrüche erscheinen. Auch
Strukturfragmente von Molekülen oder Ionen können mit Oxidationszahlen belegt
werden:

$$\text{(54)} \qquad \overset{\text{Rest: }+1 \;|\; -2 \text{ für C}}{CH_3\text{-}CH_2\text{-}CH_2OH} \; \rightleftharpoons \; \overset{+1 \;|\; 0}{CH_3\text{-}CH_2\text{-}CHO} \; + \; 2\,H^+ \; + \; 2\,e^-$$

Dadurch, daß hier dem Alkylrest $CH_3\text{-}CH_2\text{-}$ als Gruppe die Oxidationszahl $+1$ zugesprochen wird, ist die Berechnung der Oxidationszahlen des eigentlich reaktionsrelevanten Kohlenstoffatoms in der Ausgangsverbindung und im Reaktionsprodukt vereinfacht.

Die Bilanzierung der Oxidationszahlen hilft, Redoxvorgänge und die beteiligten Oxidations- bzw. Reduktionsmittel zu erkennen. Ferner erlaubt sie die Aufststellung stöchiometrischer Reaktionsgleichnungen. Aus der Differenz der Oxidationszahlen in der betreffenden Ausgangsverbindung und im Reaktionsprodukt ergibt sich die Zahl der übertragenen Elektronen:

Bei der Oxidation des Thiosulfats zum Tetrathionat nach Gl.(49) ändert Schwefel seine OxZ von $+2$ nach $+2.5$. Da 4 Schwefelatome an der Reaktion beteiligt sind, ergibt sich ein Elektronenumsatz von $4 \cdot 0.5 = 2$ Elektronen. Diese werden vom Oxidationsmittel, dem I_2-Molekül aufgenommen, wobei sich die OxZ des Iods von 0 in I_2 nach -1 im I^--Ion verändert.

1.3 Die Aufstellung von stöchiometrischen Redoxgleichungen erfolgt am besten, indem die Reduktion des einen und die Oxidation des anderen Reaktionspartners als Teile der Gesamtreaktion ("Halbreaktionen") aufgefaßt werden.

Wasserstoffperoxid reagiert in saurer Lösung mit Iodid unter Bildung von Wasser und Iod [siehe Gl.(50)]:

Reduktion (Elektronenaufnahme):

$$\text{(50a)} \qquad \overset{-1}{H_2O_2} + 2\,H^+ + 2\,e^- \; \rightleftharpoons \; 2\,\overset{-2}{H_2O}$$

Oxidation (Elektronenabgabe):

$$\text{(50b)} \qquad 2\,\overset{-1}{I^-} - 2\,e^- \rightleftharpoons \overset{0}{I_2}$$

Summe: (49) $H_2O_2 + 2\,H^+ + 2\,I^- \rightleftharpoons 2\,H_2O + I_2$

Die Anzahl der Elektronen, die in die Gleichungen für die Halbreaktionen einzusetzen ist, kann aus der Differenz der Oxidationszahlen ermittelt werden. Ist diese Anzahl im Reduktionsschritt nicht genau so groß, wie im Oxidationschritt, müssen die Teilgleichungen vor der Summenbildung mit ganzzahligen Faktoren multipliziert werden, bis dieses der Fall ist, da die Zahl der aufgenommenen Elektronen der Zahl der abgegebenen entsprechen muß:

Beispiel: Reaktion von Bromat mit Bromid in saurer Lösung.

Reduktion:

(55a) $\overset{+5}{Br}O_3^- + 6\,H^+ + 5\,e^- \rightleftharpoons \overset{0}{\frac{1}{2}\,Br_2} + 3\,H_2O \quad | \cdot 1$

Oxidation:

(55b) $\overset{-1}{Br^-} - 1\,e^- \rightleftharpoons \overset{0}{\frac{1}{2}\,Br_2} \quad\qquad\qquad | \cdot 5$

Summe:

(55) $BrO_3^- + 5\,Br^- + 6\,H^+ \rightleftharpoons 3\,Br_2 + 3\,H_2O$

Auf jeden Fall soll nach dem Aufstellen einer chemischen Reaktionsgleichung über-
prüft werden, ob auf der linken und der rechten Seite der Reaktionsgleichung die
gleiche Art und die gleiche Anzahl von Atomen vorliegt ("**Stoffbilanz**"). Auch die
Summe der Ionenladungen muß auf der rechten Seite einer Reaktionsgleichung
genauso groß sein wie auf der linken ("**Ladungsbilanz**").

2. Redox-Disproportionierungsreaktionen

Als **Disproportionierung** wird eine Reaktion bezeichnet, bei der ein Stoff so reagiert,
daß Reaktionsprodukte entstehen, in denen ein bestimmtes Element des Ausgangs-
stoffes gleichzeitig seine Oxidationszahl gegenüber der ursprünglichen erhöht und im
anderen Reaktionsprodukt erniedrigt hat. Der Ausgangsstoff reagiert damit gleichzeitig als Oxidationsmittel und als Reduktionsmittel.

Die in der 28. Aufgabe durchgeführte Reaktion von Iod mit Wasser ist hierfür ein
Beispiel:

Elementares I_2 [OxZ(I) = 0] setzt sich zu einem geringen Teil mit Wasser zu HI
[OxZ(I) = -1] und HOI [OxZ(I) = +1] um:

(56) $I_2 + H_2O \rightleftharpoons I^- + IOH + H^+$

(56a) $I_2 + 2\,HO^- \rightleftharpoons I^- + IO^- + H_2O$

Bei der Reaktion nach Gl. (56) liegt das Gleichgewicht stark auf der Seite des Halogens I_2. Wird jedoch zur Lösung die Base HO^- zugesetzt, wird durch das Abfangen
der Protonen das Gleichgewicht nach rechts verschoben [Gl. (56a)]. Beim Ansäuern
der entstehenden Lösung von Iodid und Hypoiodit wird wieder das Halogen
gebildet. Auch die Halogene Chlor und Brom reagieren in dieser Weise.

Die desinfizierende Wirkung, die durch das Versetzen von Trinkwasser oder
Schwimmbadwasser mit Cl_2 erreicht werden soll, ist weitgehend auf das sich bil-
dende Hypochlorit ClO^- zurückzuführen und nicht auf das molekular gelöste Chlor.
Deshalb muß in diesen Fällen auch der pH-Wert des Wassers kontrolliert werden,
da ein zu niedriger pH-Wert diese Maßnahme unwirksam macht oder eine zu hohe

toxikologisch bedenkliche Chlorkonzentration erfordert, um einen desinfizierenden Effekt zu erzielen.

Die Redoxreaktion nach Gl. (55) stellt die Umkehr einer Redox-Disproportionierungsreaktion dar, eine "**Komproportionierung**": Eine Bromverbindung mit hoher Oxidationszahl für Brom reagiert mit einer Bromverbindung, in der dem Element eine niedrige Oxidationszahl zuzuordnen ist. Dabei entsteht eine Bromverbindung mit einer Oxidationszahl für Brom, die zwischen den beiden Oxidationszahlen des Broms in den Ausgangsverbindungen liegt.

3. Iodometrische Reaktionen und Analysenverfahren

3.1 Iod besitzt eine mittlere Elektronegativität von 2.5, die mit der von Kohlenstoff und Schwefel vergleichbar ist. Das **Redoxsystem Iod/Iodid** ist deshalb sehr vielseitig. Einerseits wirkt Iod gegenüber einer Reihe von Stoffen als Oxidationsmittel, andererseits kann Iodid von einer Reihe von Oxidationsmitteln in elementares Iod überführt werden.

Beispiele dafür sind die Reaktion von Iod mit Thiosulfat nach Gl.(49) und die von Iodid mit Wasserstoffperoxid nach Gl.(50).

Maßanalytisch wird die Titration von I_2-haltigen Proben mit Thiosulfatlösungen bekannten Gehalts nach Gl.(49) als Bestimmungsmethode herangezogen. Zur Endpunktindikation wird die reversible Bildung der intensiv tiefblau gefärbten Einschlußverbindung von Iod mit Stärke herangezogen. Am Äquivalenzpunkt tritt die Entfärbung der titrierten Lösung ein.

Die tiefblaue Farbe der I_2-Stärke-Einschlußverbindung kommt durch Einlagerung von I_2 in die Polysaccharidkette der Stärke zustande, wobei sich mehrere I_2-Moleküle zusammenlagern und stark polarisiert werden. Diese Einschlußverbindung wird beim Erhitzen zerstört, beim Abkühlen aber wieder zurückgebildet. Da I_2 auch Stärke oxidieren kann, setzt man Stärke als Indikator erst kurz vor dem Erreichen des Äquivalenzpunktes hinzu.

Die direkte Titration mit einer Iod-Maßlösung kann bei anderen Reduktionsmitteln als Thiosulfat nur dann durchgeführt werden, wenn die der Titration zugrundeliegende Redoxreaktion die an titrimetrische Verfahren zu stellenden Bedingungen erfüllt (siehe 1. Kurstag). Diese sind vor allem die stöchimetrische Eindeutigkeit und eine hohe Reaktionsgeschwindigkeit.

Reaktionen mit Iod, die nur sehr langsam ablaufen oder solche, bei denen das Reduktionsmittel auch mit dem Sauerstoff der Luft reagieren kann und deswegen sehr schnell mit Iod umgesetzt werden muß, eignen sich nicht zur direkten Titration mit einer Iod-Maßlösung.
Die im Praktikum zu bestimmende Thioglycolsäure, $HS\text{-}CH_2CO_2H$, ist eine solche Substanz, die mit Luftsauerstoff unter Oxidation reagiert.

3.2 Deshalb wird Thioglycolsäure iodometrisch mit dem Verfahren der **Rücktitration** bestimmt. Die Thioglycolsäure enthaltende Probe wird mit einer bestimmten Menge an Iod versetzt, die im Verhältnis zur vorliegenden Menge an $HS\text{-}CH_2CO_2H$

stöchiometrisch ein Überschuß ist. So ist sichergestellt, daß $HS\text{-}CH_2CO_2H$ stöchimetrisch eindeutig mit I_2 reagiert. Anschließend wird die überschüssige Menge von I_2 in der Lösung mit Thiosulfat "zurücktitriert". Aus der Differenz der eingesetzten molaren Menge an Iod und der zurücktitrierten wird die Menge an Iod ermittelt, die mit $HS\text{-}CH_2CO_2H$ nach Gl.(48) reagiert hat (siehe 31. Aufgabe).

3.3 Oxidationsmittel werden iodometrisch dadurch bestimmt, daß sie mit einem stöchiometrischen Überschuß von Iodid umgesetzt werden. Dabei entsteht eine Menge Iod, die dem Oxidationsmittel äquivalent ist. Iod wird durch Titration mit einer Thiosulfat-Maßlösung quantitativ bestimmt. Dieses Verfahren wird als **indirekte** Bestimmung bezeichnet.

So läßt sich Wasserstoffperoxid nach Gl.(50) in saurer Lösung mit I^- umsetzen und durch Titration der Iodmenge mit Thiosulfat quantitativ bestimmen. Zur Beschleunigung der Oxidation des Iodids wird ein Katalysator, Ammoniummolybdat, eingesetzt. Die Wirkungsweise und Bedeutung von Katalysatoren wird im Zusammenhang mit der Reaktionskinetik besprochen.

4. Elektrochemische Potentiale

4.1 Definitionsgemäß sind Redox-Reaktionen **Elektronenübertragungsreaktionen**. Bringt man einen Zinkstab in eine wäßrige Lösung von $CuSO_4$, wird Zn durch Cu^{2+} oxidiert. Es scheidet sich metallisches Cu ab und Zn^{2+}-Kationen gehen in Lösung.

$$(57) \qquad Cu^{2+} + Zn \quad - \quad Cu + Zn^{2+}$$

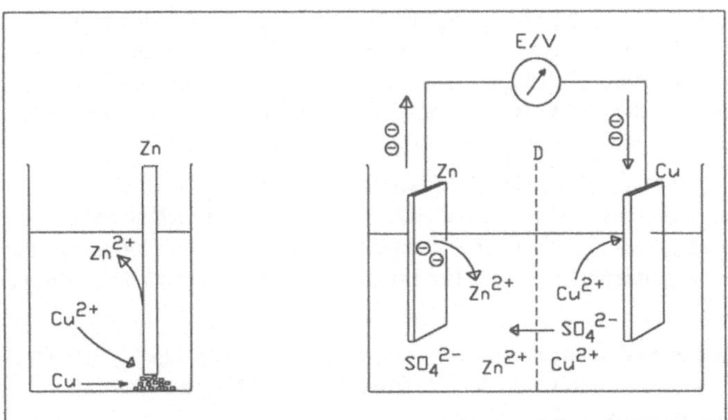

Abb. 5/1. Daniell-Element, Beispiel einer elektrochemischen Zelle

Die bei der Reaktion zwischen Cu^{2+} und Zn stattfindende Übertragung von Elektronen vom Zink auf die Kupferkationen kann "sichtbar" gemacht werden, wenn die Reaktion derart durchgeführt wird, daß Zn und Cu^{2+} räumlich so voneinander getrennt sind, so daß ein direkter Elektronenübergang nicht möglich ist.

Dieses geschieht in zwei elektrochemischen Halbzellen, die durch eine semipermeable Membran ("Diaphragma") voneinander getrennt sind. Die Membran erfüllt die Aufgabe, eine Durchmischung der wäßrigen Lösungen der Halbzellen zu verhindern und die spontane Diffusion von Ionen zwischen den Lösungen zu behindern. Der Elektronenfluß wird über einen elektrischen Leiter, der den Zinkstab mit einem Kupferstab verbindet, gewährleistet. In die Leitung kann ein Meßinstrument (Voltmeter, Ampèremeter) geschaltet werden (Abb. 5/1). Durch die Membran diffundieren nur die zum Ladungsausgleich erforderlichen Ionen.

Dieser Versuchsaufbau repräsentiert eine einfache Form einer "**Batterie**" zur Speicherung von elektrischer Energie, die in den verschiedensten Elektrodenkombinationen vielfältige Verwendung findet.

Ist durch den technischen Aufbau, die Auswahl der Elektroden ("Halbzellen") und die Art der Stromentnahme gewährleistet, daß die chemischen Redoxvorgänge in einer solchen elektrochemischen Zelle weitgehend umkehrbar ("reversibel") sind, kann durch das Anlegen einer äußeren elektrischen Spannung der ablaufende Redoxvorgang umgekehrt werden. Das führt zur erneuten Ansammlung ("Akkumulation") der Ausgangsstoffe in den Halbzellen. Solche elektrochemischen Zellen werden als **Akkumulatoren** bezeichnet (Beispiel: Blei"batterie" in Automobilen).

4.2   Das elektrochemische Potential   ΔE ("Elektromotorische Kraft, EMK", "**Redoxpotential**") ist die Spannung, die zwischen den Elektroden einer elektrochemischen Zelle gemessen wird (Einheit: Volt). ΔE ist abhängig von der Art der Stoffe, die die Halbzellen bilden und deren Konzentrationen in den Lösungen. Als thermodynamische Größe ist es ebenfalls von der Temperatur und dem herrschenden Druck (bei gasförmigen Reaktionspartnern) abhängig.

Soll jeder Halbzelle, d.h. jedem Redoxsystem wie Cu/Cu^{2+} oder Zn/Zn^{2+} ein stoffspezifisches charakteristisches **Elektrodenpotential** zugesprochen werden, bedarf es einer Bezugsgröße, also einer **Bezugselektrode** und der Definition thermodynamischer **Standardbedingungen für Temperatur, Druck und Konzentrationen**.

> Als **Standardbedingungen** sind die Temperatur von 298 K (25 °C), der Druck von 1013 hPa und für alle an der Redoxreaktion beteiligten gelösten Stoffe die Konzentration von 1 mol/l festgelegt.

4.3 Als Bezugselektrode ist die **Standardwasserstoffelektrode** definiert. Dieses ist eine Versuchsanordnung, in der ein auf bestimmte Weise oberflächenbehandeltes und bestimmt geformtes Platinblech bei einem H_2-Druck von 1013 hPa in einer

Lösung mit einer Protonenkonzentration von 1 mol/l bei einer Temperatur von 298 K mit gasförmigem Wasserstoff umspült wird. Das als Bezugssystem definierte Redoxsystem ist in Gl.(58) formuliert:

$$(58) \qquad H_2 + 2\,H_2O \;=\; 2\,H_3O^+ + 2\,e^-$$

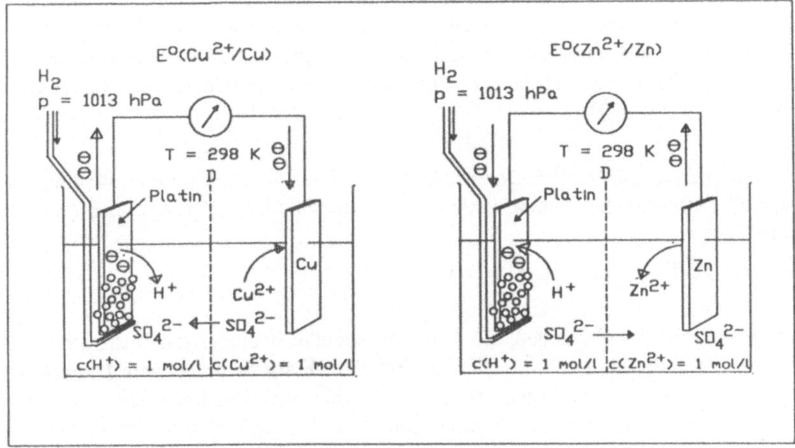

Abb. 5/2. Standardwasserstoffelektrode zum Messen des Standard-Reduktionspotentials von Cu/Cu^{2+} bzw. Zn/Zn^{2+}

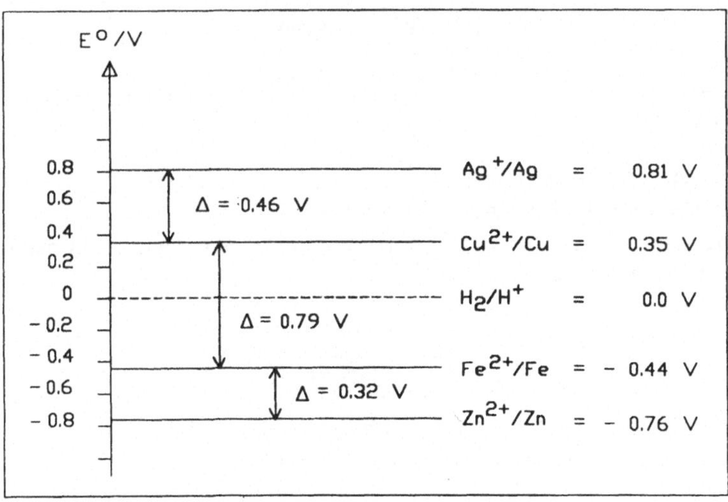

Abb. 5/3. Standard-Reduktionspotentiale

Wird unter Standardbedingungen eine Halbzelle, deren Potential bestimmt werden soll, mit der Standardwasserstoffelektrode kombiniert, so liefert diese **Meßkette** das **Standard-Reduktionspotential** (kurz: **Standardpotential**) $E°$ der Halbzelle.

4.4 Die experimentelle Durchführung von Messungen der elektrochemischen Potentiale verschiedener Redoxsysteme gegenüber der Standardwasserstoffelektrode unter Standardbedingungen führt zur Aufstellung einer Liste von "Standardpotentialen" $E°$, der "**Spannungsreihe**". Aus den darin notierten Werten lassen sich Redoxpotentiale $\Delta E°$ für beliebige Kombinationen von Halbreaktionen rechnerisch als Differenz der jeweiligen Standardpotentiale $E°$ gegenüber der Standardwasserstoffelektrode berechnen (Abb. 5/3).

Beispiel:
Das Potential des Daniell-Elements (Gl.(57), Abb. 5/1) unter Standardbedingungen wird als Differenz der Standard-Reduktionspotentiale $E°(Cu^{2+}/Cu)$ und $E°(Zn^{2+}/Zn)$ berechnet:

$$\Delta E° = 0.35\ V - (-0.76\ V) = 1.11\ V$$

4.5 Für Rahmenbedingungen, die nicht den Standardbedingungen entsprechen, sind Redoxpotentiale mit Hilfe der **Nernstschen Gleichung** zu berechnen. Danach setzt sich das Elektrodenpotential E unter Nicht-Standardbedingungen aus einem stoffabhängigen Term, dem Standardpotential $E°$, und einem temperatur- und konzentrationsabhängigen (bzw. druckabhängigen) Term zusammen, die addiert werden:

Nernstsche Gleichung für eine Halbzelle (bzw. Halbreaktion):

$$E = E° + \frac{R \cdot T}{n \cdot F} \cdot \ln \frac{c(Ox)}{c(Red)}$$

R = Gaskonstante
T = Temperatur in K
n = Zahl der übertragenen Elektronen
F = Faradaykonstante (Ladung eines Mols Elektronen)

Bei 298 K gilt unter Einbeziehung des Briggschen Faktors zur Umwandlung natürlicher Logarithmen in dekadische:

$$\frac{R \cdot T}{n \cdot F} \cdot \ln \frac{c(Ox)}{c(Red)} = \frac{0.06}{n} \cdot {}^{10}\!\log \frac{c(Ox)}{c(Red)}$$

Allgemein läßt sich die Nernstsche Gleichung für das Redoxpotential E einer Halbreaktion oder die Kombination zweier Halbreaktionen zu einer Redoxreaktion formulieren:

$$\Delta E \;=\; \Delta E° \;+\; \frac{0.06}{n} \cdot \log \frac{c(Ox)}{c(Red)}$$

oder

$$\Delta E \;=\; \Delta E° \;-\; \frac{0.06}{n} \cdot \log \frac{c(Red)}{c(Ox)}$$

Die zweite Darstellungsform wird der Bedeutung des Standardpotentials als **Reduktionspotential** gerecht.

Der Quotient $\dfrac{c(Ox)}{c(Red)}$ bzw. $\dfrac{c(Red)}{c(Ox)}$ bedeutet dabei eine Abkürzung für den Quotienten aus dem Produkt der Konzentrationsterme der die oxidierte Form repräsentierenden Seite der Redoxgleichung, dividiert durch das Produkt der Konzentrationsterme der die reduzierte Form repräsentierenden Seite der Redoxgleichung bzw. für den entsprechenden reziproken Wert.

Der Quotient $c(Red)/c(Ox)$ gleicht damit zwar **formal** dem Quotienten des Massenwirkungsgesetzes für die Reduktionsreaktion, ist mit diesem jedoch betragsmäßig nicht identisch, da das betrachtete Redoxsystem sich nicht im Gleichgewicht befindet.

Im Gleichgewichtszustand, in dem $E = 0$ ist, ist der Wert für diesen Quotienten hingegen gleich der Massenwirkungskonstante der behandelten Reduktionsreaktion:

$$0 \;=\; E° - (RT/nF) \cdot \ln K \qquad | \quad \ln K \;=\; (nF/RT) \cdot E°$$

Aus dieser Beziehung ist ersichtlich, daß **ein Stoff umso leichter reduziert wird (also ein gutes Oxidationsmittel ist), je positiver sein Standard-Reduktionspotential ist;** denn umso größer ist die Massenwirkungskonstante dieser Reduktionsreaktion. Entsprechend sind Stoffe umso bessere Reduktionsmittel, je niedriger ihr Standard-Reduktionspotential ist.

Für die Halbreaktion H_2O/H_2O_2 nach Gl.(50a) wird mit der Nernstschen Gleichung das Redoxpotential wie folgt berechnet:

$$(50a) \qquad H_2O_2 \;+\; 2\,H^+ \;+\; 2\,e^- \;\rightleftharpoons\; 2\,H_2O$$

$$E_{(H_2O/H_2O_2)} \;=\; E°_{(H_2O/H_2O_2)} \;+\; \frac{0.06}{2} \cdot \log c(H_2O_2) \cdot c^2(H^+)$$

Auch in der Nernstschen Gleichung ist die Konzentration von Wasser in wäßrigen Lösungen als Konstante zu behandeln, die in $E°$ enthalten ist. Gleiches gilt für Gleichgewichtskonstanten von Phasengleichgewichten, was zur Folge hat, daß analog zum Massenwirkungsgesetz Stoffe, die sich nicht in der homogenen Phase Lösung befinden [z.B. Cu und Zn in Gl.(57)], keinen Konzentrationsterm in der Nernstschen Gleichung aufweisen.

5. pH - abhängige Redoxpotentiale

5.1 Wie zu ersehen ist, geht in die Gleichung zur Berechnung des Redoxpotentials von H_2O_2 die Protonenkonzentration der Reaktionslösung ein. Die **Oxidationswirkung** von H_2O_2 ist also **pH-abhängig**. Die Oxidationswirkung von H_2O_2 ist umso besser, je niedriger der pH-Wert der Reaktionslösung ist.

Eine andere stark pH-abhängige Redoxreaktion ist die Reduktion von Bromat zu Bromid nach Gl.(59):

$$(59) \qquad BrO_3^- + 6\,H^+ + 6\,e^- \;\rightleftharpoons\; Br^- + 3\,H_2O$$

pH-abhängige Redoxreaktionen sind gerade im physiologischen Bereich sehr häufig. Dieses ist mit ein Grund dafür, daß der pH-Wert in physiologischen Systemen konstant gehalten werden muß und diese Systeme effizient gepuffert sind.

5.2 Das Redoxsystem Hydrochinon/p-Benzochinon ist ein Modell für physiologisch wichtige pH-abhängige Redoxsysteme.

$$(60) \qquad Hy \;\rightleftharpoons\; Chi + 2\,H^+ + 2\,e^-$$

Hy = Hydrochinon, systematischer Name: 1,4-Dihydroxybenzol

Chi = p-Benzochinon, "p-Chinon"

In der **33. Aufgabe** wird Bromat als Oxidationsmittel eingesetzt, das gemäß Gl.(59) reagiert.

Nach entsprechender Multiplikation von Gl.(60) mit dem Faktor 3 und Addition von Gl.(59) erhält man die Reaktionsgleichung für die Synthese von p-Benzochinon aus Hydrochinon durch Oxidation mit Bromat:

$$(61) \qquad 3\,Hy + BrO_3^- \;\rightleftharpoons\; 3\,Chi + Br^- + 3\,H_2O$$

Formuliert man die Nernstsche Gleichung für die Reaktionen nach Gl.(59) und Gl.(60), werden folgende Beziehungen erhalten: ($E°_{(Chi/Hy)} = 0.70$ V)

$$E_{(Chi/Hy)} = E°_{(Chi/Hy)} + \frac{0.06}{2} \; \log \frac{c(Chi) \cdot c^2(H^+)}{c(Hy)}$$

$$E(BrO_3^-/Br^-) = E°(BrO_3^-/Br^-) + \frac{0.06}{6} \log \frac{c(BrO_3^-) \cdot c^6(H^+)}{c(Br^-)}$$

$E°(BrO_3^-/Br^-) = 1.42\ V$

Gl.(61) erklärt nicht, warum die Synthesereaktion von p-Benzochinon nur in saurer Lösung abläuft.

Dieses ist auf die Reaktivität des Oxidationsmittels Bromat (BrO_3^-) zurückzuführen: Bei pH = 7 reagiert BrO_3^- nicht nach Gl.(59), sondern gemäß Gl.(62).

(62) $BrO_3^- + 3\,H_2O + 6\,e^- \rightleftharpoons Br^- + 6\,HO^-$

$\quad\quad E° = 0.61\ V$

Diese Reaktion besitzt jedoch ein niedrigeres Redoxpotential als die Reaktion in saurer Lösung (E° = 1.42 V). Deshalb kann Hydrochinon in neutraler oder basischer Lösung nicht mit Bromat oxidiert werden (E°(Chi/Hy) = 0.70 V).

Die Zugabe von Protonen bei der Oxidation des Hydrochinons mit Bromat bestimmt also den Reaktionsweg. Die Protonen werden bei der Reaktion nicht "verbraucht" [siehe Gl.(61)]. Es liegt der typische Fall einer **Katalyse** vor (siehe auch 7. Kurstag).

Die pH-Abhängigkeit des Redoxpotentials E(Chi/Hy) kann demonstriert werden, wenn dieses System mit einem Redoxsystem wie Iod/Iodid gekoppelt wird, das nicht von der Protonenkonzentration der Reaktionslösung abhängig ist.

(50b) $I_2 + 2\,e^- \rightleftharpoons 2\,I^-$

$\quad\quad E°(I_2/I^-) = 0.535\ V$

Unter der Voraussetzung, daß c(Hy) = c(Chi) ist, lautet die Nernstsche Gleichung für die Reaktion nach Gl.(60):

$$E(Chi/Hy) = E°(Chi/Hy) + \frac{0.06}{2} \cdot \log c^2(H^+)$$

$$E(Chi/Hy) = 0.70 + 0.06 \log c(H^+)$$

$$\boxed{E(Chi/Hy) = 0.70 - 0.06\ pH}$$

Für den Fall, daß die Konzentrationen c(I$^-$) = c(I$_2$) und c(Hy) = c(Chi) sind, läßt sich der pH-Wert berechnen, bei dem die Redoxpotentiale E(Chi/Hy) und E(I$_2$/I$^-$) gleichgroß sind, bei dem also die beiden Redoxsysteme im Gleichgewicht stehen. Man erhält für den Gleichgewichtszustand durch Einsetzen des Zahlenwertes $E°(I_2/I^-) = 0.535\ V = E(Chi/Hy)$:

$0.535 = 0.7 - 0.06\ pH \quad\quad | \quad 0.165 = 0.06\ pH \quad\quad | \quad \underline{pH = 2.75}$

Daraus wird erkennbar, daß bei **pH-Werten > 2.75** eine äquimolare Lösung von Hydrochinon und p-Benzochinon durch eine äquimolare Lösung von Iodid und Iod oxidiert wird, **I_2 also das Oxidationsmittel und Hydrochinon das Reduktionsmittel** ist.

Bei **pH-Werten < 2.75** kehrt sich das Verhältnis um: **Iodid (Reduktionsmittel) wird durch p-Benzochinon (Oxidationsmittel) oxidiert.**

6. pH-Messungen

Redoxsysteme, deren Redoxpotential pH-abhängig ist wie in obigem Beispiel, können zur Messung von pH-Werten herangezogen werden. Dazu bedarf es eines Vergleichspotentials, einer "Bezugselektrode". Als Bezugselektroden eignen sich besonders solche Meßanordnungen, die zu leicht reproduzierbaren Potentialwerten führen, wie z.B. die "Silber/Silberchloridelektrode". In dieser ist ein Silberstab in eine gesättigte Lösung von Silberchlorid (mit dem Feststoff als Bodenkörper) getaucht. Dabei wird die Konzentration $c(Ag^+)$ und damit auch das Elektrodenpotential über das Löslichkeitsprodukt von AgCl konstant gehalten. Die mit einem empfindlichen Voltmeter ("Potentiometer") zu messende Potentialdifferenz zwischen der Silber/Silberchlorid-Elektrode und z.B. der p-Benzochinon/Hydrochinonelektrode ("Chinhydronelektrode") ist direkt abhängig vom pH-Wert in der Meßlösung. Durch das Messen von Lösungen mit bekannten pH-Werten (am besten Pufferlösungen) läßt sich die Skala des Meßinstrumentes auf pH-Einheiten eichen. Man spricht dann von "**pH-Metern**"

In der Praxis werden am häufigsten "Glaselektroden" zur pH-Messung verwandt. Glas ist ein ionischer Feststoff, in dessen Oberfläche in einer dünnen Schicht Wassermoleküle eindringen können. Die Glasoberfläche "quillt". Das Ausmaß dieses Phänomens ist von Glasart zu Glasart verschieden und führt dazu, daß Glasgegenstände, die längere Zeit in Wasser liegen, sich "glitschig" anfühlen. In die gequollene Glasschicht dringen auch Protonen ein. Die Protonenkonzentration in der Quellschicht ist dann proportional zur Konzentration in der wäßrigen Lösung, in der sich das Glas befindet. Wird eine Meßanordnung konstruiert, in der eine sehr dünne Glasschicht die Trennschicht ("Membran") zwischen zwei Lösungen mit unterschiedlichen Protonenkonzentrationen darstellt, entsteht an der Glasmembran ein Potential, daß vom Konzentrationsverhältnis der Protonen in den beiden Lösungen abhängt ("Membranpotential").

Wird in einer der Lösungen der pH-Wert z.B. durch eine Pufferlösung konstant gehalten, ist das Potential der Glaselektrode direkt proportional zum pH-Wert der anderen Lösung. Wird diese Glaselektrode in einer "Meßkette" mit einer Vergleichselektrode konstanten Potentials zusammengeschaltet, erhält man ein genaues Meßinstrument für pH-Werte. Diese Versuchsanordnung ist in **Abb. 5/4** schematisch in Form einer "Einstabmeßkette" dargestellt.

Zur Beachtung:

Bei der Verwendung der Einstabmeßkette zur Bestimmung von pH-Werten (siehe 2. Kurstag) ist darauf zu achten, daß ein Druckausgleich zwischen dem Elektrodenraum der Vergleichselektrode und der zu analysierenden Lösung besteht. Ist ein Verschluß des Elektrodenraums an der Einstabmeßkette angebracht, muß dieser während der Messungen geöffnet sein, damit durch den statischen Überdruck der Flüssigkeitssäule in der Elektrode verhindert wird, daß Flüssigkeit und Ionen aus der Analysenlösung durch das Diaphragma in die Elektrode eindringen. In jedem Fall muß das Diaphragma (meistens eine kleine in den Glaskörper der Elektrode eingeschmolzene Glasfritte) voll in die Analysenlösung eintauchen.

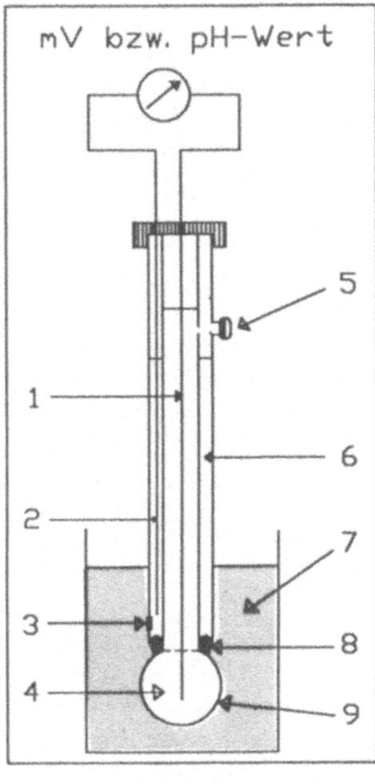

1. Pt-Elektrode

2. Ag-Elektrode

3. Diaphragma

4. Pufferlösung (pH = konstant)

5. Füll- und Druckausgleichsöffnung

6. gesättigte AgCl-Lösung

7. Lösung mit unbekanntem pH-Wert

8. festes AgCl

9. Glasmembran

Abb. 5/4.   Prinzip der pH-Wert-Messung durch Ermittlung des Redoxpotentials einer Glaselektrode gegen eine Ag/Ag$^+$-Elektrode

6. Kurstag

Funktionelle Gruppen - Löslichkeit, Verteilung - Nucleophile Substitution

Lernziele: Untersuchung der Löslichkeit von Flüssigkeiten, Ermittlung des Verteilungskoeffizienten, Durchführung einfacher organischer Reaktionen im Reagenzglas, Benutzung von Molekülmodellen.

Grundlagenwissen: Einfluß funktioneller Gruppen auf das Verhalten organischer Verbindungen. Hydrophile und hydrophobe Reste. Wasserstoffbrückenbindung. Löslichkeitsverhalten. Verteilung zwischen zwei Phasen. Nucleophile Substitution bei Alkylhalogeniden und Alkoholen: Effekt der Alkylgruppen. - Chiralität.

Benutzte Lösungsmittel und Chemikalien mit Gefahrensymbolen, Gefahrenhinweisen und Sicherheitsratschlägen

		R-Sätze	S-Sätze
Cyclohexan	F	11	9-16-33
Ethanol	F	11	7-16
1-Pentanol	Xn	10-20	24/25
1,2-Ethandiol	Xn	22	2
Essigsäure, unverdünnt	C	10-35	23-26-45
Essigsäureethylester	F	11	16-23-29-33
Propanon (Aceton)	F	11	9-16-23-33
3-Pentanon (Diethylketon)	F	11	9-16-33
1-Octanol	-		
2-Propanol	F	11	7-16
2-Methyl-2-propanol	F, Xn	11-20	9-16
1-Brombutan	-	10	
2-Brombutan	F	11	
2-Brom-2-methylpropan	F	11	
LUKAS-Reagenz			
(136 g wasserfreies $ZnCl_2$ in 105 g HCl, 32 % in H_2O)	C	34-37	26-28-45
Silbernitrat 2% in Ethanol	C, F	11-34	7-16-26-45
Phenolphthalein 0,1% in 60% Ethanol/H_2O	F	11	7-16
Natriumiodid gesättigt in Aceton	F	11	9-16-23-33
Natronlauge 0.1 molar (0.4% in H_2O)	-		
Ameisensäure 0.2 molar (0.9% in H_2O)	-		
Essigsäure 0.2 molar (1.2% in H_2O)	-		
Propansäure 0.2 molar (1.5% in H_2O)	-		

Zusätzlich benötigte Geräte: MINIT Molekülbaukasten-System - Etiketten - 50 ml Quetschhahnbürette

Entsorgung: Silberhaltige Abfälle (38. Aufgabe) sind in die dafür vorgesehenen Sammelgefäße zu geben. Silberionen sind als stark wassergefährdend eingestuft (WGK 3). Sie werden der Wiederverwendung zugeführt.

Lösungen, die organische Stoffe enthalten, sind in einem im Abzug aufgestellten Gefäß zu sammeln. Sie werden der Sonderabfallentsorgung zugeführt.

Die bei der **Durchführung der 36 Aufgabe anfallenden wäßrigen Lösungen** können in den nach der Versuchsbeschreibung anfallenden Mengen dem Abwasser beigegeben werden.

35. Aufgabe: *Qualitative Bestimmung der Löslichkeit unterschiedlich polarer Verbindungen in Wasser und in Cyclohexan.*

In jeweils sieben Reagenzgläser füllt man 2-3 ml Wasser bzw. Cyclohexan ein. Etwa 1 ml der folgenden Verbindungen wird einerseits zum Wasser, andererseits zum Cyclohexan gegeben: Ethanol, 1-Pentanol, Ethylenglykol (1,2-Ethandiol), Eisessig (= unverdünnte Essigsäure), Essigsäureethylester, Aceton und Diethylketon. Dann schüttelt man jede Probe kurz durch und stellt anschließend fest, ob ein homogenes Gemisch, d.h. eine Lösung, vorliegt oder ob sich zwei Phasen gebildet haben. Das Ergebnis wird in Form einer kurzen Tabelle im Laborjournal festgehalten.

Welche Schlußfolgerungen lassen sich bezüglich der Polarität der getesteten Verbindungen und ihrer Löslichkeit in Wasser bzw. Cyclohexan ziehen?

36. Aufgabe: *Ermittlung des Verteilungskoeffizienten K zwischen 1-Octanol und Wasser für Carbonsäuren.*

Alle Arbeiten mit 1-Octanol sind wegen der Geruchsbelästigung im Abzug durchzuführen!

In einen 100 ml Meßkolben werden 15 ml 0.2 molarer wäßriger Ameisensäure und 15 ml 1-Octanol (mit einer Meßpipette abzumessen) eingefüllt. Anschließend wird der Kolben verschlossen und sein Inhalt 15 Min. lang durchgeschüttelt. Danach gießt man das Gemisch in einen Meßzylinder und wartet etwa 5-10 Min. bis zur Phasentrennung. Von der unteren wäßrigen Phase werden dann genau 10 ml mit einer Vollpipette abpipettiert und in einen Erlenmeyer-Weithalskolben gegeben. Es werden noch etwa 10 ml Wasser zugefügt, dann wird mit 0.1 molarer NaOH gegen Phenolphthalein als Indikator titriert.

Der Verbrauch an NaOH entspricht dem Gehalt an Ameisensäure in 10 ml Wasser, daraus ergibt sich ihr Gehalt in der wäßrigen Phase in mol/l. Der Gehalt der Octanolphase kann aus der Differenz zur Ausgangskonzentration (0.2 mol/l) ermittelt werden, da die Volumina der wäßrigen Phase und der Octanol-Phase gleich groß sind. (Andernfalls müßte nämlich der Gehalt der gesamten wäßrigen Phase in mmol berechnet und von der ursprünglichen Gesamtmenge abgezogen werden). Damit läßt sich der Verteilungskoeffizient $K = c_{Octanol}/c_{Wasser}$ ermitteln.

In der gleichen Weise wird anschließend mit 0.2 molarer Essigsäure und mit 0.2 molarer Propionsäure der Verteilungskoeffizient K zwischen 1-Octanol und Wasser für diese beiden Carbonsäuren bestimmt.

Welche allgemeine Aussage über die Verteilung der drei Carbonsäuren zwischen den beiden Phasen läßt sich aus dem Vergleich ihrer Verteilungskoeffizienten ableiten (siehe auch 3. Kurstag, 1.5 Verteilungsgleichgewichte)?

37. Aufgabe: *Unterscheidung zwischen primären, sekundären und tertiären Alkoholen.*
Zwei vom Assistenten ausgegebene Alkoholproben (a) Ethanol, b) Isopropanol = 2-Propanol oder c) t-Butylalkohol = 2-Methyl-2-propanol - je 0.2 ml in gekennzeichneten Reagenzgläsern) versetzt man mit je 3 ml LUKAS-Reagenz (H_2ZnCl_4 aus $ZnCl_2$ + konz. HCl - Vorsicht: Schutzbrille), schüttelt um und läßt dann die Proben stehen. Man prüfe, ob sofort oder erst nach 5-15 Minuten eine Trübung eintritt oder ob die Lösung über längere Zeit klar bleibt.
Stellen Sie aufgrund dieser Beobachtung fest, um welche Alkohole es sich bei den beiden Proben handelt und begründen Sie das!

38. Aufgabe: *Reaktivität von primären, sekundären und tertiären Alkylbromiden gegenüber ethanolischer Silbernitrat-Lösung*
In drei Reagenzgläser gibt man je 2 ml (Meßpipette) einer 2%igen $AgNO_3$-Lösung in Ethanol. Dann fügt man je 0.5 ml einer Lösung des entsprechenden Butylbromids in Ethanol (Butylbromid: Ethanol = 1:4) hinzu und beobachtet, welche der drei Verbindungen am schnellsten, welche am langsamsten reagiert (Niederschlag bzw. Trübung). a) n-Butylbromid = 1-Brombutan, b) sek-Butylbromid = 2-Brombutan, c) tert-Butylbromid = 2-Brom-2-methylpropan

Formulieren Sie den Reaktionsverlauf (s. auch Erläuterungen)!
Wie läßt sich die unterschiedliche Reaktivität erklären?

39. Aufgabe: *Reaktivität von primären und sekundären Alkylbromiden gegenüber Natriumiodid*
In zwei trockene Reagenzgläser gibt man je *einen* ml einer gesättigten Lösung von Natriumiodid in Aceton. Dann fügt man *einen* ml Lösung der folgenden Bromide in Aceton (Butylbromid:Aceton = 1:1) hinzu: a) n-Butylbromid = 1-Brombutan, b) sek-Butylbromid = 2-Brombutan
In welchem Falle tritt zuerst ein Niederschlag auf? Formulieren Sie die Reaktionsgleichungen für die Umsetzungen der beiden Alkylbromide mit NaI! Welches der beiden Produkte ist in Aceton schwer löslich? Erklären Sie die unterschiedliche Reaktivität der Alkylbromide. (Welcher Mechanismus liegt vor?)

40. Aufgabe: *Aufbau von Molekülmodellen*
Das Modell eines sp^3-hybridisierten Kohlenstoffatoms (C-Tetraeder) wird mit vier verschiedenen Substituenten (vier verschiedenfarbige Kugeln) versehen. An einem zweiten C-Tetraeder werden die gleichen vier Kugeln so angebracht, daß sich die beiden Modelle wie Bild und Spiegelbild verhalten.
Versuchen Sie, durch Drehen die beiden Modelle zur Deckung zu bringen, also herauszufinden, ob Sie identisch sind!
Bauen Sie dann zwei spiegelbildliche Moleküle aus je einem C-Tetraeder und drei verschiedenen Substituenten (von den vier Kugeln haben zwei die gleiche Farbe).

Können Sie jetzt die beiden Modelle zur Deckung bringen, d.h. sind diese identisch (zur Frage der Chiralität siehe Erläuterungen)?

Erläuterungen

1. Funktionelle Gruppen
Die Einteilung der organischen Verbindungen in Stoffklassen basiert auf ihrer formalen Zerlegung in das Kohlenstoffskelett R (Alkyl- oder Arylrest) und die funktionellen Gruppen X. So lassen sich Verbindungen mit einwertiger funktioneller Gruppe allgemein als R-X formulieren. Beide Teile eines Moleküls sind für die physikalischen und chemischen Eigenschaften wichtig. Der *unpolare Charakter der Alkylreste* spiegelt sich im Verhalten der reinen Kohlenwasserstoffe wider. Dagegen bedingt die unterschiedliche Elektronegativität des C-Atoms und des mit ihm verknüpften Heteroatoms *einer funktionellen Gruppe* - ebenso wie die unterschiedlichen Elektronegativitäten unterschiedlicher Atome in mehratomigen funktionellen Gruppen - mehr oder weniger *polare Eigenschaften* eines Moleküls.

z.B.
$$CH_3-Cl \qquad CH_3-CH_2-O-H \qquad CH_3-C\overset{\overset{\delta^-}{O}}{\underset{\underset{\delta^- \ \delta^+}{O-H}}{}}$$

So ist es letztlich für die physikalischen Eigenschaften eines Moleküls entscheidend, ob der Einfluß des Alkylrests oder der funktionellen Gruppe überwiegt.
Zu den wichtigsten funktionellen Gruppen zählen die OH-Gruppe (Alkohole), die C=O-Gruppe (Carbonylverbindungen - Aldehyde und Ketone), die COOH-Gruppe (Carbonsäuren) sowie deren Derivate COX, bei denen die OH-Gruppe durch eine andere Gruppierung X ersetzt ist, die NH_2-Gruppe (Amine), die SH-Gruppe (Thioalkohole) und Cl, Br oder I (Halogenide).

2. Wasserstoffbrückenbindung
Die Hydroxyl-Gruppe OH nimmt wegen ihrer Fähigkeit zur Ausbildung starker *Wasserstoffbrücken* eine Sonderstellung ein. Aufgrund der besonders starken Polarisierung der OH-Bindung fungiert sie sowohl als "H-Brücken-Donator" (starke positive Teilladung δ^+ am H-Atom) als auch als "H-Brücken-Acceptor" (starke negative Teilladung δ^- am O-Atom). In vereinfachter Form wird die Ausbildung von H-Brücken wie folgt dargestellt:

$$\overset{\delta^- \quad \delta^+}{I\overline{O}-H} \cdots\cdots \overset{\delta^- \quad \delta^+}{I\overline{O}-H} \cdots\cdots \overset{\delta^- \quad \delta^+}{I\overline{O}-H}$$

Auf starke H-Brücken ist auch der hohe Siedepunkt des Wassers zurückzuführen (H_2O: +100 °C, H_2S: -61 °C, H_2Se: -41.5 °C, H_2Te: -2 °C). Eine eminent wichtige Rolle spielt auch die Ausbildung von H-Brücken mit NH- und OH-Gruppierungen als "Donator" und N- oder O-Atomen als "Acceptor" in den Desoxyribonucleinsäuren und den Ribonucleinsäuren und zwischen NH und Carbonyl-O in den Proteinen. CH-Gruppierungen können dagegen nur in Ausnahmefällen als vergleichsweise sehr schwache H-Brücken-Donatoren wirken.

3. Hydrophobe und hydrophile Molekülteile (35. und 36. Aufgabe)

In Analogie zu den unpolaren Kohlenwasserstoffen, speziell den Alkanen, bezeichnet man auch unpolare Alkylreste als hydrophob oder lipophil, während polare Gruppen - insbesondere solche, die starke H-Brücken bilden können - als hydrophil bezeichnet werden. So läßt sich das unterschiedliche Verhalten der einzelnen Verbindungen beim Versuch des Lösens in Wasser bzw. Cyclohexan aufgrund der überwiegend hydrophilen oder hydrophoben Eigenschaften der Moleküle erklären. Im Ethanolmolekül überwiegt z.B. der hydrophile Charakter der OH-Gruppe. Deshalb ist der Lösungsvorgang in Wasser stark exergonisch, und Wasser und Ethanol bilden in jedem Verhältnis homogene Gemische. Dagegen dominiert im Pentanolmolekül mit seinem größeren Alkylrest der hydrophobe Charakter, und dadurch wird seine Löslichkeit in Wasser stark herabgesetzt (2.3 g in 100 g H_2O), so daß bei den hier benutzten Mengenverhältnissen zwei Phasen auftreten. (Aufgabe 35)

Auch die Änderung der Verteilungskoeffizienten $K = c_{Octanol}/c_{Wasser}$ in der Reihe Ameisen-, Essig- und Propionsäure wird als Balance zwischen hydrophilen und hydrophoben Wechselwirkungen verständlich.(K = 0.25, 0.44 und 1.82)

4. Der Einfluß des Alkylrests auf den Verlauf der nucleophilen Substitution (37. bis 39. Aufgabe)

Die chemischen Eigenschaften einer Verbindung werden durch die funktionelle(n) Gruppe(n), aber auch durch den Alkylrest bestimmt. Hierbei spielt die Natur des Alkylrests häufig eine wichtige Rolle. Man unterscheidet zwischen primären, sekundären und tertiären Alkylverbindungen:

$$
\begin{array}{ccc}
\text{H} & \text{R}^2 & \text{R}^2 \\
| & | & | \\
\text{R}^1\!-\!\text{C}\!-\!\text{X} & \text{R}^1\!-\!\text{C}\!-\!\text{X} & \text{R}^1\!-\!\text{C}\!-\!\text{X} \\
| & | & | \\
\text{H} & \text{H} & \text{R}^3 \\
\\
\text{primär} & \text{sekundär} & \text{tertiär}
\end{array}
$$

4.1 Substitution der OH-Gruppe durch Cl

Bei der 37. Aufgabe werden Alkohole in die entsprechenden Chlorverbindungen umgewandelt, d. h. die OH-Gruppe wird durch Cl *substituiert*. Der Ablauf der Reaktion in der wäßrigen Lösung ist daran zu erkennen, daß bei der Bildung der Alkylchloride mit stärker hydrophoben Eigenschaften die Ausbildung einer zweiten Phase erfolgt (Trübung der Lösung), während vor der Reaktion infolge des überwiegend hydrophilen Charakters der Alkohole die Lösung klar ist.

Bei dieser Reaktion handelt es sich um einen *Mehrstufenprozeß*. Alkohole verfügen ebenso wie Wasser über freie Elektronenpaare, an die sie Protonen addieren können (Protonendonator = H_2ZnCl_4). Aus der protonierten Form wird dann im entscheidenden, geschwindigkeitsbestimmenden Schritt Wasser abgespalten unter Bildung eines Carbenium-Ions R^+. Dieses ist stark elektrophil (Elektronenlücke) und reagiert daher sehr schnell mit dem schwachen Nucleophil Cl^- (freies Elektronenpaar), das im Gleichgewicht mit H_2ZnCl_4 bzw. dessen Anionen vorliegt.

$$R-\underline{\overset{-}{O}}-H \underset{schnell}{\overset{+H^{\oplus}}{\rightleftharpoons}} R-\overset{\oplus}{\underset{\underset{H}{|}}{O}}-H \underset{langsam}{\overset{-H_2O}{\rightleftharpoons}} R^{\oplus} \underset{schnell}{\overset{+ICl^{\ominus}}{\longrightarrow}} R-Cl$$

4.2 Die unterschiedliche Bildungstendenz der Carbenium-Ionen

Bei dieser *nucleophilen Substitution* (Ersatz von OH^- durch das Nucleophil Cl^-) beobachtet man eine sehr unterschiedliche Reaktivität von primären, sekundären und tertiären Alkoholen, die durch die *unterschiedliche Bildungstendenz der Carbenium-Ionen* bedingt ist. Je besser stabilisiert (energieärmer) ein Carbenium-Ion ist, umso leichter bildet es sich. Der Begriff Stabilisierung ist hier nicht als Stabilität im Sinne von Isolierbarkeit zu verstehen, Stabilisierung einer Spezies bedeutet vielmehr, daß sie relativ energiearm ist.

Stabilisierung der Carbenium-Ionen R^+:

$$CH_3-\overset{\overset{\displaystyle CH_3}{|}}{\underset{\underset{\displaystyle CH_3}{|}}{\overset{\oplus}{C}}} \quad > \quad CH_3-\overset{\overset{\displaystyle CH_3}{|}}{\underset{\underset{\displaystyle H}{|}}{\overset{\oplus}{C}}} \quad \gg \quad CH_3-\overset{\overset{\displaystyle H}{|}}{\underset{\underset{\displaystyle H}{|}}{\overset{\oplus}{C}}}$$

tertiär   sekundär   primär

Zusätzlich wird die Bildungstendenz tertiärer Carbenium-Ionen auch noch dadurch gefördert, daß die entsprechenden tert-Alkylverbindungen infolge destabilisierender sterischer Wechselwirkungen der drei Alkylreste am tertiären C-Atom relativ energiereich sind. Weil der ursprüngliche Bindungswinkel von ca. 109.5° (sp^3-C) beim Übergang in das Carbenium-Ion auf 120° (sp^2-C) aufgeweitet wird, nimmt die destabilisierende Wechselwirkung dabei ab.

Da die Bildungstendenz tertiärer Carbenium-Ionen am größten ist, reagiert also tert-Butylalkohol schneller als der sekundäre Alkohol Isopropanol. Der primäre Alkohol Ethanol reagiert überhaupt nicht auf diese Weise, weil die Bildungstendenz des Ethyl-Kations wegen zu geringer Stabilisierung unter den üblichen Bedingungen zu gering ist. Die in Aufgabe 37 durchgeführte Reaktion verläuft als S_N1-Reaktion, da am geschwindigkeitsbestimmenden Schritt, der Bildung des Carbenium-Ions, nur ein Reaktionspartner beteiligt ist.

4.3 S_N1- und S_N2-Mechanismus

Die nucleophile Substitution, d.h. der Ersatz einer nucleofugen Abgangsgruppe durch ein Nucleophil, kann grundsätzlich nach zwei Mechanismen erfolgen, die letztlich Grenzfälle darstellen, dem S_N1- und dem S_N2-Mechanismus. Dazwischen gibt es jedoch alle möglichen Übergänge.

Die S_N1-Reaktion: Sie verläuft nach dem Geschwindigkeitsgesetz 1. Ordnung (siehe 7. Kurstag), d.h. die Reaktionsgeschwindigkeit ist nur von der Konzentration eines Reaktionspartners abhängig, nämlich von der Konzentration des Edukts R-X oder seiner protonierten Form R-X$^+$H. Dies ist darauf zurückzuführen, daß der erste Reaktionsschritt, die Dissoziation von R-X bzw. R-X$^+$H-, vergleichsweise langsam verläuft und damit geschwindigkeitsbestimmend ist. Das dabei gebildete Carbenium-Ion reagiert dann im 2. Reaktionsschritt schnell mit dem Nucleophil |Y$^-$ oder |YH, so daß seine Konzentration für die Reaktionsgeschwindigkeit keine Rolle spielt.

1.Reaktionsschritt

$$R\!-\!X \;\rightleftharpoons\; R^\oplus + |X^\ominus$$

oder

$$R\!-\!\overset{\oplus}{X}\!-\!H \;\rightleftharpoons\; R^\oplus + H\!-\!X|$$

$\left.\vphantom{\begin{array}{c}a\\b\end{array}}\right\}$ langsam

2.Reaktionsschritt

$$R^\oplus + |Y^\ominus \;\longrightarrow\; R\!-\!Y$$

oder

$$R^\oplus + |YH \;\longrightarrow\; R\!-\!\overset{\oplus}{Y}\!-\!H \xrightarrow{-H^+} R\!-\!Y$$

$\left.\vphantom{\begin{array}{c}a\\b\end{array}}\right\}$ schnell

Faktoren, die eine Dissoziation der Ausgangsverbindungen fördern, sollten diesen Mechanismus begünstigen. D.h. eine S_N1-Reaktion ist zu erwarten, wenn
a) bei der Dissoziation *besonders gut stabilisierte Carbenium*-Ionen und/oder *besonders stabile Anionen bzw. Neutralmoleküle* entstehen,
b) die Solvatation der Carbenium-Ionen und nucleofugen Teilchen durch polare Lösungsmittel besonders gefördert wird.
So erfolgen Substitutionsreaktionen von tertiären Alkylverbindungen grundsätzlich nach dem S_N1-Mechanismus. Bei sekundären sind dagegen die jeweiligen Reaktionsbedingungen entscheidend.
In Aufgabe 38 dient die Ausfällung von AgBr als Indikator für den Ablauf der Reaktion. Bei dieser Reaktion erleichtert das Ag$^+$-Ion infolge seiner starken Bindungstendenz zum Brom dessen ionische Abspaltung. So verläuft nicht nur die Reaktion des tert-Butylbromids, sondern auch die des sek.-Butylbromids über Carbenium-Ionen. Diese reagieren dann sehr schnell mit dem Ethanol (oder zum Teil mit in der Lösung anwesendem Wasser) unter Bildung entsprechender Ether (bzw. Alkohole). Als Nebenprodukte können auch Alkene durch Deprotonierung der Carbenium-Ionen entstehen. n-Butylbromid kann jedoch wegen der zu geringen Stabilisierung des primären n-Butyl-Kations nicht mehr nach diesem Mechanismus reagieren.

Formulieren Sie die Etherbildung mit Ethanol für das tert-Butyl-Kation und das sek.-Butyl-Kation! Welche Alkene können aus den beiden Carbenium-Ionen als Nebenprodukte entstehen?

Die S_N2-Reaktion: Sie erfolgt nach dem Geschwindigkeitsgesetz 2. Ordnung (siehe 7. Kurstag), d.h. die Reaktionsgeschwindigkeit wird von den Konzentrationen beider Reaktionspartner, des Substrats R-X und des Nucleophils Y$^-$ oder YH, bestimmt. Hier sind also beide am geschwindigkeitsbestimmenden Schritt beteiligt. Es handelt sich um eine

Einstufenreaktion, bei der die Lösung der C-X-Bindung und die Knüpfung der C-Y-Bindung konzertiert erfolgen. Dabei greift das Nucleophil Y⁻ das C-Atom von der Seite an, die der nucleofugen Gruppe X gegenüber liegt. In dem Maße, in dem sich das Nucleophil dem C-Atom nähert und die nucleofuge Gruppe sich entfernt, weiten sich zunächst die Bindungswinkel zwischen den Substituenten R^1, R^2 und H auf 120° auf (pentakoordiniertes C-Atom); mit fortschreitender Ablösung von X bewegen sich R^1, R^2 und H weiter in derselben Richtung, bis am Ende des Prozesses die Bindungswinkel wieder etwa 109.5° betragen. Die so erfolgte *Inversion* ist bildlich mit dem Umklappen eines Regenschirms vergleichbar.

$$Y|^{\ominus} + \underset{H}{\overset{R^1}{R^2{-}C}}{-}X \longrightarrow \left[\ Y{\cdots}\underset{H}{\overset{R^2 \quad R^1}{C}}{\cdots}X\ \right]^{\ominus} \longrightarrow Y{-}\underset{H}{\overset{R^1\,R^2}{C}} + |X^{\ominus}$$

Diesem Mechanismus entsprechend werden S_N2-Reaktionen durch folgende Faktoren begünstigt:

a)   durch starke Nucleophile,

b)   durch aprotische Lösungsmittel, die das Nucleophil möglichst schlecht solvatisieren und so seine Nucleophilie relativ wenig herabsetzen,

c)   durch Substrate, deren Alkylgruppen einem rückseitigen Angriff gut zugänglich sind.

Demzufolge sind Methylverbindungen am besten für S_N2-Reaktionen geeignet. Primäre Alkylverbindungen reagieren wiederum schneller als sekundäre, während tertiäre infolge zu starker sterischer Abschirmung des C-Atoms auf diese Weise überhaupt nicht mehr reagieren können. Nach dem S_N2-Mechanismus erfolgt der in der 39. Aufgabe beschriebene Versuch. Indikator für den Ablauf der Reaktion ist hier die Fällung des in Aceton schwerlöslichen Natriumbromids.

(Aprotische Lösungsmittel enthalten keine OH- oder NH-Gruppen und sind daher - im Gegensatz zu protischen Lösungsmitteln wie z.B. Wasser und Alkoholen - nicht zur Ausbildung von Wasserstoffbrücken befähigt.)

5. Chiralität (40. Aufgabe)

Im Zusammenhang mit den Mechanismen für die S_N1- und S_N2-Reaktion soll der Begriff der Chiralität diskutiert werden.

Jede geometrische Figur, die mit ihrem Spiegelbild nicht deckungsgleich (identisch) ist, wird *chiral* genannt. Das gilt entsprechend für Moleküle.

Die Chiralität organischer Moleküle wird in den meisten Fällen durch ein C-Atom hervorgerufen, das vier unterschiedliche Substituenten besitzt. Ein solches C-Atom im Molekül wird als asymmetrisch substituiertes "asymmetrisches C-Atom" oder "chirales C-Atom" bezeichnet.

Die zueinander spiegelbildlichen Formen einer chiralen Substanz nennt man Enantiomere ("Enantiomerenpaar"). Enantiomere besitzen gleiche physikalische und chemische Eigenschaften, mit Ausnahme von Eigenschaften, die sich auf Wechselwirkungen mit einem anderen chiralen Medium beziehen und mit linear polarisierten elektromagnetischen Wellen. Ein Gemisch zweier Enantiomere im Verhältnis 1:1 nennt man Racemat.

Für Reaktionen chiraler Substanzen ergeben sich folgende Konsequenzen: Ausgehend von einem Enantiomeren wird im Idealfall einer S_N1-Reaktion das Racemat des Produkts gebildet, da das intermediär gebildete Carbenium-Ion (planares sp^2-C-Atom) vom Nucelophil von beiden Seiten mit gleich großer Wahrscheinlichkeit angegriffen wird. Dagegen entsteht bei einer idealen S_N2-Reaktion eines Enantiomers das Produkt in Form eines Enantiomeren (vgl. Formelbild für die S_N2-Reaktion unter 4.3). Wären in diesem Formelbild das Nucleophil Y^- und die Austrittsgruppe X^- identisch, dann würde bei dieser S_N2-Reaktion das Eduktmolekül in sein Enantiomeres übergehen. Wegen der Inversion ändert sich die räumliche Anordnung der Substituenten am C-Atom, es tritt Konfigurationsumkehr ein.

Unter **Konfiguration** versteht man die räumliche Anordnung der Atome eines Moleküls, ohne daß man die verschiedenen Andordnungen der Atome berücksichtigt, die sich nur durch Rotationen um Einfachbindungen ergeben.

Konformationen sind dagegen die räumlichen Anordnungen der Atome eines Moleküls bestimmter Konfiguration, die aus Drehungen um Einfachbindungen resultieren.

unterschiedliche **Konfiguration**
zwei verschiedene Moleküle
S und R

drei der vielen möglichen
Konformationen desselben
Moleküls S

In den beiden Molekülen S ((S)-Butanol-2) und R ((R)-Butanol-2) sind die vier verschiedenen Substituenten am fettgedruckten C-Atom 2 unterschiedlich im Raum angeordnet. Hierbei handelt es sich also um zwei Moleküle mit unterschiedlicher **Konfiguration**.

Im Gegensatz zu den beiden verschiedenen Molekülen S und R stellen die Abbildunge S1 - S3 nur drei von vielen möglichen **Konformationen** desselben Moleküls dar. (Da Rotationen um Einfachbindungen in der Regel sehr leicht erfolgen (freie Drehbarkeit), nimmt ein Molekül eine bestimmte Konformation immer nur eine extrem kurze Zeit ein).

Die meisten organischen Naturstoffmoleküle sind chiral. Häufig enthalten sie mehrere Chiralitätszentren ("asymmetrische C-Atome"). Beispiele dafür werden am 10. Kurstag behandelt.

Besitzt eine Verbindung zwei (allgemein 2·n) asymmetrische C-Atome, die gleiche Substituenten tragen, so können trotzdem achirale Formen auftreten..

Dies wird an den folgenden Beispielen erläutert.

1a

1b

1c

1d

achirales Molekül **1**
mit Symmetrieebene

achirales Molekül **1**
mit Symmetriezentrum

chirales Molekül **2**

chirales Molekül **3**

keine Symmetrieebene kein Symmetriezentrum

Das Molekül 1 ist achiral. Durch die Formeln **1a** und **1b** wird deutlich, daß es eine **Symmetrieebene** besitzt, d.h. eine Ebene, die es in zwei spiegelbildliche Hälften zerlegt. **1a** ist mit seinem Spiegelbild **1b** identisch. Man kann das Molekül aber auch in den Konformationen **1c** und **1d** wiedergeben. In diesen Konformationen hat das Molekül ein Symmetriezentrum, d.h. ausgehend vom Mittelpunkt gibt es zu jedem Punkt auf der im Raum genau gegenüberliegenden Seite ein Gegenstück.

Ein **Symmetriezentrum ist gleichbedeutend mit einer zweizähligen Drehspiegelachse** (n = 2). Ein Molekül besitzt eine Drehspiegelachse, wenn es durch eine Drehung von 360°/n und anschließende Spiegelung an einer senkrecht zur Achse stehenden Ebene in sich selbst überführt wird (n = geradzahlig). Dies trifft für **1c** und das identische Spiegelbild **1d** zu.

Moleküle, die keine Symmetrieebene und kein Symmetriezentrum besitzen, sondern nur aufgrund einer vier- oder mehrzähligen Drehspiegelachse (n = 4, 6 usw.) chiral sind, müssen sehr kompliziert gebaut sein und sind daher selten anzutreffen.

Im Unterschied zum Molekül **1** findet man für die Moleküle **2** und **3** keines der oben angeführten Symmetrieelemente, sie sind daher chiral. **2** und **3** sind Enantiomere (Bild und Spiegelbild, die nicht identisch sind, d.h. sich nicht zur Deckung bringen lassen).

7. Kurstag

Hydrolyse von Carbonsäureestern - Reaktionskinetik - Katalyse

Lernziele: Durchführung organischer Reaktionen mit Erhitzen unter Rückfluß, kinetische Untersuchungen zur Bestimmung der Reaktionsgeschwindigkeit und der Reaktionsordnung.

Grundlagenwissen: Mechanismen der Hydrolyse von Carbonsäureestern. Reaktionskinetik, Reaktionsgeschwindigkeitskonstante, Reaktionsdiagramm, Freie Aktivierungsenthalpie, Aktivierungsenergie, Übergangszustand. Katalyse.

Benutzte Lösungsmittel und Chemikalien mit Gefahrensymbolen, Gefahrenhinweisen und Sicherheitsratschlägen:

		R-Sätze	S-Sätze
Ethanol	F	11	7-16
Essigsäureethylester	F	11	16-23-29-33
Schwefelsäure (95-98% H_2SO_4 in H_2O)	C	35	2-26-30
Oxalsäurediethylester	Xn	22-36	23
Calciumchlorid-Lösung (ca. 20% $CaCl_2$ in H_2O)	Xi	36	24
Ammoniak-Lösung (ca. 3,5% NH_3 in H_2O)	-		
Phenolphthalein 0.1% in Ethanol	F	11	7-16
Indigo	-		
2 molare und 0.1 molare Salzsäure	-		
0.1 molare und 0.01 molare Natronlauge	-		

Zusätzlich benötigte Geräte: 100 ml Rundkolben mit Normalschliff(NS), Kühler mit Normalschliffen(NS), Wasserbad, 50 ml Bürette mit Stativ und Stativklemmen, Millimeterpapier, kleine Etiketten, Siliconfett, Siedesteine.

Entsorgung: Alle Lösungen werden in ein Sammelgefäß gegeben. Sie werden der Sonderabfallentsorgung zugeführt.

41. Aufgabe: *Qualitative Untersuchung der Hydrolyse von Essigsäureethylester*
Ein Gemisch aus 30 ml Wasser, 15 ml Ethanol und 15 ml Essigsäureethylester wird halbiert. Eine Hälfte der homogenen Mischung gießt man in einen 100 ml-Rundkolben, der mit Hilfe einer Klammer an einem Stativ befestigt ist. Dann fügt man 1 ml konz. H_2SO_4 (Schutzbrille!) und 2-3 Siedesteinchen hinzu und setzt einen mit zwei Wasserschläuchen versehenen Kühler auf, dessen Schliff zuvor mit etwas Siliconfett eingefettet worden ist. Der Kühler wird in der Mitte mit einer zweiten Klammer am Stativ befestigt. Man verbindet einen der Wasserschläuche mit der Wasserleitung und legt den anderen in den Abfluß. Dabei muß so angeschlossen werden, daß das eintretende Kühlwasser im Kühler von oben nach unten fließt (siehe Abb. 7/1). Dann stellt man ein Wasserbad unter den Rundkolben und erhitzt 20 Minuten zum

Sieden. Nach Entfernen des Wasserbads läßt man den Kolbeninhalt abkühlen, gibt 2-3 Kristalle Indigo hinzu und gießt ihn auf 30 ml Wasser (Erlenmeyer-Kolben oder Becherglas). Anschließend verfährt man mit der zweiten Hälfte der Mischung *ohne Schwefelsäurezusatz* in der gleichen Weise. Der Zusatz von Indigo dient dazu, die organische Phase anzufärben und so gegebenenfalls die Bildung von zwei Phasen deutlicher zu machen.

Abb. 7/1. Rundkolben mit aufgesetztem Kühler zum Erhitzen unter Rückfluß

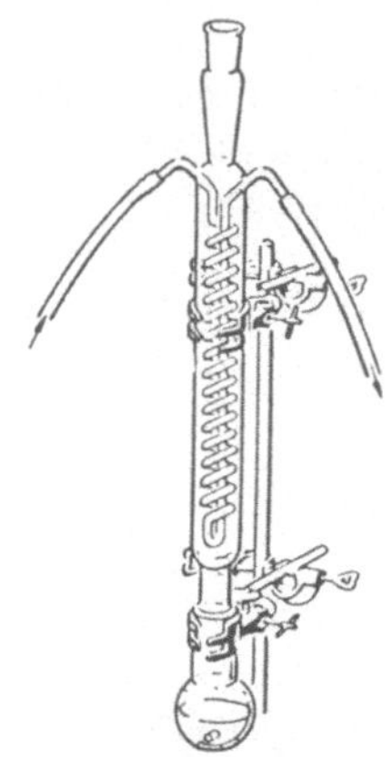

Formulieren Sie die Reaktionsgleichung für die Hydrolyse von Essigsäureethylester! Welche Schlußfolgerung können Sie daraus ziehen, daß in einem Falle Phasentrennung eingetreten ist, im anderen nicht? Die Ergebnisse der 35. Aufgabe (6. Kurstag) weisen Ihnen den Weg. (Es muß jedoch betont werden, daß es sich hier nur um einen qualitativen Versuch handelt, tatsächlich verläuft die Reaktion nicht vollständig.) Welche Rolle spielt der Säurezusatz? Versuchen Sie, die einzelnen Schritte der Reaktion zunächst unabhängig von den Erläuterungen selbst zu formulieren!

42. Aufgabe: *Bestimmung der Geschwindigkeitskonstanten der alkalischen Hydrolyse von Essigsäureethylester*
a: Bei der hier durchzuführenden Messung ist es notwendig, stark verdünnte Säure mit stark verdünnter Lauge zu titrieren. Da der Indikatorumschlag hierbei weniger scharf eintritt, wird die Feststellung des Äquivalenzpunktes zunächst durch Probetitrationen geübt.
In einem kleinen, trockenen Erlenmeyer-Kolben holt man sich etwa 20 ml der ausstehenden 0.1 molaren NaOH, in zwei größeren, ebenfalls trockenen Gefäßen etwa 200 ml 0.01 molare NaOH und 100 ml 0.01 molare HCl.
Sollte die Bürette nicht trocken sein, muß vor dem Einfüllen der 0.01 molaren NaOH zweimal mit je etwa 10 ml dieser Lösung ausgespült werden. Hierauf titriert man mindestens zweimal genau 10 ml 0.01 molare HCl mit der 0.01 molaren NaOH unter Verwendung von 1-2 Tropfen Phenolphthaleinlösung als Indikator. Die beiden Titrationsergebnisse sollen gut übereinstimmen. Hat man auf diese Weise den Faktor der 0.01 molaren NaOH gegen die genau 0.01 molare HCl ermittelt, spült man die Titriergefäße und stellt sie für Aufgabe **b** bereit.

b: Beim Mischen von Natronlauge mit einer wäßrigen Lösung von Essigsäureethylester läuft die hydrolytische Spaltung ("Verseifung") des Esters mit bequem meßbarer Geschwindigkeit ab. Dabei wird pro Mol Ester ein Mol NaOH verbraucht. Geht man von bestimmten Molmengen Ester und NaOH (hier im Verhältnis 2:1) aus und bestimmt die innerhalb kleiner Zeitintervalle umgesetzten Mengen (durch Titration der jeweils noch vorhandenen NaOH), so läßt sich die Geschwindigkeitskonstante mit Hilfe der Gleichung für eine Reaktion 2. Ordnung berechnen.

Um bei der reaktionskinetischen Messung zügig und ungestört arbeiten zu können, trifft man folgende Vorbereitungen: Man stellt 6 Titriergefäße bereit, pipettiert in jedes 10 ml 0.01 molare HCl und numeriert die Kolben mit Etiketten. Die zum Abmessen benutzte Pipette wird dann mindestens zweimal mit kleinen Anteilen der 0.1 molaren NaOH durchgespült. Ferner füllt man die Bürette mit 0.01 molarer NaOH auf und stellt Indikatorlösung bereit (kleine Probe im Reagenzglas mit Tropfpipette).

Man gibt in den 100 ml Meßkolben, der etwa 10 ml dest. Wasser und genau 2 mmol Essigsäureethylester enthält, 70 ml Wasser und schüttelt um. Anschließend mißt man mit der Pipette genau 10 ml 0.1 molare NaOH ab und läßt sie in den Meßkolben einfließen. Da die Hydrolysereaktion sofort einsetzt, sobald Natronlauge hinzukommt, wählt man als Zeitpunkt des Reaktionsbeginns und als Nullpunkt der Zeitmessung t_0 diejenige Zeit, zu der gerade die Hälfte der Lösung aus der Pipette ausgelaufen ist. Diese Zeit notiert man im Labortagebuch. Ist alle Lauge zugeflossen, füllt man *unverzüglich* genau bis zur Marke auf und mischt gründlich durch. Unmittelbar danach spült man die Pipette mit dest. Wasser aus, entnimmt dem Reaktionsgemisch einige ml, spült damit die Pipette durch und entnimmt schließlich genau 10 ml. Diese *1. Probe* läßt man sofort in den ersten der 10 ml 0.01 molare HCl enthaltenden Titrierkolben einfließen (Pipettenspitze an die Gefäßwand anlegen, nicht in die HCl eintauchen!) und notiert die Zeit, zu der die Pipette zur Hälfte ausgelaufen ist, im Labortagebuch: *1. Meßzeit* t_1.

Durch den Säureüberschuß wird die Hydrolysereaktion sofort unterbrochen. Dieses Verfahren wird allgemein "quenchen" genannt (engl. *to quench* = (aus)löschen, unterdrücken).

Man wartet nun etwa 5 Min., entnimmt dann mit der Pipette die *2. Probe*, läßt sie in die im zweiten Titrierkolben enthaltenen 10 ml 0.01 molare HCl einfließen und notiert wiederum die Zeit: *2. Meßzeit* t_2. In der gleichen Weise verfährt man noch zweimal in Abständen von je etwa 5 Min., hiernach noch zweimal in Abständen von je etwa 10 Min.: *3.-6. Probe; 3.-6. Meßzeit* t_3-t_6.

Nach Beendigung der Messung oder bereits in der Zeit zwischen der Entnahme der einzelnen Proben titriert man den Überschuß an 0.01 molarer HCl in den einzelnen Lösungen mit 0.01 molarer NaOH gegen Phenolphthalein zurück. Durch Einfließen der 10 ml Versuchsproben in 10 ml 0.01 molare HCl wurden die für den Ablauf der Hydrolyse erforderlichen OH^--Ionen verbraucht (nach: $OH^- + H^+ \longrightarrow H_2O$). Damit wird die Hydrolyse unterbrochen, so daß der Ansatz jetzt in Ruhe analysiert werden kann.

Die Hydrolyse erfolgt nach der Bruttogleichung:

$$CH_3-CO_2C_2H_5 + OH^{\ominus} \longrightarrow CH_3-CO_2^{\ominus} + C_2H_5-OH$$

Bei Beginn des Versuchs (siehe linke Seite der Gleichung) liegen im Meßkolben die folgenden Konzentrationen vor:

$c(Ester) = 2\ mmol\ /\ 100\ ml = 2\ mol\ /\ 100\ l = \underline{0.02\ mol/l}$

$c(OH^-) = (10\ ml\ \cdot\ 0.1\ mol/l)\ /\ 100\ ml = \underline{0.01\ mol/l}$

Beim Eingießen einer 10 ml Probe der Reaktionslösung **vor Beginn der Hydrolyse** in die 10 ml Probe 0.01 molarer HCl würde Neutralisation erfolgen, und bei der Rücktitration wäre der NaOH-Verbrauch = 0.

Nach Beendigung des Versuchs (siehe rechte Seite der Gleichung) ist die Esterkonzentration auf 0.01 mol/l abgesunken, während die Natronlauge vollständig in Natriumacetat umgewandelt ist. Nach Zugabe einer 10 ml Probe zur 10 ml Probe 0.01 molarer HCl bleibt deren potentielle Acidität voll erhalten, obwohl in der Lösung nahezu ausschließlich Essigsäure vorliegt (siehe auch 2. Kurstag). Der Verbrauch an 0.01 molarer NaOH bei der Rücktitration beträgt dann 10 ml.

Bei fortschreitender Hydrolyse im Laufe des Versuchs nehmen also die Esterkonzentration und die HO^--Konzentration im gleichen Maße ab. Je geringer die HO^--Konzentration im Reaktionsgemisch, desto größer wird der Protonenüberschuß in der vorgelegten Probe und dementsprechend größer wird der Verbrauch an Natronlauge bei der Rücktitration.

Der bei der Rücktitration ermittelte Verbrauch an Natronlauge ist also ein direktes Maß für die bis zum Zeitpunkt der Säurezugabe umgesetzten Mengen an Hydroxid im Reaktionsgemisch, also ein Maß für das Fortschreiten der Hydrolyse.

Werden z.B. 3.88 ml 0.01 molare NaOH verbraucht, so bedeutet das, daß 0.00388 mol/l NaOH und Ester umgesetzt worden sind (3.88 ml 0.01 molare NaOH entsprechen 0.0388 mmol/10 ml = 3.88 mmol/l). Die noch im Reaktionsgemisch vorhandenen Konzentrationen betragen dann: $c(NaOH) = 0.00612$, $c(Ester) = 0.0162$ mol/l. Die für jede Meßzeit t_n ermittelten Werte werden in Form einer Tabelle (Muster siehe weiter unten) ins Laborjournal eingetragen.

Berechnung der Geschwindigkeitskonstanten k_2. Für eine Reaktion 2. Ordnung gilt:

$$-dc(E)\ /\ dt = k_2 \cdot c(E) \cdot c(HO^-)\ .\ mol \cdot l^{-1} \cdot min^{-1}$$

D.h. die Reaktionsgeschwindigkeit (Abnahme der Esterkonzentration mit der Zeit) ist dem Produkt aus der jeweiligen Esterkonzentration und der jeweiligen Hydroxidionenkonzentration proportional. Bei der Auswertung der Versuchsergebnisse muß hier statt des Differentialquotienten der Differenzenquotient benutzt werden. Dadurch wird zwar die Genauigkeit der Ermittlung etwas verringert, das Prinzip bleibt jedoch unverändert.

$-\Delta c(E) / \Delta t = k_2 \cdot c(E) \cdot c(HO^-)$ $mol \cdot l^{-1} \cdot min^{-1}$

Durch Umformung erhält man:

$$k_2 = -\frac{\Delta c(E)}{\Delta t \cdot c(E) \cdot c(HO^-)} \cdot l \cdot min^{-1} \cdot mol^{-1}$$

Tabelle 7/1. Muster für die Eintragung der Ergebnisse der 43. Aufgabe

Zeit (min.)	Verbrauch NaOH(ml)	Umsatz mol/l	$c(HO^-)$ mol/l	$c(E)$ mol/l
t_0 0	0	0	0.01	0.02
t_1 5	3.88	0.00388	0.00612	0.01612
t_2 10	5.94	0.00594	0.00406	0.01406

usw.

k_2 kann nun aus jeweils zwei Messungen t_{n+1} und t_n nach folgendem Schema ermittelt werden:

$$k_2 = -\frac{\Delta c(E)}{\Delta t \cdot [c_{n+1}(E) + c_n(E)]/2 \cdot [c_{n+1}(HO^-) + c_n(HO^-)]/2} \cdot l \cdot min^{-1} \cdot mol^{-1}$$

Dabei wird die aktuelle Konzentration zwischen den beiden Messungen durch Mittelung der jeweiligen Werte c_{n+1} und c_n erhalten.

Für die in der Mustertabelle angeführten Werte der Meßzeiten t_1 und t_2 würde sich dann beispielsweise ergeben:

$$k_2 = \frac{0.00206}{5 \cdot 0.00509 \cdot 0.01509} = 5.36 \quad l \cdot min^{-1} \cdot mol^{-1}$$

In dieser Weise berechnet man für jeweils zwei Messungen von t_0/t_1 bis t_5/t_6 die Werte für k_2. Da die Esterhydrolyse tatsächlich eine Reaktion 2. Ordnung ist, müßte bei richtiger Versuchsführung der aus den verschiedenen Δt-Werten berechnete Wert für k_2 einigermaßen konstant sein. Allerdings fällt häufig der aus der ersten Messung ermittelte Wert wegen Schwierigkeiten bei der exakten Zeitbestimmung stärker heraus. Auch die aus den letzten Messungen erhaltenen Werte können etwas stärker abweichen, da geringe Fehler bei der Bestimmung der HO^--Konzentration dann stärker ins Gewicht fallen.

Eine graphische Darstellung, bei der die Zeit t auf der Abzisse und die HO^-- Konzentration $c(HO^-)$ auf der Ordinate aufgetragen wird, veranschaulicht den Reaktionsverlauf (s. Abb. 7/2).

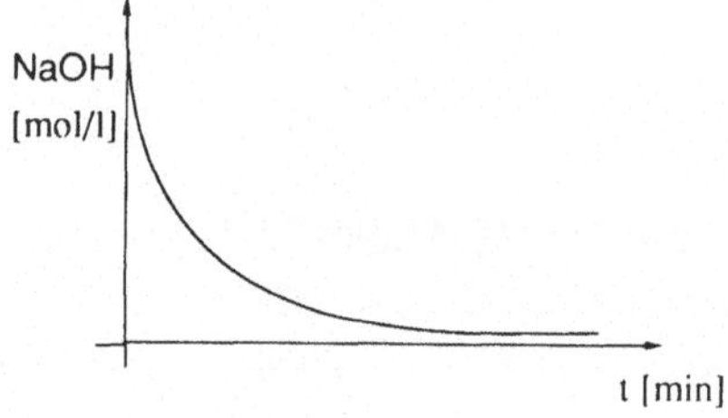

Abb. 7/2. Reaktionsablauf bei der Esterhydrolyse; vorhandene ml 0.01 molare NaOH im gesamten Versuchsansatz in Abhängigkeit von der Zeit t.

43. Aufgabe: *Hydrolyse von Oxalsäurediethylester*
In drei Reagenzgläser füllt man je 2 ml Oxalsäurediethylester ein. In zwei von diesen gibt man zusätzlich je 4 ml destilliertes Wasser, in das dritte 5 ml destilliertes Wasser und 5 ml 2 molare HCl (kennzeichnen!). Die Proben werden kurz durchgeschüttelt. Eine der Proben, die neben dem Ester nur Wasser enthält, wird im Wasserbad auf 50-70 °C erhitzt, während man die anderen beiden bei Raumtemperatur ("RT") stehen läßt.

Nach 15-20 Minuten wird von allen drei Proben die wäßrige Phase (oben!) abpipettiert und in drei andere Reagenzgläser eingefüllt, die nach der Art der Versuchsbedingungen zu kennzeichnen sind: "RT" (d.h. Raumtemperatur), "50-70 °C" und "H^+". Dabei sollte darauf geachtet werden, daß vor dem Abpipettieren eine deutliche Phasentrennung eingetreten ist und die Pipettenspitze so weit oberhalb der Phasengrenze gehalten wird, daß kein Ester mit abpipettiert wird. Dann fügt man in jedes dieser Reagenzgläser verdünnte Ammoniaklösung bis zur *schwach alkalischen* Reaktion und versetzt mit einigen Tropfen Calciumchlorid-Lösung. Die Ausfällung von Calciumoxalat dient als Indiz dafür, daß Hydrolyse stattgefunden hat. Diskutieren Sie Ihre Beobachtungen!

Erläuterungen

1. Hydrolyse von Carbonsäureestern
Bei der Hydrolyse von Estern handelt es sich um Mehrstufenreaktionen. Die Reaktivität der Ester beruht auf der Polarisierung der $C=O$ Doppelbindung. Insbesondere die "beweglicheren" π-Elektronen werden infolge der größeren Elektronegativität stärker zum Sauerstoff verschoben, so daß dort eine negative Teilladung vorliegt, am Kohlenstoffatom entsprechend eine positive Teilladung. Das C-Atom ist daher an Elektronendichte verarmt, es ist *elektrophil*, wenn auch nicht in so starkem Maße wie Carbenium-Ionen (6. Kurstag).

1.1 Die alkalische Esterhydrolyse (42. Aufgabe)

Schwache Nucleophile wie das Wasser-Molekül haben beim Angriff auf das schwach elektrophile Carbonyl-C-Atom der Estergruppe eine relativ hohe "Aktivierungsbarriere" zu überwinden und reagieren unter Normalbedingungen (Raumtemp., kein Katalysator) allenfalls extrem langsam (Aufgaben 41 und 43). Zwar stimmen Basizität und Nucleophilie nicht völlig überein, grundsätzlich laufen aber die Tendenz zur Aufnahme eines Protons (Gleichgewichtsreaktion) und die Tendenz zum Angriff an einem elektrophilen Zentrum (Reaktionsgeschwindigkeit) in gewissen Grenzen parallel. So kann das Hydroxid-Ion als starkes Nucleophil das schwach elektrophile Estercarbonyl-C-Atom viel leichter angreifen, und es findet eine relativ rasche Reaktion statt (42. Aufgabe). In dem Maße wie sich das HO⁻-Ion dem C-Atom nähert, wird das π-Elektronenpaar noch stärker zum Carbonyl-O-Atom hin verschoben, bis schließlich das Anion **3** als Zwischenstufe entstanden ist. Seine Bildung ist der langsamste und damit geschwindigkeitsbestimmende Schritt der Esterhydrolyse. **3** kann entweder wieder in die Edukte zerfallen oder in einer Folge schneller Reaktionsschritte zunächst Carbonsäure und Alkoholat-Ion und daraus dann Carboxylat-Ion und Alkohol bilden.

Weil die Produkte **6** und **7** sehr viel stabiler als die Edukte **1** und **2** sind, liegt das "Gleichgewicht" praktisch völlig auf der Seite der Produkte, die Edukte **1** und **2** sind nicht mehr nachweisbar, die Reaktion verläuft also irreversibel.

Der Reaktionsverlauf (die Kinetik der Reaktion) ist hier durch die Abnahme der HO⁻-Ionen Konzentration titrimetrisch bestimmt worden. Wie sich ergeben hat, sind *am geschwindigkeitsbestimmenden Schritt beide Reaktionspartner* (**1** und **2**) *beteiligt*, d. h. es handelt sich hier um eine Reaktion 2. Ordnung. Da man die Stöchiometrie der Reaktion kennt, hätte man auch die Abnahme der Konzentration von **1** oder die Zunahme der Konzentration von **6** oder **7** bestimmen können. Die Konzentrationsbestimmungen sind grundsätzlich mit einer Vielzahl von Methoden möglich, besonders häufig bedient man sich dabei moderner physikalisch-chemischer Methoden, wie z.B. der Messung der Abnahme oder Zunahme der Lichtabsorption im UV-sichtbaren Bereich eines Edukts bzw. Produkts.

1.2 Die protonen-katalysierte Esterhydrolyse (41. und 43. Aufgabe)
Im Gegensatz zur alkalischen Esterhydrolyse führt die *protonen-katalysierte* Hydrolyse zu einem meßbaren Gleichgewicht, d.h. am Ende der Reaktion sind Edukte und Produkte nebeneinander vorhanden. Das gleiche Gleichgewicht stellt sich - ebenfalls unter Protonenkatalyse - auch ein, wenn man von der Carbonsäure und Ethanol ausgeht. Die Reaktion ist also umkehrbar oder reversibel. Der Verlauf der Reaktion in seinen Einzelschritten ist folgender:

$$\textbf{1} \qquad\qquad \textbf{8} \qquad\qquad \textbf{9}$$

$$\textbf{10} \qquad\qquad\qquad \textbf{11} \qquad\qquad \textbf{12}$$

Das negativierte, nucleophile O-Atom des Esters nimmt ein Proton auf unter Bildung eines Kations **8**, bei dem die vier π-Elektronen und damit auch die positive Ladung über die beiden O-Atome und das C-Atom verteilt sind (Delokalisierung der π-Elektronen). Die Formel **8** gibt also nicht den wahren Zustand des Moleküls wieder, sie stellt nur eine *Grenzformel* dar. Der wahre Zustand läßt sich nur durch "Übereinanderprojizieren" der drei Grenzformeln **8**, **8a** und **8b** beschreiben.

$$\textbf{8a} \qquad\qquad\qquad \textbf{8} \qquad\qquad\qquad \textbf{8b}$$

Das Phänomen, daß man den Zustand eines Moleküls nicht mit einer einzigen Formel sondern mit mehreren sogenannten Grenzformeln beschreiben muß, bezeichnet man als *Mesomerie* (siehe auch Carboxylat **6**). Im Unterschied zum chemischen Gleichgewicht (2 Pfeile) werden solche mesomeren Grenzformeln durch einen einzigen mit zwei Spitzen versehenen Pfeil verbunden. Meist schreibt man allerdings aus Gründen der Übersichtlichkeit nur eine dieser Formeln, zweckmäßigerweise dieje-

nige, welche der Realität am nächsten kommt oder aus der heraus sich die Folgere-
aktion am einfachsten formulieren läßt. Das trifft hier für **8** zu.

$$R-C\underset{\overset{|}{\underset{\ominus}{O}}|}{\overset{O}{\diagup}} \quad\longrightarrow\quad R-C\overset{\overline{O}|^{\ominus}}{\underset{O}{\diagdown}}$$

6

Im Gegensatz zum neutralen Ester **1** ist im Kation **8** das Carbonyl-C-Atom viel stärker positiviert und damit ausreichend elektrophil, um leicht mit dem schwachen
Nucleophil Wasser zu reagieren. Nach Umprotonierung entsteht dann aus **9** die Zwischenstufe **10**, in der das Ethanol-Molekül als gute Austrittsgruppe vorgebildet ist.
Seine Abspaltung führt zu **11**, für das in Analogie zu **8** ebenfalls drei Grenzformeln
möglich sind (bitte formulieren!). Deprotonierung von **11** ergibt das neben Ethanol
zweite Produkt, die Carbonsäure **12**. Jeder dieser Einzelschritte ist umkehrbar, so
daß sich das Gleichgewicht zwischen **1** + Wasser und **12** + Ethanol auch genauso
ausbildet, wenn man die Carbonsäure **12** mit Ethanol unter Protonenkatalyse
umsetzt.

Die Reaktionssequenz **1** $\rightleftharpoons$ **12** macht die Wirkungsweise des Protons als Katalysator
deutlich: Es greift in die Reaktion ein, indem es den wenig reaktiven Ester in das
stark elektrophile Kation **8** umwandelt und so die Reaktion beträchtlich beschleunigt, am Ende geht es aber wieder unverändert aus der Reaktion hervor.

2. Reaktionskinetik

Während sich die Thermodynamik im wesentlichen mit den Gesetzen befaßt, die die
Änderung der *Energiezustände chemischer Systeme* und den *Gleichgewichtszustand*
einer Reaktion betreffen, behandelt die *Kinetik* die Gesetze für die
Reaktionsgeschwindigkeit, mit der Reaktionen bis zum Gleichgewichts- bzw. End-
zustand ablaufen.

Im Gegensatz zu den sehr schnell ablaufenden Reaktionen zwischen gelösten
ionischen Verbindungen verlaufen die meisten organischen und biochemischen
Reaktionen relativ langsam. Für diese Reaktionen sind die Gesetze der
Reaktionskinetik von besonderer Bedeutung.

2.1 Reaktionsgeschwindigkeit und Reaktionsordnung

Man muß zwischen der Stöchiometrie einer Reaktion (Stoffmengenverhältnisse bei
chemischen Reaktionen, siehe auch 1. und 5. Kurstag) und der Reaktionsordnung
unterscheiden. Während die stöchiometrische Gleichung nur das Gesamtgeschehen
einer Reaktion beschreibt, gibt die Reaktionsordnung die experimentell ermittelte
Abhängigkeit der Reaktionsgeschwindigkeit von den jeweiligen Konzentrationen der
Reaktionspartner wieder.

Reaktion 2.Ordnung:
Gehorcht die Geschwindigkeit einer Reaktion A + B ---> C + D der Beziehung

$$-dc(A) / dt = k_2 \cdot c(A) \cdot c(B),$$

dann liegt eine Reaktion 2.Ordnung vor. Die Reaktionsordnung wird bestimmt durch die Summe der Exponenten der Konzentrationsterme in der jeweiligen Geschwindigkeitsgleichung (Beispiel: c^1 (A) = 1.Ordnung in A und c^1 (B) = 1.Ordnung in B, $c^1 \cdot c^1 = c^2$).
Bei Reaktionen 2.Ordnung handelt es sich vorwiegend um bimolekulare Einstufenreaktionen. Aber auch Mehrstufenreaktionen, deren geschwindigkeitsbestimmender Schritt bimolekular ist, können nach 2.Ordnung verlaufen.
Beispiele für Reaktionen 2.Ordnung sind Substitutionen nach dem S_N2-Mechanismus und die alkalische Esterhydrolyse.

Bimolekular ist ein Reaktionsschritt, wenn er durch den Zusammenstoß zweier Moleküle oder Ionen verursacht wird. Entsprechend verläuft ein Reaktionsschritt monomolekular, wenn ein Molekül oder Ion ohne Zusammenstoß mit einem Reaktionspartner zerfällt.
Zu den bimolekularen Reaktionen zählen auch solche, die durch Zusammenstöße zweier gleicher Moleküle verursacht werden. Gilt für eine derartige Reaktion

$$-dc(A) / dt = k_2 \ c^2 (A),$$

dann liegt ebenfalls eine Reaktion 2.Ordnung vor.

Reaktion 1.Ordnung:
Die Reaktionsgeschwindigkeit hängt von der Konzentration nur eines Reaktionsteilnehmers ab. Reaktionen 1.Ordnung treten vorwiegend bei Mehrstufenreaktionen auf, deren geschwindigkeitsbestimmender Schritt ein monomolekularer Zerfall ist.

$$AB \text{--}> A + B ; \quad -dc(AB) / dt = k_1 \cdot c(AB)$$

Beispiele: Substitutionsreaktionen nach dem S_N1-Mechanismus

Reaktionen höherer Ordnung, bei denen drei oder mehr Reaktionspartner am geschwindigkeitsbestimmenden Schritt beteiligt sind, kommen dagegen kaum vor. Häufig stößt man jedoch auf pseudomonomolekulare Reaktionen, die nach pseudo-erster Ordnung verlaufen. Es handelt sich dabei um bimolekulare Reaktionen, bei denen ein Reaktionspartner in so großem Überschuß vorliegt (z.B. als Lösungsmittel), daß seine Konzentrationsabnahme durch die Reaktion nicht ins Gewicht fällt, seine Konzentration also nahezu konstant bleibt. Die Reaktionsgeschwindigkeit wird dann nur von der Konzentration des anderen Reaktionspartners bestimmt. Viele enzymkatalysierte Reaktionen verlaufen nach pseudo-erster Ordnung.

2.2 Reaktionsgeschwindigkeitskonstante k und Aktivierungsenthalpie $\Delta H^{\ddagger}$

Die Reaktionsgeschwindigkeitskonstante k entspricht sozusagen der "konzentrationsbereinigten" Reaktionsgeschwindigkeit, d.h. der Reaktionsgeschwindigkeit bei den Standardkonzentrationen c(A), c(B).... = 1 mol/l. Sie ist temperaturabhängig; eine Erhöhung der Reaktionstemperatur um 10 °C erhöht k in der Regel auf das Zwei- bis Dreifache.

Die Geschwindigkeit einer Reaktion wird von mehreren Faktoren bestimmt:

Damit eine Reaktion zwischen zwei Molekülen stattfinden kann, muß es nicht nur zu einem Zusammenstoß der beiden Moleküle kommen, beide müssen dabei auch die richtige Orientierung zueinander haben und außerdem über ausreichende Energie verfügen.

Für *Reaktionen 2. Ordnung* wird dieser Sachverhalt durch folgende Beziehung ausgedrückt:

$$k_2 = (R \cdot T / N_A \cdot h) \cdot e^{\Delta S^{\ddagger}/R} \cdot e^{-\Delta H^{\ddagger}/RT} = (R \cdot T / N_A \cdot h) \cdot e^{-\Delta G^{\ddagger}/RT}$$

R = ideale Gaskonstante,

N_A = Avogadrosche Zahl,

h = Plancksches Wirkungsquantum,

T = Temperatur in K *(Kelvin)*,

$\Delta H^{\ddagger}$ = Aktivierungsenthalpie (Enthalpie = Energie bei konstantem Druck),

$\Delta S^{\ddagger}$ = Aktivierungsentropie,

$\Delta G^{\ddagger}$ = Freie Aktivierungsenthalpie (Gibbs-Aktivierungsenergie) (siehe auch 2.3)

Die Zahlenwerte der Naturkonstanten sind im Anhang tabellarisch zusammengestellt.

Die einzelnen Teile der Gleichung haben folgende anschauliche Bedeutung:

k_2 = Zahl der erfolgreichen Molekülzusammenstöße, die zu einer Reaktion führen.

$R \cdot T / N_A \cdot h$ = Zahl aller Zusammenstöße = Stoßzahl

$e^{\Delta S^{\ddagger}/R}$ = Anteil der Moleküle mit der richtigen Orientierung

$e^{-\Delta H^{\ddagger}/RT}$ = Anteil der Moleküle mit ausreichender Energie

Häufig wird anstelle der Aktivierungsenthalpie $\Delta H^{\ddagger}$ die Aktivierungsenergie E_{akt} angegeben ($E_{akt} = \Delta H^{\ddagger} + R \cdot T$). Die Angabe von E_{akt} ist insofern praktikabel, als die Unterschiede zwischen den beiden Größen gewöhnlich innerhalb der Fehlergrenzen der Messungen liegen (bei 298 K ist $R \cdot T$ = 2.5 kJ/mol).

Die obige Gleichung für k_2 macht deutlich, daß eine Reaktion umso langsamer abläuft, je größer die Aktivierungsenthalpie $\Delta H^{\ddagger}$ ist. Im Falle $\Delta H^{\ddagger}$ = 0 würde dagegen $e^{-\Delta H^{\ddagger}/RT}$ = 1, so daß jeder richtig orientierte Zusammenstoß zu einer Reaktion führen müßte.

Aus dem am 6. Kurstag durchgeführten Versuch zur S_N2-Reaktion (Umsetzung von Alkylbromiden mit NaI) läßt sich also der qualitative Schluß ableiten, daß die Aktivierungsenthalpie für die langsamer ablaufende Reaktion des 2-Brombutans (sekundärer Alkylrest) größer ist als für das 1-Brombutan (primär). Genau das entspricht der größeren sterischen Behinderung des Rückseitenangriffs im ersten Fall. Bei den an diesem 7. Kurstag durchgeführten Aufgaben zur nicht-katalysierten

Esterhydrolyse (Teil der Aufgaben 41 und 43) ist die Aktivierungsenthalpie so groß, daß die Reaktion bei Raumtemperatur nicht schnell genug abläuft.
Da mit steigender Temperatur T der Ausdruck $e^{-\Delta H^{\ddagger}/RT}$ größer wird (T im Nenner eines negativen Exponenten), wird dadurch k_2 und somit die Reaktionsgeschwindigkeit größer. Die unterschiedlichen Ergebnisse bei der nicht-katalysierten Hydrolyse des Oxalsäurediethylesters bei Raumtemperatur und bei erhöhter Temperatur machen dies deutlich.

2.3 Reaktionsdiagramme (43. Aufgabe)
Die entscheidenden thermodynamischen und kinetischen Aspekte einer Reaktion können durch ein Reaktionsdiagramm veranschaulicht werden. In Abb. 7/3 ist ein solches Diagramm für eine exergonische Einstufenreaktion (z.B. eine S_N2-Reaktion) wiedergegeben. Die Kurve stellt die kontinuierliche Änderung der Freien Enthalpie des Systems während des Reaktionsverlaufs von den Edukten zu den Produkten dar. Die Differenz der Freien Enthalpien der Edukte und Produkte ΔG bestimmt die Lage des Reaktionsgleichgewichts (Gleichgewichtskonstante K). Der höchste Punkt auf der Reaktionskurve wird als Übergangszustand (oder *engl.: transition state*) bezeichnet. Beschreibt man das Teilsystem "Edukte - Moleküle im Übergangszustand" als eine Art "Gleichgewicht", so kommt man zum Begriff der Freien Aktivierungsenthalpie $\Delta G^{\ddagger}$ (Gibbs-Aktivierungsenergie).
$\Delta G^{\ddagger}$ entspricht der Differenz der Freien Enthalpien zwischen Edukten und Molekülen im Übergangszustand (auch als "aktivierter Komplex" bezeichnet). Einzig und allein von dieser Größe hängt es ab, ob eine Reaktion bei gegebener Temperatur schnell oder langsam abläuft. Wie ΔG (siehe auch 3. Kurstag) kann auch $\Delta G^{\ddagger}$ in zwei Komponenten zerlegt werden: $\Delta G^{\ddagger} = \Delta H^{\ddagger}-T\cdot\Delta S^{\ddagger}$.
Wenn man die $\Delta G^{\ddagger}$-Werte ähnlicher Reaktionen miteinander vergleichen will, kann man in der Regel davon ausgehen, daß $\Delta S^{\ddagger}$ sich nicht sehr ändert, so daß entscheidende Unterschiede in den meisten Fällen tatsächlich auf Unterschiede in den Aktivierungsenthalpien $\Delta H^{\ddagger}$ zurückzuführen sind. Was nach dem Durchlaufen des Übergangszustandes geschieht, ist für k völlig belanglos. ΔG wird durch die Struktur von Edukten und Produkten bestimmt, $\Delta G^{\ddagger}$ dagegen durch die Struktur der Edukte und des Übergangszustands (= aktivierter Komplex).

Sehr große Werte für $\Delta G^{\ddagger}$ können verhindern, daß eine Reaktion unter gegebenen Bedingungen überhaupt abläuft, selbst wenn sie stark exergonisch ist. Häufig sind dann besonders extreme Bedingungen erforderlich. Ein Beispiel ist die Oxidation organischer Verbindungen zu Kohlendioxid und Wasser, die üblicherweise nur als Verbrennungsprozeß bei relativ hohen Temperaturen erfolgt.
Abb. 7/4 stellt einen Zweistufenprozeß dar, dessen erster Schritt langsam ($\Delta G^{\ddagger}_1$ groß) und dessen zweiter Schritt schnell ($\Delta G^{\ddagger}_2$ klein) erfolgt. Die Reaktionsgeschwindigkeit wird also durch $\Delta G^{\ddagger}_1$ bestimmt. Die intermediär gebildete Zwischenstufe liegt in einem Minimum der Freien Enthalpie (Gibbs-Energie) und besitzt daher eine endliche, wenn auch meist nur geringe Lebensdauer.

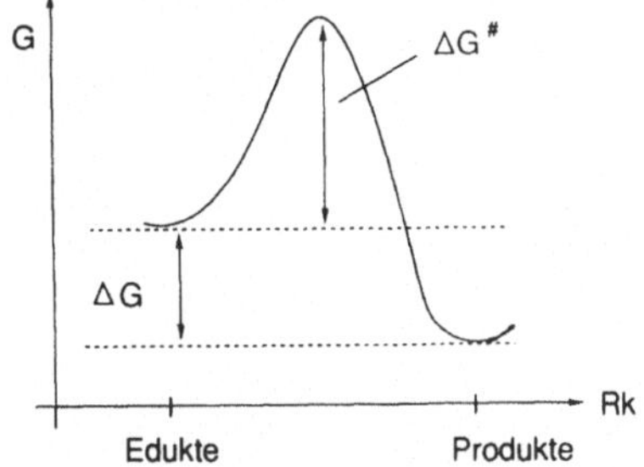

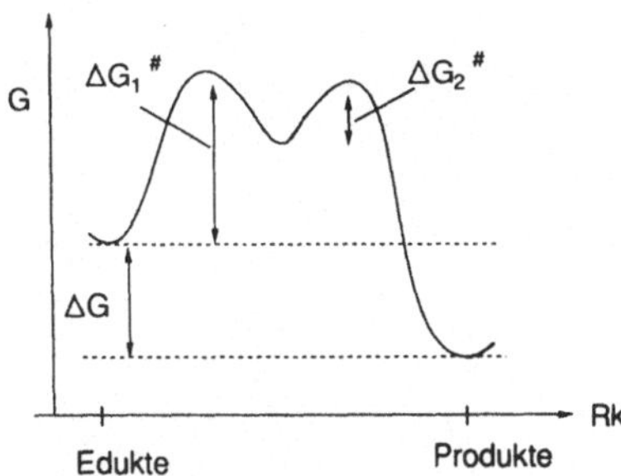

Abb. 7/3. Reaktionsdiagramm einer S_N2-Reaktion

Abb. 7/4. Reaktionsdiagramm einer S_N1-Reaktion

Man überlege sich, welche Strecken den Werten der Freien Aktivierungsenthalpie $\Delta G^{\ddagger}$ entsprechen würden, wenn die in Abb. 7/3 und 7/4 dargestellten Prozesse in umgekehrter Richtung (also von den Produkten zu den Edukten) ablaufen würden.

Die Frage der Rückreaktion ist besonders wichtig, wenn für die Edukte zwei Reaktionswege zu unterschiedlichen Produkten existieren. Können unter den gegebenen Reaktionsbedingungen die beiden Rückreaktionen mit ausreichender Geschwindigkeit ablaufen, so stellt sich zwischen den Produkten ein Gleichgewicht ein. Dabei werden entsprechend den Unterschieden in den Freien Enthalpien ΔG die thermodynamisch stabileren (energieärmeren) Produkte bevorzugt gebildet. Die Reaktion wird als "thermodynamisch kontrolliert" bezeichnet. Ist dagegen die Freie Aktivierungsenthalpie $\Delta G^{\ddagger}_{\text{Rück}}$ so groß, daß die Rückreaktion unter den Reaktionsbedingungen nicht mit merklicher Geschwindigkeit abläuft, dann entstehen bevorzugt die Produkte, für deren Bildung die Freie Aktivierungsenthalpie $\Delta G^{\ddagger}_{\text{Hin}}$ am niedrigsten ist. Das müssen nicht notwendigerweise die energieärmsten Produkte sein. Die Reaktion ist dann "kinetisch kontrolliert".

2.4 Katalyse

Ein Katalysator ist ein Stoff, der eine Reaktion beschleunigt, ohne dabei selbst verbraucht zu werden. Er geht also nicht in die Reaktionsbilanz ein. Da die Änderung der Freien Enthalpie ΔG bei einer Reaktion vom Reaktionsweg unabhängig ist, *können Katalysatoren die Lage des Gleichgewichts zwischen Edukten und Produkten nicht beeinflussen.*

Dagegen beeinflußt ein Katalysator den Reaktionsweg, indem er die Freie Aktivierungsenthalpie $\Delta G^{\ddagger}$ absenkt und somit die Reaktionsgeschwindigkeit erhöht. In vielen Fällen bildet der Katalysator mit einem der Edukte ein Intermediat (Zwischenstufe), d.h. ein Reaktionsschritt wird in zwei Reaktionsschritte mit jeweils kleineren Freien Aktivierungsenthalpien zerlegt. Ist der erste Schritt der katalysierten Reaktion der langsamere, dann bestimmt dessen Freie Aktivierungsenthalpie $\Delta G^{\ddagger}$ die Geschwindigkeit. Etwas komplizierter ist die Situation, wenn der zweite Schritt geschwindigkeitsbestimmend ist.

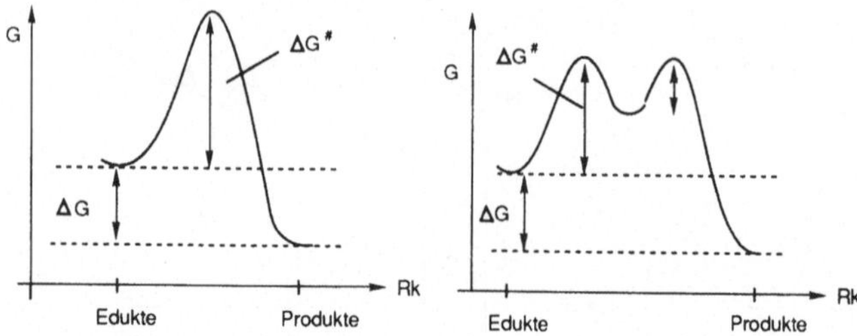

Abb. 7/5. Reaktionsdiagramm
einer nicht-katalysierten Reaktion

Abb. 7/6. Reaktionsdiagramm der
entsprechenden katalysierten Reaktion

Wegen des Faktors $e^{-\Delta G^{\ddagger}/RT}$ in der Gleichung hat eine kleine Absenkung von $\Delta G^{\ddagger}$ schon einen erheblichen Effekt. So führt z.B. die Herabsetzung von $\Delta G^{\ddagger}$ von 80 kJ·mol^{-1} auf 60 kJ·mol^{-1} bei 298 K zu einer Erhöhung der Reaktionsgeschwindigkeit um den Faktor 3200.

Enzyme sind Makromoleküle, die als Biokatalysatoren in der Regel eine hohe Substratspezifität zeigen, da sie für ein bestimmtes Substrat (Edukt) und die zu katalysierende Reaktion "maßgeschneidert" sind. Darauf beruht auch ihre extrem hohe katalytische Wirkung, die die normaler Katalysatoren weit übertrifft.

Bei der homogenen Katalyse liegen Substrat und Katalysator in der gleichen Phase vor; heterogene Katalyse bedeutet, daß Substrat und Katalysator zu unterschiedlichen Phasen gehören (z.B. fest - flüssig).

8. Kurstag

Carbonylverbindungen - Kernmagnetische Resonanzspektroskopie

Lernziele: Umkristallisation als Reinigungsmethode. Schmelzpunktsbestimmung. - Reaktionen mit Absorption des sich entwickelnden Gases. - Interpretation einfacher ^{1}H-NMR-Spektren

Grundlagenwissen: Reaktionen der Carbonylgruppe: Kondensation mit Verbindungen des Typs H_2N-X und mit CH-aciden Verbindungen. - Keto-Enol-Tautomerie. Decarboxylierung von ß-Ketocarbonsäuren. Additionsreaktionen. Strukturermittlung mit Hilfe der Kernmagnetischen Resonanzspektroskopie.

Benutzte Lösungsmittel und Chemikalien mit Gefahrensymbolen, Gefahrenhinweisen und Sicherheitsratschlägen:

		R-Sätze	S-Sätze
Ethanol	F	11	7-16
Butanon (Ethylmethylketon)	F	11-36/37	9-16-23-33
3-Pentanon (Diethylketon)	F	11	9-16-33
Cyclopentanon	Xi	10-36/38	23
Cyclohexanon	Xn	10-20	25
Benzaldehyd	Xn	22	24
Aceton	F	11	9-16-23-33
1.1.1-Trichlorethan	Xn, N	20-59	24/25-59-61
Acetessigsäureethylester	Xi	36	26
Äpfelsäure	-		
Brom, (5% Br_2 in CCl_3-CH_3)	C	26-35	7/9-24/25-26
Bromwasser (0,5% Br_2 in H_2O)	C	26-35	7/9-24/25-26
Bariumhydroxid, gesättigte Lösung	Xn	20-22	28
Eisen(III)chlorid-Lösung (1% in H_2O)	Xi	36/38	26
Eisen(II)sulfat-Hydrat	Xn	22-41	26
2,4-Dinitrophenylhydrazin	Xn,C	21/22-34	24/25-26
(40 g in 600 ml 85% H_3PO_4 + 400 ml abs. Ethanol)			
Wasserstoffperoxid (30% H_2O_2 in H_2O)	O, C	8-34	28-36/39-45
Salzsäure, 2 molar (7.1% HCl in H_2O)	-		
Natronlauge, gesättigt (ca. 50% NaOH in H_2O)	C	35	2-26-27-37/39

Zusätzlich benötigte Geräte: Saugröhrchen, Filterscheibchen für Hirschtrichter, Vakuumschlauch, Apparat zur Schmelzpunktbestimmung, Schmelzpunktsröhrchen, Wasserbad, Gärröhrchen.

Entsorgung: **Bariumhaltige Rückstände**, die in der 49. Aufgabe in Form des im Gegensatz zum schwerlöslichen Bariumsulfat (3. Kurstag) in der Biosphäre leicht aktivierbaren Bariumcarbonats anfallen, werden wie schwermetallhaltige Abfall-Lösungen gesondert gesammelt. Sie werden der Sonderabfallentsorgung zugeführt. **Feste Substanzen** werden in dafür vorgesehene Behälter gegeben und der Sondermüllentsorgung zugeführt. Alle **organischen Lösungen** werden in Lösungsmittelabfall-Behältern gesammelt und der Sonderabfallentsorgung zugeführt. **1,1,1-Trichlorethan-Lösungen** werden getrennt gesammelt. Dieses Lösungsmittel wird durch Destillation wiederaufgearbeitet und erneut verwandt.

44. Aufgabe: *Darstellung eines 2,4-Dinitrophenylhydrazons*
Man gibt 0.5 ml eines unbekannten Ketons, das von der Assistentin ausgegeben wird, in einen 50 ml Erlenmeyer-Kolben, löst es in 5 ml Ethanol, fügt danach 5-10 ml der 2,4-Dinitrophenylhydrazin-Lösung hinzu und mischt gut durch. Sogleich oder nach kurzem Stehen fällt das Dinitrophenylhydrazon als orangeroter, kristalliner Niederschlag aus. Nach etwa 10 Minuten saugt man auf dem Hirschtrichter ab (Abb. 8/1a). (Das Filterblättchen muß genau den Boden des Hirschtrichters ausfüllen. Man feuchtet es zuerst mit ganz wenig Ethanol an, saugt es dann kurz fest und kann dann das Reaktionsgemisch absaugen, ohne daß Kristalle in das Filtrat gelangen).
Dann wird das 2,4-Dinitrophenylhydrazon umkristallisiert. Dazu gibt man einen Teil in ein Reagenzglas, übergießt mit 2-3 ml Ethanol und erhitzt unter Durchschütteln auf dem Wasserbad vorsichtig zum Sieden. (Achtung Brandgefahr! Siedeverzug vermeiden, Ethanol nicht herauskochen oder herausspritzen lassen!) Löst sich hierbei nicht die gesamte Substanzmenge auf, so fügt man in ganz <u>kleinen Anteilen</u> weiteres Ethanol zu, bis sich in der Siedehitze gerade alles gelöst hat. (Beim Nachfüllen das Reagenzglas in den Reagenzglasständer stellen, Ethanol aus einem anderen Reagenzglas und nicht aus der Vorratsflasche nachgießen und unbedingt darauf achten, daß keine Flamme in der Nähe ist! Außerdem darf das Reagenzglas höchstens zu einem Viertel mit Lösungsmittel gefüllt sein, andernfalls verringere man die Substanzmenge).

Die beim Erkalten der Lösung ausgeschiedenen Kristalle werden abgesaugt. Dann löst man die Schlauchverbindung zur Pumpe, durchfeuchtet mit *ganz wenig* Lösungsmittel und stellt danach die Verbindung zur Pumpe wieder her, um erneut trockenzusaugen. Dann wird ein zweites Mal umkristallisiert.

a   b

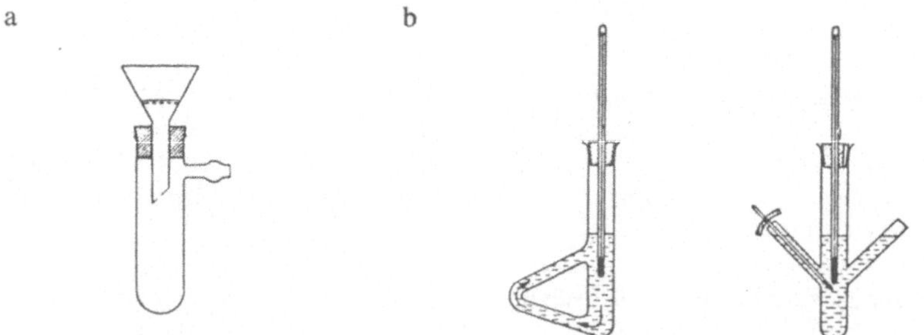

Abb. 8/1 a. Saugrohr mit Hirschtrichter. **b.** Schmelzpunktsapparatur nach Thiele (Seiten- und Vorderansicht)

Nach dem Absaugen preßt man schließlich das umkristallisierte Produkt zwischen Filterscheiben trocken und bestimmt den Schmelzpunkt.

Zur *Bestimmung des Schmelzpunktes* wird eine 2-3 mm hohe Schicht des 2,4-Dinitrophenylhydrazons in das zugeschmolzene Endes des Schmelzpunktsröhrchen gebracht. Man drückt das offene Ende des Röhrchens in die Kristalle, nimmt hierdurch eine kleine Probe auf und klopft dann vorsichtig mit dem zugeschmolzenen Ende auf die Tischplatte, so daß die Probe in das Röhrchen hinuntergleitet. Noch leichter läßt sich die Probe in das untere Ende des Röhrchens befördern, wenn man dieses durch ein 20-30 cm langes Glasrohr auf die Steintischplatte auffallen läßt.

Das Schmelzpunktsröhrchen mit der Substanz wird durch eines der beiden schrägen Ansatzrohre so weit in die Schmelzpunktsapparatur eingeführt, daß sich die Probe etwa auf der Höhe der Mitte der Quecksilberkugel befindet. Man heizt nun die Badflüssigkeit (Glycerin oder Siliconöl) über *kleiner* Bunsenflamme langsam an. Die Temperatur soll nur etwa 3 °C pro Minute ansteigen. *Kurz vor dem Schmelzen* beobachtet man gewöhnlich ein deutliches *Zusammensintern der Kristalle*. Die Schmelztemperatur, der "Schmelzpunkt", wird abgelesen, wenn sich die Probe gerade klar verflüssigt hat. Auf keinen Fall darf in der Nähe des Schmelzpunktes stark erhitzt werden, da man hierdurch falsche (zu hohe) Schmelzpunkte findet! Anhand der nachstehenden Tabelle wird sodann festgestellt, welches Keton vorgelegen hat. Das Ergebnis ist der Assistentin anzugeben. Nach Beendigung der Versuche sind die benutzten Gefäße insbesondere die zur Herstellung und zum Umkristallisieren der Dinitrophenylhydrazone verwendeten Reagenzgläser gründlich zu spülen.

Man formuliere die Reaktionsgleichung für die Umsetzung!

Tabelle 8/1. Schmelzpunkte der 2,4-Dinitrophenylhydrazone einiger Ketone

Keton	Schmp. des jeweiligen 2,4-Dinitrophenylhydrazons
Ethylmethylketon	117 °C
Diethylketon	156 °C
Cyclopentanon	142 °C
Cyclohexanon	166 °C

45. Aufgabe: *Strukturermittlung von Aldehyden und Ketonen mit Hilfe der* ^{1}*H-NMR-Spektren (Kernmagnetische Resonanz)*

Es sind die Spektren der folgenden Verbindungen abgebildet:

a) Ethanal(=Acetaldehyd),   b) Propanal,

c) tert-Butyl-methylketon,   d) Diethylketon,

                                                                e) Ethylmethylketon.

Ordnen Sie jeweils die Namen der Verbindungen a - e den Spektren 1 bis 5 zu. (Abbildungen der Spektren 1-5 auf den folgenden Seiten.)

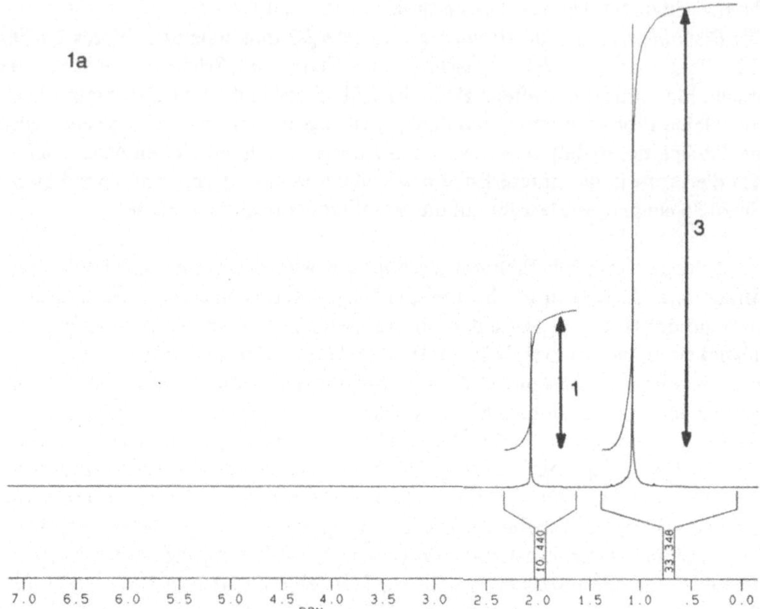

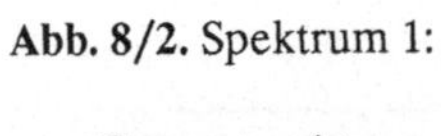

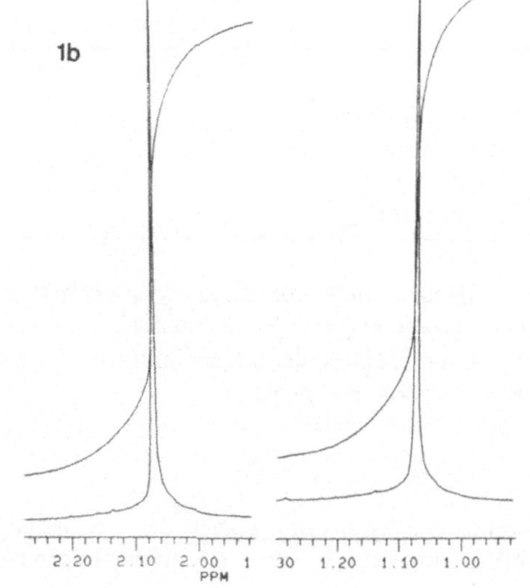

Abb. 8/2. Spektrum 1:

a   Gesamtspektrum
b   Signalbereiche
    gespreizt. Das Signal
    bei 2.07 ppm ist um
    den Faktor 3 vergrößert
    (vgl. auch mit a).

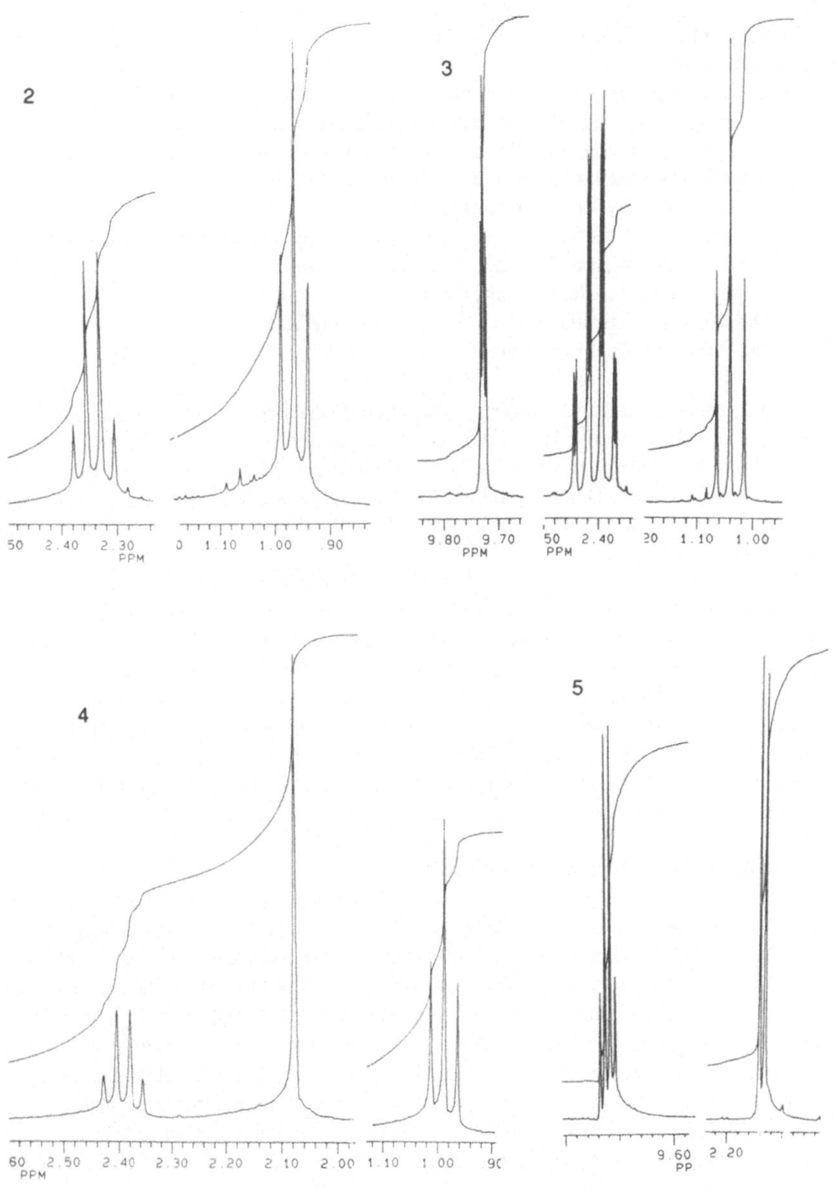

Abb. 8/3. Gespreizte Signalbereiche der Spektren 2 - 5
Spektrum 3: Signal bei 9.73 ppm ist um den Faktor 3 vergrößert.
Spektrum 5: Signal bei 9.72 ppm ist um den Faktor 2.5 vergrößert.

Hinweise zum Vorgehen bei der Interpretation von NMR-Spektren finden Sie bei den Erläuterungen.

Auf die drei folgenden Aspekte sei hier nochmals besonders hingewiesen:

1. Die Lage eines Signals bzw. einer Signalgruppe gibt Auskunft über den Grad der "Entschirmung" des Protons und damit über die relative Entfernung von einer elektronenanziehenden Gruppe im Molekül (z.B. Unterscheidung zwischen Aldehyden und Ketonen).

2. Die relative Intensität einer Signalgruppe ist proportional zur Zahl äquivalenter Protonen (H-Atome). Sie läßt sich aus der relativen Höhe des Integrals des jeweiligen Signals ablesen (siehe Pfeile im Spektrum 1a).

3. Das Aufspaltungsmuster eines Signals zeigt die Zahl unmittelbar benachbarter H-Atome (an direkt benachbarten C-Atomen) an.

Es empfiehlt sich, folgendermaßen vorzugehen: Schreiben Sie zunächst die Formeln aller 5 Verbindungen auf. Entscheiden Sie, welche der Spektren den beiden Aldehyden a) und b) zuzuordnen sind. Die Unterscheidung der beiden Spektren von a) und b) ist leicht möglich. Die Zuordnung der drei verbleibenden Spektren zu den Verbindungen c) - e) kann dann problemlos aufgrund der unter 1. - 3. aufgeführten Kriterien erfolgen.

46. Aufgabe: *Nachweis der Keto-Enol-Tautomerie von Acetessigsäureethylester*

In einem 100 ml Erlenmeyer-Kolben löst man etwa 0.5 ml Acetessigsäureethylester unter Schütteln in 20 ml Wasser, fügt 5 Tropfen Eisen(III)chlorid-Lösung (1% in H_2O) hinzu und kühlt in einem Eisbad ab. Dann tropft man mit einer Pipette ca. 4 ml 0.5%iges Bromwasser ziemlich rasch zu, bis die rote Färbung des Fe(III)-Enolats verschwunden ist. Nach kurzer Zeit tritt die Färbung erneut auf und kann durch Zugabe von ca. 2 ml Bromwasser wieder zum Verschwinden gebracht werden. Das läßt sich so lange wiederholen, bis der gesamte Acetessigsäureethylester bromiert ist.

47. Aufgabe: *Darstellung des Dibenzalacetons*

In einem Reagenzglas gibt man zu etwa 2 ml Benzaldehyd (C_6H_5-CHO) 1 ml Aceton und als Lösungsmittel ca. 4 ml Ethanol. Durch Zugabe von 1 ml gesättigter Natronlauge (**Vorsicht**, NaOH ist stark ätzend!) wird die Reaktion gestartet. Nach einigen Minuten reibt man die Reagenzglaswand vorsichtig mit dem Glasstab. Was beobachtet man im Verlauf von etwa 5 Minuten? Das Reaktionsprodukt wird auf einem Hirschtrichter abgesaugt, mit einigen ml Ethanol nachgewaschen und durch Umkristallisation aus Ethanol gereinigt. Bestimmen Sie den Schmelzpunkt des Produkts. (Er sollte bei 112 °C liegen). Stellen Sie zunächst die Bruttoreaktionsgleichung für die Kondensation (Wasserabspaltung) zwischen zwei Molen Benzaldehyd und einem Mol Aceton (=Propanon) auf! Welche der beiden Verbindungen wirkt als CH-acide Komponente? Versuchen Sie dann, die einzelnen Schritte der Reaktion zu formulieren!

48. Aufgabe: *Addition von Brom an Dibenzalaceton*

Eine etwa erbsengroße Menge des dargestellten Dibenzalacetons wird im Reagenzglas in ca. 3 ml 1,1,1-Trichlorethan (Cl_3C-CH_3) gelöst. Zur Kontrolle füllt man ein zweites Reagenzglas nur mit ca. 3 ml 1,1,1-Trichlorethan. Beide Reagenzgläser werden auf dem Wasserbad auf etwa 50 °C erwärmt. Dann nimmt man sie aus dem Wasserbad und gibt in beide Reagenzgläser mit einer Tropfpipette vorsichtig **wenige** (!) Tropfen einer Lösung von Brom in 1,1,1-Trichlorethan. Was beobachtet man? Wie kann man die Beobachtungen deuten?

49. Aufgabe: *Oxidative Decarboxylierung von Äpfelsäure*

0.2 g Äpfelsäure und ca. 0.1 g (kleine Spatelspitze) Eisen(II)-sulfat werden in 5 ml dest. Wasser in einem Reagenzglas gelöst. Etwa 1 ml dieser Lösung wird zum späteren Vergleich (Blindprobe) mit einer Pipette in ein weiteres Reagenzglas gefüllt. Zu den restlichen 4 ml Lösung pipettiert man 2 Tropfen einer 30%igen H_2O_2-Lösung (Vorsicht! Schutzbrille tragen!) und verschließt das Reagenzglas sofort mit einem Gärröhrchen, welches zuvor mit 1 ml einer gesättigten $Ba(OH)_2$-Lösung gefüllt wurde. Nach der Zugabe des H_2O_2 färbt sich die Lösung intensiv rot, es setzt Gasentwicklung ein, die zu einer Trübung im Gärröhrchen führt. Sollte sich nach 3 Minuten kein Gas entwickeln, fügt man weitere 2 Tropfen H_2O_2-Lösung hinzu.

Nachdem die Gasentwicklung beendet ist, erwärmt man diese Lösung einige Minuten bei etwa 50-60 °C auf dem Wasserbad zum Verkochen des überschüssigen H_2O_2. Anschließend versetzt man diese Probe sowie die Blindprobe mit je 1 ml einer 2,4-Dinitrophenylhydrazin-Lösung. Der gelb-orange Hydrazonniederschlag der durch oxidative Decarboxylierung entstandenen Brenztraubensäure bildet sich nur in der mit H_2O_2 behandelten Probe. Nach Beendigung des Versuches löst man den Niederschlag im Gärröhrchen wieder mit 2 molarer HCl auf und spült anschließend mit dest. Wasser.

Welches Bariumsalz ist im Gärröhrchen ausgefallen? Welches Gas ist folglich bei der Reaktion entstanden? Stellen Sie zunächst die Reaktionsgleichung für die Oxidation der Äpfelsäure $HOOC-CH(OH)-CH_2-COOH$ auf! (Hinweis: sekundäre Alkoholgruppe). Formulieren Sie dann auch den zweiten Reaktionsschritt, bei dem eine Spaltung des Moleküls eintritt!

Erläuterungen

Die Carbonylgruppe $>C=O$ gehört zu den wichtigsten funktionellen Gruppen. Zu den Carbonylverbindungen zählen die Aldehyde, die am Carbonyl-C noch ein H-Atom tragen (oder zwei H-Atome im Falle von Methanal = Formaldehyd), und die Ketone mit zwei Resten R am Carbonyl-C-Atom (R = Alkyl oder Aryl). Die chemischen Eigenschaften dieser Verbindungen werden von der Carbonylgruppe bestimmt. Daher reagieren Aldehyde und Ketone in den meisten Fällen gleichartig, bei einigen Reaktionen verhalten sich die beiden Verbindungstypen aber auch unterschiedlich (Oxidation!).

Aldehyd   Keton

1. Reaktionen am elektrophilen Carbonyl-C-Atom

Ähnlich wie bei den Estern ist auch bei den Carbonylverbindungen die C=O Gruppe in der Weise polarisiert, daß das C-Atom eine positive Teilladung δ^+ trägt, also elektrophil ist, während das O-Atom negativiert (δ^-) und somit nucleophil ist. Nucleophile können daher Carbonylverbindungen relativ leicht am elektrophilen C-Atom angreifen. Im Unterschied zu den Estern gibt es bei Aldehyden und Ketonen jedoch keine Abgangsgruppe, die eine Substitutionsreaktion ermöglichen würde (vergl. 7. Kurstag). So findet man bei Reaktionen mit Nucleophilen im Falle der Carbonylverbindungen Additions- oder Kondensationsreaktionen.

1.1 Die Additionsreaktion

Zu den wichtigsten Reaktionen dieses Typs gehört die Addition von Alkoholen unter Bildung von Halbacetalen bzw. Halbketalen. Dabei greift der Alkohol mit einem freien Elektronenpaar des O-Atoms (Nucleophil) das elektrophile C-Atom der Carbonylgruppe an. (Auch hier kann - wie bei Carbonsäureestern - die Carbonylfunktion durch Protonierung am O-Atom elektrophiler und damit reaktiver gemacht werden). Das so entstandene Zwitterion kann sehr leicht unter Protonenwanderung in das Halbacetal oder Halbketal übergehen. Es handelt sich bei der Halbacetal- bzw. Halbketalbildung um eine echte Gleichgewichtsreaktion, mit Ketonen und mit Aldehyden mit mittleren oder längeren Alkylresten liegt das Gleichgewicht in der Regel auf der Seite der Edukte, während mit Aldehyden wie Acetaldehyd (Ethanal) das Halbacetal überwiegt (vergl. aber auch die Zucker - 10. Kurstag).

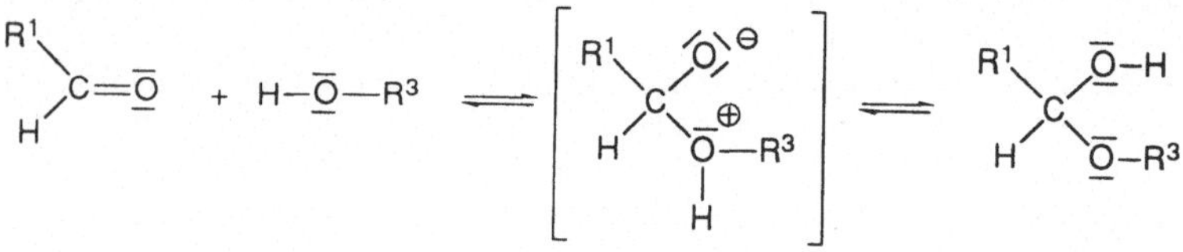

Halbacetal

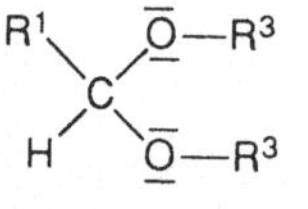

Acetal

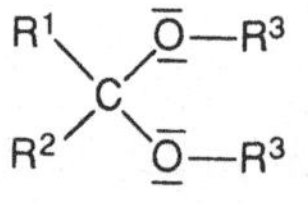

Ketal

Unter Protonenkatalyse kann das Halbacetal durch Ersatz der OH-Gruppe durch eine zweite OR^3-Gruppe substituiert und damit in ein Acetal überführt werden.

Man versuche, den Mechanismus für die Acetalbildung selbst zu formulieren! An welcher Stelle muß das Proton angreifen? Was für ein Reaktionsschritt muß sich dann anschließen, um letztlich eine Substitution zu ermöglichen? (Siehe auch Erläuterungen zum 10. Kurstag)

1.2 Die Kondensationsreaktion (44. Aufgabe)

Bei den Kondensationen reagieren Carbonylverbindungen unter Wasserabspaltung z.B. mit Verbindungen des Typs $X-NH_2$ unter Ausbildung einer C=N-Doppelbindung. Dazu gehört auch die in Aufgabe 44 durchgeführte Bildung von 2,4-Dinitrophenylhydrazonen. Diese und andere Derivate wie Phenylhydrazone, Oxime und

Semicarbazone sind in der Regel gut kristallisierende Verbindungen, die zur Abtrennung der meist flüssigen Aldehyde oder Ketone aus Reaktionsmischungen benutzt werden können. Die Reinigung solcher kristalliner Derivate durch Umkristallisation kann sehr viel leichter erfolgen als die der flüssigen Carbonylverbindungen durch Destillation. Anschließend kann man dann durch saure Hydrolyse die $C=N$-Doppelbindung wieder spalten und kann so die ursprüngliche Carbonylverbindung zurückerhalten. Früher benutzte man die Bestimmung des Schmelzpunkts solcher Derivate zur Identifizierung der Carbonylverbindungen, heute stellt die NMR-Spektroskopie (siehe unten) eine viel einfachere und informativere Möglichkeit dar.

Die Reaktionen von Carbonylverbindungen mit Verbindungen des Typs $X\text{-}NH_2$ verlaufen unabhängig von der Natur von X nach dem gleichen Mechanismus. Sie werden von Protonen katalysiert.
Der erste Schritt ist völlig analog zur Halbacetalbildung; die nucleophile NH_2-Gruppe greift am elektrophilen C-Atom der Carbonylgruppe an, dann wird ein Proton von N auf O übertragen. Für diesen Reaktionsschritt ist es wichtig, daß das Reaktionsgemisch nicht zu stark sauer ist, weil sonst die basische NH_2-Gruppe weitgehend protoniert und damit das Nucleophil blockiert würde. Der eigentliche katalytische Zyklus beginnt mit der Addition des Protons an die OH-Gruppe der Zwischenstufe, wodurch H_2O als gute Austrittsgruppe gebildet wird. Die Abspaltung von Wasser kann hier besonders leicht erfolgen, weil dabei ein besonders stabilisiertes Kation entsteht. Infolge Delokalisierung des Elektronenpaares wird die positive Ladung zwischen C- und N-Atom verteilt (mesomere Grenzformeln - vergl. auch 7. Kurstag). Durch Abspaltung des Protons aus diesem Carbenium-Immonium-Kation entsteht schließlich das Carbonylderivat mit der $C=N$-Doppelbindung.

Mesomerie !

X	H_2N - X	$R^1R^2C = N$ - X
- OH	Hydroxylamin	Oxim
- NH - CO - NH_2	Semicarbazid	Semicarbazon
- NH - C_6H_5	Phenylhydrazin	Phenylhydrazon
- NH - $C_6H_3(NO_2)_2$ - 2.4	2.4 - Dinitrophenylhydrazin	2.4 - Dinitrophenylhydrazon

Bei der Kondensation handelt es sich also um eine Addition gefolgt von einer Eliminierung. Sie verläuft - abhängig von der Natur von X - bei einem bestimmten pH-Wert optimal, weil eine zu hohe H^+-Konzentration infolge Blockierung des Nucleophils den ersten Schritt hemmen würde, während durch eine zu niedrige H^+-Konzentration die katalytische Wirksamkeit der Protonen eingeschränkt würde. Dieses Phänomen des optimalen Reaktionsablaufs innerhalb eines bestimmten pH-Wert-Bereichs wird sehr häufig auch bei biochemischen Reaktionen beobachtet.

Alle Reaktionsschritte sind reversibel. Durch die Auskristallisation des Produkts wird dieses jedoch ständig dem Gleichgewicht entzogen, so daß die Reaktion nahezu vollständig abläuft. Die Derivate lassen sich jedoch wieder zu den Carbonylverbindungen spalten, wenn sie mit der wäßrigen Lösung einer starken Säure behandelt werden. Hier verschieben der große Überschuß an H_2O und die Bildung des Kations H_3N^+-X das Gleichgewicht in Richtung der Carbonylverbindung.

2. Die Knüpfung von C-C-Bindungen (Aufg. 47)

Carbonylverbindungen können auch mit Verbindungen mit "aktivierter" CH_2-Gruppe kondensiert werden, wobei C=C-Doppelbindungen geknüpft werden. Diese Reaktion verläuft jedoch basenkatalysiert. Außerdem kann hier unter bestimmten Bedingungen die nach dem Additionsschritt gebildete Zwischenverbindung isoliert werden.

2.1 Die CH-Acidität der Carbonylverbindungen

Ausschlaggebend für diesen Reaktionstyp ist die CH-Acidität von Verbindungen mit C=O Gruppierung (Ketone, Aldehyde und Carbonsäurederivate wie z.B. Ester). Bei diesen Verbindungen kann nämlich - im Gegensatz zu Alkanen und vielen anderen Verbindungsklassen - durch starke Basen relativ leicht ein Proton von einem der Carbonylgruppe direkt benachbarten C-Atom (α-C-Atom) abgespalten werden (pKs für Ketone ca. 20). In dem dabei gebildeten Anion wird durch Delokalisierung der nunmehr vier π-Elektronen die negative Ladung zwischen dem α-C-Atom und dem O-Atom verteilt (mesomere Grenzformeln A und B mit stärkerer Gewichtung von B infolge höherer Elektronegativität von O, *deshalb Enolat- und nicht Carbeniat-Ion*). Dieser mesomere Effekt stabilisiert das Enolat-Anion entscheidend und bedingt so die CH-Acidität der Carbonylverbindung.

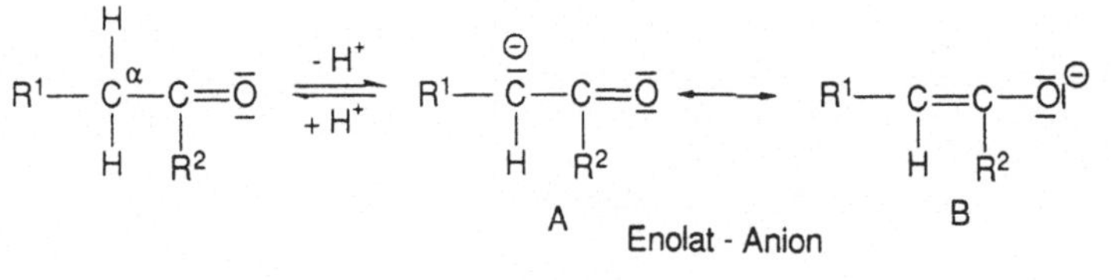

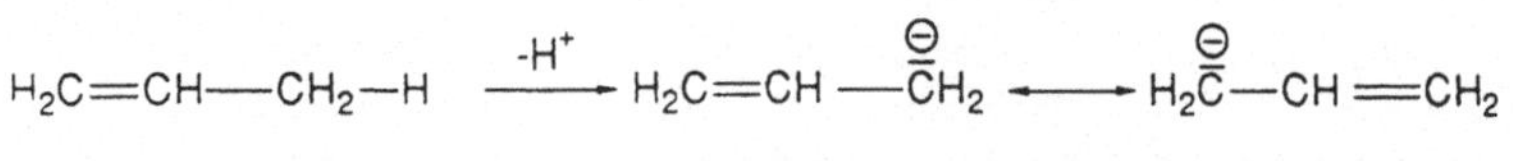

Derselbe Effekt spiegelt sich auch in der im Vergleich zum Propan (pKs >50) erhöhten Acidität des Propens (pKs ca. 43) wider. Wegen der im Vergleich zu O geringeren Elektronegativität von C ist die Acidität des Propens jedoch deutlich schwächer als die von Carbonylverbindungen.

2.2 Der Mechanismus der Aldol-Reaktion

Ketone wie z.B. Aceton ($=$Propanon) oder Aldehyde sind also in der Lage in Gegenwart von starken Basen (HO^--Ionen) zu einem geringen Teil in Enolat-Ionen überzugehen. Ein Enolat-Ion ist ein starkes Nucleophil, das über zwei nucleophile Zentren, das α-C-Atom und das O-Atom verfügt (siehe 2.1). Dieses Enolat-Ion greift mit seinem freien Elektronenpaar am C-Atom (Grenzformel A) das Carbonyl-C-Atom eines Neutralmoleküls an. Das so gebildete Anion nimmt vom Wasser ein Proton auf, wobei ein Aldol ($R^2 = H$, *Ald*ehydalkoh*ol*) oder Ketol ($R^2 \neq H$) entsteht. Da die Enolat-Ionen durch diese Reaktion ständig verbraucht werden, bilden sich im Rahmen des Säure-Basen-Gleichgewichts laufend Enolat-Ionen nach, bis die Reaktion abgeschlossen ist. In Abhängigkeit von den Bedingungen können entweder Aldole oder Ketole isoliert werden (Verknüpfung zweier Moleküle unter Bildung einer C-C-Einfachbindung), oder die Reaktion kann in einem Zuge unter Wasserabspaltung bis zu $\alpha.\beta$-ungesättigten Carbonyl-Verbindungen führen. (Bildung einer C=C-Doppelbindung durch Kondensation). Wegen der Aldol-Bildung hat die Reaktion den Namen Aldol-Reaktion.

Aldol oder Ketol

$\alpha.\beta$- ungesättigte
Carbonylverbindung

Grundsätzlich könnte natürlich das Enolat-Ion die Carbonyl-Komponente auch über das O-Atom (Grenzformel B) angreifen; das dabei entstehende Produkt wäre jedoch thermodynamisch ungünstiger.

2.3 Die Esterkondensation

Auch bei der Reaktion von Carbonsäureestern mit starken Basen wie Alkoholat OR^- kommt es zur Bindungsknüpfung zwischen zwei C-Atomen. Zwar kann das Nucleophil OR^- direkt die Estercarbonylgruppe angreifen, aus dieser Reaktion geht aber nur ein unverändertes Estermolekül hervor. In seiner Funktion als Base kann das OR^--Ion jedoch ein CH-acides Proton ablösen. Das so gebildete mesomeriestabilisierte Anion (in Analogie zum Enolat-Anion formulieren!) greift dann das elektrophile Estercarbonyl-C-Atom eines neutralen Estermoleküls an. Aus der Zwischenstufe wird in der für Carbonsäurederivate typischen Weise die energiearme

Carbonylfunktion (C=O) unter Abspaltung eines Alkoholat-Ions (OR⁻) regeneriert. So entsteht schließlich unter C-C-Bindungsknüpfung aus zwei Molekülen Carbonsäureester ein ß-Ketocarbonsäureester.

$$R^1-CH_2-C\underset{O-R^2}{\overset{O}{\diagup}} \quad + \quad ^\ominus CH\underset{O-R^2}{\overset{R^1}{|}}C\overset{O}{\diagup} \quad \longrightarrow \quad R^1-CH_2-\underset{O-R^2}{\overset{O^\ominus}{C}}-\underset{}{\overset{R^1}{CH}}-C\overset{O}{\underset{O-R^2}{\diagup}}$$

$$\xrightarrow{-O-R^{2\ominus}} \quad R^1-CH_2-\underset{\beta}{\overset{O}{C}}-\underset{\alpha}{\overset{R^1}{CH}}-C\overset{O}{\underset{O-R^2}{\diagup}} \qquad\qquad CH_3-C\underset{S-CoA}{\overset{O}{\diagup}}$$

β - Ketocarbonsäureester   Acetyl - Coenzym A

Ausgehend von Acetyl-Coenzym A werden nach diesem Reaktionsprinzip bei der Synthese von Fettsäuren und beim ersten Schritt des Citronensäure-Cyclus C-C-Bindungen gebildet. Natürlich laufen die Reaktionen im Organismus unter wesentlich milderen Bedingungen ab.

Warum können Sie bei der Bildung der ß-Ketoester nicht HO⁻ als Base benutzen?

3. Die Keto-Enol-Tautomerie (Aufg. 46)

Unter Tautomerie versteht man das Auftreten zweier isomerer Verbindungen, die miteinander im Gleichgewicht stehen. Dafür müssen zwei Voraussetzungen erfüllt sein:

a) die Freie Aktivierungsenthalpie $\Delta G^{\neq}$ für die gegenseitige Umwandlung der beiden Formen muß relativ niedrig sein, damit die Gleichgewichtseinstellung mit merklicher Geschwindigkeit ablaufen kann.

b) die Differenz der jeweiligen Freien Enthalpie ΔG der beiden Komponenten darf nicht zu groß sein, weil sonst der Anteil der energiereicheren Verbindung verschwindend gering wird.

Im Falle des Acetessigsäureethylesters sind beide Voraussetzungen erfüllt. Diese Verbindung liegt in reinem Zustand zu etwa 92% in der Keto-Form und 8% in der Enol-Form vor.

$$CH_3-\overset{O}{\underset{}{C}}-CH_2-\overset{O}{\underset{}{C}}-O-C_2H_5 \qquad \rightleftharpoons \qquad CH_3-\overset{O\cdots H}{\underset{}{C}}=CH-\overset{O}{\underset{}{C}}-O-C_2H_5$$

92%   8%

Keto - Form   Enol - Form

a) Die CH-Acidität der Keto-Form und OH-Acidität der Enol-Form sind die Voraussetzung für eine ausreichend schnelle Gleichgewichtseinstellung.

b) Die Enol-Form ist durch eine intramolekulare Wasserstoffbrücke (s. 6. Kurstag)
und die Konjugation der C=C-Doppelbindung mit der Estergruppe so stabilisiert, daß ihre Freie Enthalpie ΔG nur noch um etwa 6 kJ/mol größer ist als die
der Keto-Form.
Im Falle von Aceton, wo diese beiden stabilisierenden Faktoren der Enol-Form
fehlen, lassen sich nur noch etwa 10^{-4} % der Enol-Form nachweisen, was einer
Differenz ΔG von etwa 35 kJ entspricht. Formulieren Sie zur Verdeutlichung des
Unterschieds das "Gleichgewicht" zwischen Keto- und Enol-Form des Acetons.

Das Tautomerie-Gleichgewicht des Acetessigsäureethylesters ist stark lösungs-
mittelabhängig. So beträgt der Anteil der Enol-Form im unpolaren "Petrolether" (=
Gemisch flüssiger Kohlenwasserstoffe) 46.5%, in Wasser dagegen nur noch 0.4%.
Das ist darauf zurückzuführen, daß die Enol-Form infolge der intramolekularen H-
Brücke weniger polar ist als die Keto-Form und auch kaum zur Ausbildung
intermolekularer H-Brücken mit dem Wasser neigt.

Die Einstellung des Tautomeriegleichgewichts im Falle des Acetessigsäureethyl-
esters läßt sich durch Zugabe von Brom verfolgen (46. Aufgabe). Nach Zugabe von
Fe^{3+}-Ionen tritt zunächst die rote Färbung des Eisen-Chelatkomplexes der Enol-
Form auf (um ein Fe-Atom sind drei Enolat-Anionen als Chelatliganden gruppiert).
Das dann hinzugefügte Brom addiert sich an die C=C-Doppelbindungen dieser
komplex gebundenen Enolate, wodurch Entfärbung eintritt. Das so gestörte
Gleichgewicht stellt sich wieder ein, indem aus Molekülen in der Keto-Form wieder
solche in der Enol-Form nachgebildet werden. Dies wird dadurch deutlich, daß nach
einiger Zeit die Farbe des Eisen-Chelatkomplexes mit Enolat-Liganden wieder
erscheint. Erneute Brom-Zugabe führt wieder zur Entfärbung. Dieser Vorgang läßt
sich so lange wiederholen, bis die gesamte Verbindung über die Enol-Form bzw.
deren Komplex bromiert worden ist. Der Versuch zeigt also, daß die
Gleichgewichtseinstellung relativ zur Bromaddition langsam, aber doch mit
merklicher Geschwindigkeit abläuft.

**4. Decarboxylierung von ß-Ketocarbonsäuren - Oxidation der Äpfelsäure und
anschließende Decarboxylierung** (49. Aufgabe)
Bei der Oxidation von Äpfelsäure mit Wasserstoffperoxid in Gegenwart von Fe^{2+}-
Ionen wird die sekundäre Alkoholgruppe zur Ketogruppe oxidiert. Die dabei entstehende Oxalessigsäure ist gleichzeitig eine Dicarbonsäure, eine α-Ketocarbonsäure
und eine ß-Ketocarbonsäure.

ß-Ketocarbonsäuren (und ihre Anionen) spalten unter milden Bedingungen CO_2 ab (Decarboxylierung), wobei zunächst die Enol-Form des Fragments entsteht, die sich dann rasch in die entsprechende Ketoform umwandelt. Auf diese Weise bildet sich aus der Oxalessigsäure Brenztraubensäure, eine in der Biochemie wichtige α-Ketocarbonsäure.

β - Ketocarbonsäure   R = - CO_2H: Brenztraubensäure

Die Decarboxylierung von ß-Ketocarbonsäuren erfolgt deshalb so leicht, weil sie als konzertierte Reaktion mit relativ geringer Aktivierungsenergie abläuft. Konzertierte Reaktion bedeutet hier, daß bei der über einen cyclischen Übergangszustand erfolgenden Reaktion bereits während der allmählichen Lösung der H-O und C-C-Bindung sowie der C=O-Doppelbindung (siehe Pfeile im Formelbild) die sukzessive Ausbildung der neuen Bindungen (O-H und C=C-Bindungen des Enols, zweite C=O Doppelbindung von CO_2) beginnt. (Erklären Sie die leichte Decarboxylierung der Anionen von ß-Ketocarbonsäuren!)

5. Additionen an die C=C-Doppelbindung (46. u. 48. Aufgabe)
Die Bromaddition an das Dibenzalaceton und an die Enol-Form des Acetessigesters in Form des Eisen-Chelatkomplexes stellt einen weiteren Grundtyp organischer Reaktionen dar, nämlich die elektrophile Addition an die C=C-Doppelbindung.

Bei seiner Annäherung an das π-Elektronenpaar der C=C-Doppelbindung wird das Brommolekül so polarisiert, daß das dem π-Elektronenpaar zugewandte Brom-Atom immer mehr einem Br^+-Kation ähnlich wird. Schließlich erfolgt die heterolytische Spaltung der Br-Br-Bindung. Dabei werden eine kationische Dreiring-Zwischenstufe (Bromonium-Ion) und ein Bromid-Anion gebildet. Letzteres greift dann im zweiten, schnellen Reaktionsschritt die cyclische Zwischenstufe von der Rückseite unter Ringöffnung und Bildung einer $\alpha.\beta$-Dibromverbindung an.

Bei welchem Typ von Alkenen läßt sich feststellen, daß die beiden Bromatome tatsächlich von entgegengesetzten Seiten angegriffen haben?

Eine weitere wichtige Addition an die C=C-Doppelbindung ist die Addition von Wasser, die allerdings nur mit Säurekatalyse abläuft. Das an sich nucleophile Alken wird zunächst durch Protonierung der C=C-Doppelbindung in ein stark elektrophiles Carbenium-Ion umgewandelt, welches dann im zweiten Schritt schnell mit dem schwach nucleophilen Wasser reagiert. Durch Abspaltung eines Protons bildet sich schließlich der Alkohol.

Viele der hier behandelten Reaktionen spielen im biochemischen Geschehen eine wichtige Rolle. Im "Citronensäurecyclus", der eine zentrale Bedeutung für die Energieumwandlung im lebenden Organismus hat, findet man analoge Reaktionen zu den hier angeführten Reaktionen wie Esterkondensation, Hydratisierung von C=C-Doppelbindungen, Oxidation sekundärer Alkoholgruppierungen, Decarboxylierung von ß-Ketocarbonsäuren.

6. Reinigung fester Stoffe durch Umkristallisieren (44. Aufgabe, siehe auch 3. Kurstag)

Zum Umkristallisieren eines festen, kristallisierenden Stoffes wählt man ein Lösungsmittel oder Lösungsmittelgemisch, in dem der umzukristallisierende Stoff einen günstigen Temperatur-Löslichkeitskoeffizienten besitzt: Es soll sich im Lösungsmittel bei hohen Temperaturen möglichst viel, in der Kälte möglichst wenig von dem Stoff lösen. Man gibt zu der zu reinigenden Probe zunächst nur wenig Lösungsmittel, erhitzt zum Sieden und fügt nun nach und nach so viel Lösungsmittel zu, bis sich in der Siedehitze gerade alles gelöst hat. Man erhält auf diese Weise eine *heiß gesättigte Lösung*. Ungelöste Verunreinigungen können durch Filtrieren der heißen Lösungen entfernt werden. Läßt man diese *abkühlen, so kristallisiert der gelöste Stoff wieder aus*, und es bleibt nur so viel gelöst, wie der Löslichkeit des Stoffes bei der nach dem *Abkühlen* erreichten Temperatur entspricht ("Mutterlauge"). Die "Ausbeute" an Kristallisat läßt sich daher in vielen Fällen verbessern, wenn man noch tiefer als auf Raumtemperatur abkühlt (Eisbad, Kältemischung aus Eis und Kochsalz 3:1).

Die Verunreinigungen bleiben normalerweise, sofern sie nicht überhaupt unlöslich waren und durch Filtrieren entfernt werden konnten, in der Mutterlauge gelöst und werden mit dieser von den ausgeschiedenen Kristallen durch Absaugen getrennt. Für sie ist nämlich - da sie nur in kleiner Menge vorhanden sind - die Lösung sehr stark verdünnt, so daß ihre Löslichkeitsgrenze beim Abkühlen noch nicht unterschritten wird. Um anhaftende Reste der Mutterlauge zu entfernen, wäscht man die Kristalle auf der Nutsche mit einem geeigneten Lösungsmittel, wobei man das Absaugen unterbricht.

Das Umkristallisieren muß so lange fortgesetzt werden, bis sich der Schmelzpunkt der betreffenden Substanz auch bei weiterer Reinigung nicht mehr ändert, die Substanz also "*schmelzpunktsrein*" ist.

Der Schmelzpunkt ist, wie auch der Siedepunkt, die Löslichkeit usw., eine Stoffkonstante, die zur Identifizierung bekannter Substanzen dienen kann. Da der Schmelzpunkt bereits durch sehr kleine Mengen anderer Stoffe deutlich herabgesetzt wird ("Gefrierpunktserniedrigung", Osmotische Gesetze!) ist er gleichzeitig ein wichtiges *Kriterium für die Reinheit* eines festen Stoffes.

7. Strukturermittlung mit Hilfe spektroskopischer Methoden (45. Aufgabe)
Die Strukturermittlung organischer Verbindungen wird heute weitgehend mit spektroskopischen Methoden durchgeführt. Viele funktionelle Gruppen lassen sich durch charakteristische Absorptionen im Bereich infraroten Lichts erkennen, die auf eine Anregung bestimmter Molekülschwingungen zurückzuführen sind (IR-Spektroskopie, s. 9.Kurstag). Für Ketone (Dialkylketone) ist eine intensive Bande bei 1700-1720 cm^{-1} charakteristisch, für Aldehyde tritt sie zwischen 1740 und 1720 cm^{-1} auf. Dadurch lassen sich also Carbonylverbindungen leicht als solche erkennen.

Die Frage, um welches Keton oder welchen Aldehyd es sich handelt, also welche Alkylgruppen (oder Arylgruppen) vorliegen, kann dagegen mit Hilfe der Kernmagnetischen Resonanzspektroskopie (NMR = Nuclear Magnetic Resonance) gelöst werden. Die wichtigsten Bereiche dieser Methode sind die ^{1}H-NMR- und die ^{13}C-NMR-Spektroskopie. Bei der ^{1}H-NMR-Spektroskopie wird die Resonanz der H-Kerne chemischer Verbindungen beobachtet. Auf dieser Methode basiert auch die in der Medizin angewandte Kernspintomographie: Die ^{13}C-NMR-Spektroskopie beruht auf der Resonanz der nur zu etwa 1% natürlich vorkommenden Kerne des ^{13}C-Isotops. Sie erforderte daher die Entwicklung wesentlich empfindlicherer und komplizierterer NMR-Geräte, steht aber jetzt in ihrer Bedeutung der ^{1}H-NMR-Spektroskopie nicht mehr nach.

Die meisten Atomkerne besitzen einen Eigendrehimpuls (Kernspin) und damit ein magnetisches Moment. (Nur Kerne mit gerader Zahl von Protonen und gerader Zahl von Neutronen wie ^{12}C- und ^{16}O haben die Kernspinquantenzahl 0, also kein magnetisches Moment). ^{1}H- und ^{13}C-Kerne haben die Kernspinquantenzahl 1/2, was bedeutet, daß sie sich in einem Magnetfeld mit ihrem magnetischen Moment entweder parallel oder antiparallel zum Feld ausrichten können. Beide Kernspinzustände haben unterschiedliche Energie, ihre Energiedifferenz ΔE ist proportional zur Stärke des äußeren Magnetfeldes B_O.

$$\Delta E = h \cdot \nu = f(B_O)$$

h = Plancksches Wirkungsquantum, ν = Frequenz, B_O = Magnetfeldstärke

Wird Energie der Frequenz ν, die genau der Energiedifferenz ΔE entspricht, eingestrahlt, dann kommt es zu einer Kernspinumkehr (Umklappen des Kernspins), d.h.

Kerne gehen unter Energieaufnahme aus dem energieärmeren in den energiereicheren Zustand über. In einem größeren Frequenzbereich tritt also nur bei der Frequenz, die genau ΔE entspricht, Absorption (Resonanz) auf. Wegen der Abhängigkeit der Resonanzfrequenz ν von der Magnetfeldstärke B_0 kann man für die Aufnahme eines Spektrums entweder die Magnetfeldstärke konstant halten und die Frequenz kontinuierlich variieren oder man variiert die Magnetfeldstärke bei konstanter Frequenz. (Die modernen, leistungsstarken Geräte arbeiten nach einer komplizierteren Methode - Puls-Fourier-Transform-Technik).

Für die Strukturaufklärung stehen in den ^{1}H-NMR-Spektren drei Informationsquellen zur Verfügung:

a) Die Chemische Verschiebung eines Signals
b) die Signalintensität
c) die Aufspaltung des Signals

a) Die Chemische Verschiebung
Da in einem Molekül jedes Proton durch seine Umgebung mehr oder weniger stark gegen das äußere Magnetfeld abgeschirmt wird, muß für jede Protonensorte (d.h. gleichwertige H-Kerne) bei einer bestimmten Frequenz bzw. Magnetfeldstärke Resonanz erfolgen. Man findet also die Signale der verschiedenen Protonen bei unterschiedlichen Frequenzen bzw. Magnetfeldstärken. Als Nullpunkt einer Skala wurde willkürlich das Signal der Protonen in Tetramethylsilan (TMS = $(CH_3)_4Si$) festgesetzt. In dieser Verbindung sind die 12 gleichwertigen Protonen besonders gut abgeschirmt, so daß die Signale der Protonen in anderen Verbindungen - mit ganz wenigen Ausnahmen - bei höheren Frequenzen bzw. tieferem Feld als das TMS-Signal erscheinen. Zur Festlegung der Lage eines Signals definiert man als Chemische Verschiebung δ die Differenz zwischen diesem und dem TMS-Signal $\Delta\nu$ (in Hz) dividiert durch die Einstrahlungsfrequenz ν und gibt den Wert in ppm (parts per million) als dimensionslose Zahl an.

$$\delta = (\Delta\nu/\nu) \cdot 10^6 \text{ ppm}$$

Als Faustregel gilt: Je stärker "entschirmt" ein Proton ist, d.h. je elektronegativer seine unmittelbare Umgebung ist, umso größer ist die chemische Verschiebung δ, weil das Signal dann umso weiter vom TMS-Signal entfernt ist ($\Delta\nu$ umso größer).

z.B.	CH_3-I	CH_3-Br	CH_3-Cl	CH_3-F
δ =	2.15	2.69	3.06	4.27 ppm

b) Signalintensität
Da die Signalintensität jeweils proportional zur Zahl der gleichwertigen Protonen ist, läßt sich die Zahl der Protonen, die ein bestimmtes Signal verursachen, aus der relativen Intensität dieses Signals im Vergleich zu anderen Signalen ermitteln. (Das Gerät integriert die Intensitäten und zeichnet das Integral auf).

c) Die Aufspaltung der Signale; Spin-Spin-Kopplung
Da jedes Proton selbst ein "winziges Magnetchen" ist, wird das Signal einer jeden
Protonsorte durch die Protonen an den Nachbar-C-Atomen wegen der unterschiedlichen Einstellungsmöglichkeiten derselben (parallel oder antiparallel) in mehrere
Linien aufgespalten. Man spricht dann von einer Spin-Spin-Kopplung. Dabei kommen durch Kopplung mit *mehreren gleichwertigen* Protonen die folgenden Aufspaltungsmuster zustande:

Wechselwirkung mit	Zahl der Linien	Intensitätsverhältnisse der Linien	
1H	2	1:1	Dublett
2H	3	1:2:1	Triplett
3H	4	1:3:3:1	Quadruplett
4H	5	1:4:6:4:1	
5H	6	1:5:10:10:5:1	
6H	7	1:6:15:20:15:6:1	

Für Butanal ergibt sich nach a) - c) folgendes Spektrum.

$$CH_3-CH_2-CH_2-\overset{\displaystyle O}{\overset{\|}{C}}-H$$

a   b   c   d

Protonen	δ (in ppm)	rel. Int.	Aufspaltungsmuster	
a	0.99	3	1:2:1	(2 Nachbar-H)
b	1.62	2	1:5:10:10:5:1	(5 Nachbar-H)
c	2.42	2	1:1:2:2:1:1	(2 und 1 Nachbar-H)[*]
d	9.80	1	1:2:1	(2-Nachbar-H)

[*] *Da die Kopplung über das Carbonyl-C-Atom hinweg (c --> d) viel geringer ist als
die zwischen Protonen an tetraedrischen C-Atomen (c --> b) findet man hier ein
Triplett (1:2:1 durch CH_2) von Dubletts (1:1 durch CHO). Das muß auch bei den
Spektren der Aldehyde in der 45. Aufgabe beachtet werden.*

In ganz ähnlicher Weise wie bei der ^{1}H-NMR-Spektroskopie zeigen ^{13}C-NMR-
Spektren für jedes C-Atom ein gesondertes Signal (Äquivalente C-Atome geben natürlich nur ein Signal). Jedes Signal wird durch Kopplung mit den am C-Atom direkt
befindlichen H-Atomen aufgespalten (CH = Dublett, CH_2 = Triplett, CH_3 = Qua-
druplett). In sogenannten "entkoppelten" Spektren fällt dann sogar diese Aufspaltung weg, so daß tatsächlich für jedes C-Atom nur eine einzige Linie auftritt.

9. Kurstag

Chromatographie - Aminosäuren - Säurederivate

Lernziele: Durchführung einer dünnschichtchromatographischen Trennung. Herstellung einfacher Derivate von Carbonsäuren und Sulfonsäuren. pH-Wert-Bestim-mungen von Aminosäurelösungen.

Grundlagenwissen: Stofftrennung mit Hilfe chromatographischer Methoden - Strukturermittlung mittels spektroskopischer Methoden - Aminosäuren - Carbonsäurederivate und ihre Reaktionen - Sulfonsäureamide

Benutzte Lösungsmittel und Chemikalien mit Gefahrensymbolen, Gefahrenhinweisen und Sicherheitsratschlägen:

		R-Sätze	S-Sätze
0,1%ige und 5%ige wäßrige Lösungen von:			
a) Glycin		-	
b) Lysin		-	
0.1%ige Lösung von Isoleucin		-	
gesättigte Lösung von Glutaminsäure		-	
n-Butanol/Essigsäure/Wasser 4:1:1	C	10-20-34	2-16-23-26
Ninhydrin in Sprayflaschen	Xi	36/37/38	
Lösungen in Pyridin von:			
a) n-Butanol (115 g/l)	F,Xn	10-11-20/21/22	16-26-28(Wasser)
b) Methanol (80 g/l)	F,Xn	11-20/21/22	2-7-16-24-26-28(Wasser)
c) Piperidin (180 g/l)	F,T	11-23/24/25-34	16-26-27-28(Wasser)-44
d) Diethylamin (180 g/l)	F,Xn	11-20/21/22-36/37	16-26-28(Wasser)-29
3.5 Dinitrobenzoylchlorid	C	34	24/25-26-45
Diethylamin	F, Xi	11-36/37	16-26-29-45
Salzsäure (32 % HCl in H_2O)	C	34-37	2-26 45
4-Toluolsulfonsäurechlorid	Xi	20-36/37/38	7/8
Natriumhydrogencarbonat-Lösung 5-10%	-		
Natronlauge (8 % NaOH in H_2O)	C	35	2-26-27-37/39-45
Ethanol	F	11	7-16

Zusätzlich benötigte Geräte: DC-Karten, Glasrohr für Kapillaren, Aluminium-Folie (zum Verschließen des DC-Gefäßes), Ampullensäge, Eisbad, Rückflußkühler, Wasserbad oder Heizpilz, Filterscheibchen für Hirschtrichter, Apparat zur Schmelzpunktsbestimmung, Schmelzpunktsröhrchen, Filterpapier, Glaselektrode.

Entsorgung: DC-Karten werden, ebenso wie mit Gefahrstoffen verunreinigte Filterpapiere und Filtermassen, als feste Laborabfälle gesammelt und als Sonderabfall verbrannt.

Das natriumhydrogencarbonathaltige Waschwasser (51. Aufgabe) kann ebenso wie Reste der wäßrigen Aminosäurelösungen aus den Aufgaben 50 und 54 in das Abwasser gegeben werden.

Die weiteren an diesem Kurstag entstehenden Lösungen sind in den dafür vorgesehenen Abfallgefäßen zu sammeln und am Ende des Kurstages zu neutralisieren (pH ca. 5 bis 7; überprüfen mit Universalindikatorpapier, das mit Wasser angefeuchtet wurde). Die neutralisierten Lösungen werden der Sonderabfallverbrennung zugeführt.

50. Aufgabe *Dünnschichtchromatographische Trennung von α-Aminosäuren*
In Reagenzgläsern holt man sich vom Assistenten je 1 ml einer 0.1 prozentigen Lösung von Glycin, Isoleucin und Lysin in Wasser, sowie eine Analysenlösung, die diese drei Aminosäuren enthalten kann.

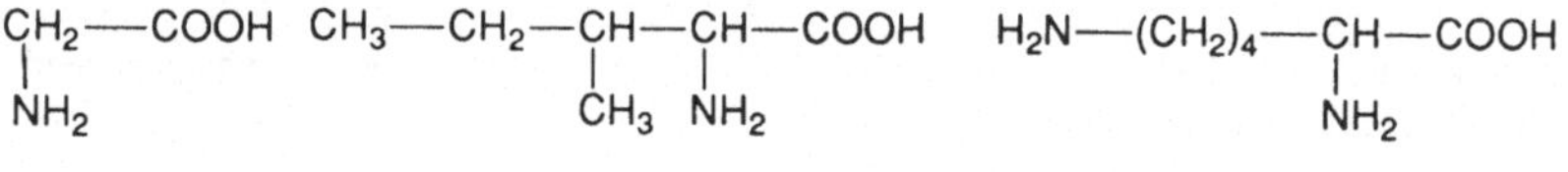

$$CH_2\!-\!\!-COOH \qquad CH_3\!-\!\!-CH_2\!-\!\!-CH\!-\!\!-CH\!-\!\!-COOH \qquad H_2N\!-\!\!-(CH_2)_4\!-\!\!-CH\!-\!\!-COOH$$
$$| \qquad\qquad\qquad\qquad | \quad | \qquad\qquad\qquad |$$
$$NH_2 \qquad\qquad\qquad\qquad\qquad\qquad CH_3 \;\; NH_2 \qquad\qquad\qquad\qquad\qquad NH_2$$

$$\text{Glycin} \qquad\qquad\qquad\qquad\qquad \text{Isoleucin} \qquad\qquad\qquad\qquad \text{Lysin}$$

Aus Glasrohr stellt man sich sodann Kapillaren zum Auftragen der Aminosäurelösungen auf die Dünnschicht-Chromatographie-Karte (DC-Karte) her. Man faßt die Enden des Rohres zwischen Daumen und Zeigefinger und hält das mittlere Stück in die nichtleuchtende Flamme eines Bunsenbrenners. Das Rohr wird zwischen den Fingern langsam gedreht, bis das Glas an der erhitzten Stelle genügend weich geworden ist. Man nimmt das Rohr aus der Flamme und zieht es vorsichtig, aber genügend kräftig nach beiden Seiten aus. Die erhaltene Kapillare zerlegt man in vier Stücke von je etwa 10 cm Länge.
Nachdem man sich vergewissert hat, daß die DC-Karte in einen 300 ml Erlenmeyer-Weithalskolben paßt (die Karte eventuell noch passend zurechtschneiden), füllt man in den leeren Kolben ca. 30 ml Fließmittel (n-Butanol-Eisessig-Wasser 4:1:1), so daß eine Flüssigkeitshöhe von 0.5-1 cm erreicht wird. Dann wird der Kolben verschlossen (Einstellung des Verdampfungsgleichgewichts!).
Auf der DC-Karte wird 1.5-2 cm vom unteren Rand entfernt ganz vorsichtig mit Bleistift eine Startlinie gezogen, auf der im gleichen Abstand 4 Startpunkte markiert werden. Mit Hilfe der Kapillaren werden nun die Lösungen der drei bekannten Aminosäuren (Reihenfolge beachten!) und die Analysenlösung auf die markierten Punkte aufgetragen. Dazu muß die Kapillare mit der Lösung ruhig und senkrecht auf die DC-Karte aufgesetzt werden, die Lösung darf nicht auf die DC-Karte aufgetropft werden. Die aufgetragenen Flecke sollen einen Durchmesser von nicht mehr als 2-3 mm haben. Danach wartet man, bis die Lösung getrocknet ist.
Man stellt die DC-Karte in den Kolben und verschließt diesen sofort wieder. Dabei muß die DC-Karte etwa 0.5 cm in das Fließmittel eintauchen, auf keinen Fall aber dürfen die aufgetragenen Flecken in das Fließmittel eintauchen. Durch Wirkung der Kapillarkräfte steigt das Fließmittel auf der DC-Karte nach oben. Kurz bevor die Fließmittelfront das obere Ende der DC-Karte erreicht (ca. 1.5 Stunden), nimmt man die DC-Karte aus dem Kolben, markiert die Fließmittelfront mit einem Bleistift und legt die DC-Karte 5 Minuten lang in einen Trockenschrank (Temperatur 105 °C). Danach wird die DC-Karte mit Ninhydrinlösung besprüht und erneut 3 Minuten lang im Trockenschrank bei 105 °C aufbewahrt. An den Stellen, bis zu denen die

Aminosäuren gewandert sind, bilden sich violette Flecken. Bestimmen Sie die R_F-Werte der 3 Aminosäuren: Glycin, iso-Leucin und Lysin.

$$R_F = \frac{\text{Wanderungsstrecke der Substanz}}{\text{Wanderungsstrecke des Fließmittels}}$$

Abb. 9/1. Dünnschichtchromatogramm
Analysenprobe mit Vergleichssubstanzen

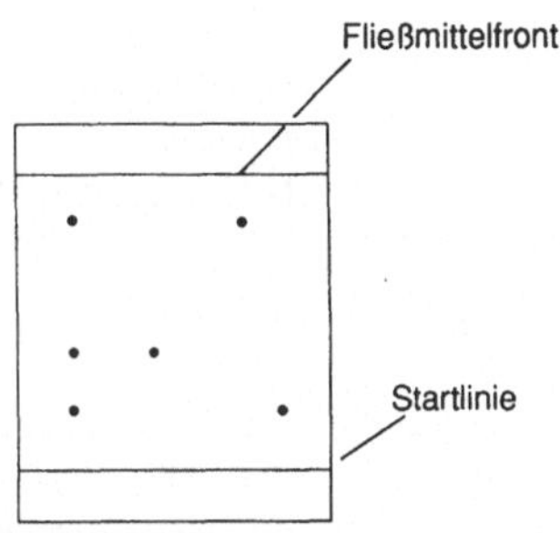

Welche Aminosäuren haben in der Analysenlösung vorgelegen?

Da unter sauren Bedingungen chromatographiert worden ist, liegen die Aminosäuren als Kationen, bzw. Dikationen (Lysin) vor. Schreiben Sie zunächst die Formeln der Kationen bzw. Dikationen auf! Warum findet man diese Reihenfolge der R_F-Werte? Diskutieren Sie das auf der Grundlage der Polarität dieser Spezies! (Siehe auch Erläuterungen)

51. Aufgabe: *Darstellung und Identifizierung von 3,5-Dinitro-benzoesäurederivaten*
Vorsicht, Pyridin ist mindergiftig und riecht sehr unangenehm. **Alle Versuche mit Pyridin müssen in einem ordnungsgemäß funktionierenden Abzug durchgeführt werden!**
In einem 50 ml-Rundkolben, der mit einem Schliffstopfen verschlossen wird, holt man sich vom Assistenten die Lösung eines Alkohols (Methanol oder 1-Butanol) oder Amins (Diethylamin oder Piperidin) in Pyridin (ca. 0.5 g in 3 ml Pyridin). Der Kolben wird an einem Stativ angeklammert und in ein Eisbad gestellt. In kleinen Portionen fügt man etwa 2 g 3,5-Dinitrobenzoylchlorid hinzu. Danach entfernt man das Eisbad und versieht den Kolben mit einem Rückflußkühler (oder mit einem einfachen Steigrohr). Der Inhalt des Kolbens wird nun 10 Minuten lang auf dem Wasserbad auf ca. 80 °C erwärmt. Nach dem Abkühlen gießt man die Reaktionsmischung in ein Becherglas, das mit 50 ml Eiswasser gefüllt ist und säuert mit konz. Salzsäure vorsichtig an. (Salzsäure mit der Tropfpipette vorsichtig zugeben - mit Indikatorpapier prüfen!). Den entstandenen Niederschlag kann man nun auf dem Hirschtrichter absaugen (s. 8. Kurstag). Die auf diese Weise erhaltenen Kristalle werden in einem kleinen Becherglas mit einer Lösung von Natriumhydrogencarbonat gewaschen, dann saugt man erneut ab. Die Substanz wird zwischen 2 Filterpapieren trockengepreßt. Ein Teil davon wird anschließend aus Ethanol umkristallisiert

(siehe 8. Kurstag). Vorsicht beim Umkristallisieren! Ethanol ist leichtentzündlich, zum Erwärmen dürfen keine offenen Flammen benutzt werden.

Die aus der alkoholischen Lösung ausgefallenen Kristalle werden abgesaugt und zwischen Filterpapier trockengepreßt. Dann bestimmt man den Schmelzpunkt und identifiziert die Analysenprobe aufgrund des Schmelzpunkts (s. 8. Kurstag).

Tabelle 9/1. Schmelzpunkte der 3,5-Dinitrobenzoesäurederivate

n-Butylester	62 °C
Methylester	109 °C
Piperidid	147 °C
N,N-Diethylamid	90 °C

Falls der Schmelzpunkt zu niedrig liegt, muß die Substanz nochmals umkristallisiert werden.

Formulieren Sie die Reaktionsgleichungen mit den entsprechenden Zwischenstufen für die Umsetzungen der beiden Alkohole und der beiden Amine mit 3,5-Dinitrobenzoylchlorid! (siehe auch Erläuterungen)

Carbonsäureester und Carbonsäureamide können durch die Lage der Carbonylbande im Infrarotspektrum (IR-Spektrum) unterschieden werden. Vom Assistenten werden Ihnen die IR-Spektren der vier Derivate vorgelegt. Welche davon sind den beiden Estern, welche den Amiden zuzuordnen?

52. Aufgabe: *Die* ^{1}*H-NMR-Spektren der folgenden Substanzen sind abgebildet: a) N,N-Dimethyl-essigsäureamid, b) Essigsäureethylester, c) Essigsäureisopropylester*

Schreiben Sie zunächst die Formeln der drei Verbindungen auf ! (Es kann u.U. nützlich sein, erst einmal die Formel des am N unsubstituierten Essigsäureamids aufzuschreiben).

Dann ordnen Sie die 3 Formeln der Verbindungen a-c jeweils den Spektren 1-3 zu (s. 8. Kurstag). Auf welche Weise können Sie z.B. a) von b) unterscheiden? (Chemische Verschiebung, Zahl der Signale, Intensitäten der Signale, Aufspaltungsmuster; siehe auch Erläuterungen.)

Die Spektren 1-3 sind in Abb. 9/2. (S. 165) dargestellt.

53. Aufgabe: *Bildung eines Sulfonsäureamids*

Etwa 0.5 ml Diethylamin werden in einem Reagenzglas mit ca. 1 g 4-Toluolsulfonsäurechlorid (Vorsicht exotherme Reaktion, spritzt) und 3-4 ml 2 molarer NaOH zusammengegeben. Das Reagenzglas wird mit einem Stopfen verschlossen und 5 Minuten kräftig durchgeschüttelt. Danach prüft man mit Indikatorpapier, ob die Lösung noch alkalisch ist, andernfalls fügt man bis zur alkalischen Reaktion 2 molare NaOH hinzu. Dann kühlt man die Mischung im Eisbad ab. Falls dabei kein Niederschlag ausfällt, reibt man so lange mit einem Glasstab, bis Kristallisation erfolgt. Schließlich werden die Kristalle abgesaugt.

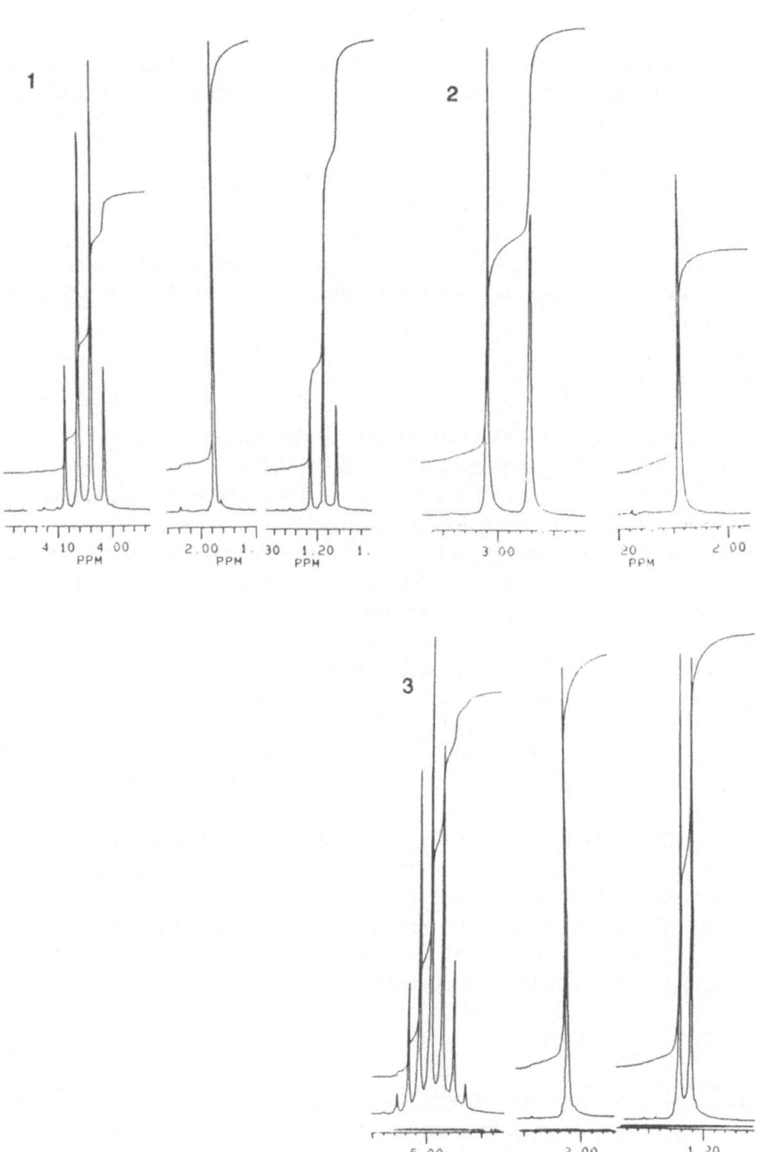

Abb. 9/2. Gespreizte Signalbereiche
der Spektren 1-3

Spektrum 3: Signal bei 5.00 ppm ist um den Faktor 6 vergrößert
Signal bei 2.02 ppm ist um den Faktor 2 vergrößert

Formulieren Sie die Reaktionsgleichung für die Umsetzung von p-Toluolsulfonsäurechlorid (Formel siehe Erläuterungen) mit Diethylamin. Die Reaktion verläuft analog zur Umsetzung von Carbonsäurechloriden.

54. Aufgabe: *pH-Wert-Bestimmung von Aminosäurelösungen*
Bestimmen Sie mit Hilfe einer Glaselektrode (siehe 5. Kurstag) den pH-Wert 5 %iger wäßriger Lösungen von Glycin und Lysin, sowie den einer gesättigten Lösung von Glutaminsäure! Erklären Sie die sehr unterschiedlichen pH-Werte dieser drei Aminosäuren, indem Sie die jeweils entscheidenden Dissoziationsgleichgewichte aufschreiben!

Erläuterungen

1. Stofftrennung mit Hilfe chromatographischer Methoden (50. Aufgabe)
Bei den Reaktionen in der organischen Chemie fallen in der Regel Substanzgemische oder zumindest unreine Produkte an. Die Trennung von Substanzgemischen ist also neben der Identifizierung bzw. Strukturaufklärung eines der Hauptprobleme in der organischen Chemie. Das gilt aber auch im biochemischen Bereich, wo häufig sehr komplexe Substanzgemische, wie z.B. Gemische von Aminosäuren nach der Hydrolyse von Proteinen, getrennt werden müssen.
Relativ einfache Verfahren zur Stoffreinigung sind Umkristallisation (8. Kurstag) und Destillation. Die Trennung von Gemischen aus mehreren Substanzen erfordert jedoch in der Regel anspruchsvollere Methoden. Diesen Anforderungen werden insbesondere die chromatographischen Verfahren gerecht. Sie beruhen alle auf dem gleichen Prinzip, nämlich der *unterschiedlichen Verteilung* der zu trennenden Stoffe zwischen einer *stationären* und einer *beweglichen (mobilen) Phase.*

Dies sei für die Trennung zweier Stoffe A und B mit unterschiedlicher Verteilung zwischen stationärer (S) und mobiler (M) Phase im folgenden Schema veranschaulicht. Der in Wirklichkeit kontinuierlich ablaufende Prozeß kann dabei nur diskontinuierlich dargestellt werden. Bei einer Ausgangskonzentration von 64 Teilen A und 64 Teilen B im 1. Segment der stationären Phase soll für die Verteilung zwischen mobiler und stationärer Phase gelten:

$$\text{A:} \quad K_A = c_M/c_S = 3{:}1 \qquad \text{B:} \quad K_B = c_M / c_S = 1{:}3$$

Abwechselnd werden dann Verteilung (Austausch bei Fixierung der beiden Phasen) und Verschiebung (Weiterwandern der mobilen Phase bis zum nächsten Segment der stationären Phase) durchgeführt.
So kommt es zu einer immer stärkeren Anreicherung von A in der mobilen Phase M, während B sich in der stationären Phase S ansammelt. Nach einiger Zeit ist schließlich A völlig von B getrennt und verläßt das Chromatographie-System in der mobilen Phase zuerst. B wird dann von der nachfolgenden, von A freien mobilen Phase langsam aus dem System entfernt. Nach diesem Prinzip ist die Trennung komplizierter Stoffgemische möglich, wenn die Chromatographiestrecke (stationäre Phase) lang genug ist und die mobile Phase so langsam darüber hinweggeführt wird, daß sich

ständig ein Gleichgewicht einstellen kann. Der große Vorteil der chromatographischen Verfahren ist, daß sie kontinuierlich ablaufen, so daß prinzipiell nur eine Operation durchgeführt werden muß und nicht die einzelnen Operationen (z. B. Verteilung zwischen zwei Phasen im Schütteltrichter oder Umkristallisation) sehr oft wiederholt werden müssen, um eine entsprechende Trennung zu erreichen.

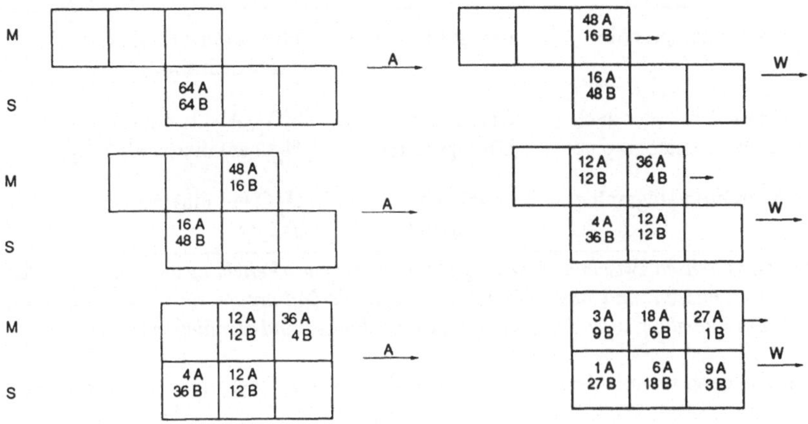

Abb. 9/3. Darstellung der Verteilung bei der Chromatographie

Grundsätzlich kann man die chromatographischen Verfahren so gestalten, daß die getrennten Stoffe isoliert werden; man spricht dann von präparativer Chromatographie. Bei manchen Chromatographie-Verfahren ist das jedoch ziemlich aufwendig. Die Säulenchromatographie gehört hier zu den Ausnahmen.
Bei der technisch meist einfacher durchzuführenden analytischen Chromatographie weist man die getrennten Komponenten auf Grund spezifischer Eigenschaften nach. Dies ist z.B. dadurch möglich, daß man die Wanderungsgeschwindigkeiten bzw. Wanderungsstrecken der Komponenten mit denen von Referenzproben vergleicht, wie das in dem hier durchgeführten Versuch der Fall ist. Da unter standardisierten Bedingungen die Wanderungsgeschwindigkeiten Stoffkonstanten sind, genügt aber auch schon die Kenntnis derselben zur Identifizierung. In Aufgabe 50 wird der R_F-Wert ermittelt; die Wanderungsstrecken der einzelnen Substanzen relativ zur Wanderungsstrecke des Fließmittels sind letztlich ein Maß für deren relative Wanderungsgeschwindigkeiten. Die Sichtbarmachung der Substanzen erfolgt hierbei durch eine Farbreaktion mit Ninhydrin. Prinzipiell sind die Möglichkeiten für die Detektion der einzelnen Substanzen bei den unterschiedlichen Chromatographie-Verfahren jedoch vielfältig.

Man kennt verschiedene chromatographische Verfahren, je nachdem, was als mobile und stationäre Phase benutzt wird. Zu den wichtigsten gehören:

Art der Chromatographie	Mobile Phase	Stationäre Phase
Gaschromatographie	Inertgas (Ar, He)	Flüssigkeit bzw. Öl auf festem Träger
Dünnschicht- oder auch Säulenchromatographie	Organische Lösungsmittel	SiO_2, Al_2O_3 oder H_2O auf diesen als Träger*
Papierchromatographie	Organische Lösungsmittel	H_2O auf Filterpapier als Träger

*   *Die Grenzen zwischen Verteilungschromatographie (Verteilung zwischen zwei flüssigen Phasen) und Adsorptionschromatographie (Adsorption an einem festen Stoff, also Verteilung zwischen fester und flüssiger Phase) sind hier fließend.*

Entscheidend für die Verteilung zwischen den beiden Phasen (bzw. für die Adsorption an der festen Phase) sind die zwischenmolekularen Kräfte. Hier gilt ähnlich wie bei Wechselwirkungen zwischen Lösungsmitteln (s. 6. Kurstag), daß polare Substanzen stärker mit polaren und unpolare stärker mit unpolaren wechselwirken.

Da bei der **Dünnschichtchromatographie (DC)** die stationäre Phase (festes Adsorbens oder adsorbiertes Wasser) im Normalfall stärker polar ist als die mobile Phase (organisches Lösungsmittel), wandern polare Substanzen langsamer als weniger polare. Das gilt auch für die Säulenchromatographie und die Papierchromatographie.

Bei der DC ist ebenso wie bei der Papierchromatographie der R_F-Wert unter gegebenen Bedingungen eine Stoffkonstante.

Bei der **Gaschromatographie (GC)** ist die Retentionszeit (Verweilzeit) unter festgelegten Bedingungen (Länge und Beschaffenheit der Säule) eine charakteristische Größe für jeden Stoff. Je größer die Wechselwirkung der Moleküle mit der Flüssigkeit auf dem Träger (stationäre Phase), um so länger ist die Retentionszeit. Für die Kohlenwasserstoffe n-Pentan, 2,3-Dimethylbutan und n-Hexan nimmt die Retentionszeit in dieser Reihenfolge zu, weil die zunehmende Moleküloberfläche eine stärkere Wechselwirkung zur Folge hat. (Von den Isomeren 2,3-Dimethylbutan und n-Hexan ist das erstere kompakter und besitzt daher die kleinere Oberfläche). Mit der GC können eindrucksvolle Trennungen durchgeführt werden; z.B. können über 30 Einzelkomponenten von Benzingemischen sichtbar gemacht werden.

Besonders wichtig ist die Kopplung der GC mit der **Massenspektrometrie (MS)** oder mit der **IR-Spektroskopie**. Sie ermöglicht die Identifizierung der bei der GC-Trennung normalerweise anfallenden sehr kleinen Substanzmengen mittels der entsprechenden Spektren. Auf diese Weise gelingt der Nachweis geringer Spuren von Substanzen (Nachweis von Giften, Doping-Kontrolle etc.).

2. α-Aminosäuren (50. und 54. Aufgabe)
Von den einfachen aliphatischen Carbonsäuren $CH_3\text{-}(CH_2)_n\text{-}COOH$ lassen sich zwei Typen von Verbindungen ableiten. Ersatz der OH-Gruppe durch eine andere funktionelle Gruppe X führt zu den verschiedenen Carbonsäurederivaten R-COX. Andererseits gibt es eine Vielzahl von Möglichkeiten, durch Einführung von Substituenten in die Alkylgruppe zu neuen Verbindungsklassen zu kommen. Von besonderem Interesse sind dabei die α-subsitutierten Carbonsäuren, die diese Substituenten am C-Atom, das der Carboxylgruppe -COOH benachbart ist, tragen. Hier wiederum spielen die α-Aminosäuren eine besondere Rolle, da sie die Grundbausteine der Proteine darstellen. Das Vorhandensein zweier funktioneller Gruppen, der sauren Carboxylgruppe und der basischen Aminogruppe, führt dazu, daß die Aminosäuren so gut wie ausschließlich in Form der Zwitterionen vorliegen.

$$R\text{—}CH\text{—}COOH \quad (NH_2)$$

$$R\text{—}CH\text{—}COOH \;(NH_3^{\oplus}) \underset{-H^+}{\overset{+H^+}{\rightleftharpoons}} R\text{—}CH\text{—}COO^{\ominus}\;(NH_3^{\oplus}) \underset{+H^+}{\overset{-H^+}{\rightleftharpoons}} R\text{—}CH\text{—}COO^{\ominus}\;(NH_2)$$

Kation   Zwitterion   Anion

Da Aminosäuren sowohl sauren als auch basischen Charakter besitzen (saure Gruppe NH_3^+, basische Gruppe COO^-), bezeichnet man sie als Ampholyte (amphotere Elektrolyte). Der pH-Wert, bei dem die maximale Konzentration an Zwitterion vorliegt, ist der **isoelektrische Punkt (IEP)**, der bei den meisten neutralen Aminosäuren um 6 herum liegt. Saure Aminosäuren (Glutaminsäure, Asparaginsäure) besitzen einen deutlich niedrigeren, basische (Lysin - siehe vorn) einen deutlich höheren IEP.

$$HOOC\text{—}(CH_2)_n\text{—}CH\text{—}COO^{\ominus}\;(NH_3^{\oplus})$$

n = 1 : Asparaginsäure
n = 2 : Glutaminsäure

Alle als Proteinbausteine auftretenden α-Aminosäuren mit Ausnahme von Glycin (R = H) sind chiral und gehören zur L-Reihe (siehe 10. Kurstag).
Die farblosen Aminosäuren reagieren mit Ninhydrin unter Bildung eines blauvioletten Farbstoffs. Diese Reaktion wird zur Sichtbarmachung der Aminosäuren nach der DC benutzt.

3. Die Carbonsäurederivate (51. Aufgabe)

Die wichtigsten Carbonsäurederivate sind:

a) Carbonsäurechloride $\quad$ X = Cl
b) Carbonsäureanhydride $\quad$ X = O - CO - R
c) Carbonsäurethioester $\quad$ X = SR
d) Carbonsäureester $\quad$ X = OR
e) Carbonsäureamide $\quad$ X = NH_2, NHR und NR_2

$$R-C \underset{X}{\overset{O}{\diagdown}}$$

Diese Reihenfolge entspricht der Reaktivität gegenüber Nucleophilen, die Carbonsäurechloride sind die reaktivsten, die -amide die am wenigsten reaktiven Verbindungen. Die Reaktivität der Carbonsäurederivate ist auf die Polarisierung der C=O-Doppelbindung zurückzuführen, die "leicht beweglichen" π-Elektronen werden stärker zum elektronegativen Sauerstoffatom gezogen, d.h. am Sauerstoffatom tritt eine negative Teilladung, am Kohlenstoffatom eine positive Teilladung auf, wie das auch mit mesomeren Grenzformeln (a)-(b) zum Ausdruck gebracht werden kann.

$$(a) \qquad\qquad (b) \qquad\qquad (c)$$

Die dadurch verursachte Elektrophilie des Carbonyl-C-Atoms kann jedoch durch Einbeziehung eines freien Elektronenpaares von X in die Delokalisierung (Grenzformel (c)) abgeschwächt werden. Dieser Effekt ist bei den Carbonsäureamiden besonders ausgeprägt, bei den Carbonsäurechloriden spielt er dagegen keine Rolle. Daher sind die Carbonsäurechloride auch stärker elektrophil als die Carbonsäureester und reagieren im Unterschied zu diesen bereits unter milden Bedingungen mit schwachen Nucleophilen. So werden mit Alkoholen leicht Carbonsäureester und mit Ammoniak bzw. Aminen Carbonsäureamide gebildet.

$$R-C\underset{Cl}{\overset{O}{\diagdown}} + R^1-OH \xrightarrow{- HCl} R-C\underset{O-R^1}{\overset{O}{\diagdown}}$$

$$R-C\underset{Cl}{\overset{O}{\diagdown}} + R^1R^2NH \xrightarrow{- HCl} R-C\underset{NR^1R^2}{\overset{O}{\diagdown}} \qquad \begin{array}{l} R^1 = \text{Alkyl} \\ R^2 = \text{Alkyl} \\ \text{oder H} \end{array}$$

Die Reaktion verläuft nach einem Additions-Eliminierungs-Mechanismus in zwei rasch aufeinander folgenden Teilschritten analog zur alkalischen Esterhydrolyse (7. Kurstag). Die Verwendung des 3,5-Dinitrobenzoylchlorids (fest) als Acylierungsmittel hat gegenüber dem unsubstituierten Benzoylchlorid (flüssig und tränenreizend) den Vorteil der leichteren Handhabung und führt zu besser kristallisierenden Estern bzw. Amiden. Das als Lösungsmittel für die Reaktion verwendete Pyridin hat die wichtige Funktion, die entstehende Salzsäure als Pyridiniumhydrochlorid zu binden.

3.5 - Dinitrobenzoylchlorid   Piperidin   Pyridin

In ganz analoger Weise wie die Amine reagieren auch die Aminosäuren mit Carbonsäurechloriden (z.B. Benzoylchlorid).

4. Sulfonamide (53. Aufgabe)
Ähnlich wie bei den Carbonsäurederivaten zählen bei den Sulfonsäurederivaten R-
SO_2-X die Chloride (X = Cl) zu den reaktivsten (R-SO_2-OH = Sulfonsäuren). So
kann man durch ihre Umsetzung mit Ammoniak oder Aminen Sulfonsäureamide
(Sulfonamide) erhalten.

$R-SO_2-NH_2$ $R-SO_2-NHR^1$ $R-SO_2NR^1R^2$

primäres   sekundäres   tertiäres Sulfonamid

CH_3—⟨⟩—SO_2Cl H_2N—⟨⟩—SO_2-NH_2

4 - Toluolsulfonsäurechlorid   Sulfanilamid

Sulfanilamid und seine Derivate sind Chemotherapeutika gegen bakterielle Infek-
tionen (bakteriostatische Wirkung). Wegen starker Nebenwirkungen sind sie jedoch
weitgehend durch die Antibiotika ersetzt.

5. Infrarotspektroskopie (51. Aufgabe)
Die Infrarotspektroskopie (IR-Spektroskopie) ist ein bedeutendes Hilfsmittel bei der
Strukturaufklärung organischer Verbindungen. Infrarotes "Licht" - d.h. elek-
tromagnetische Strahlung der Wellenlänge λ=2.5 bis 15 μ ($2.5 \cdot 10^{-4}$ - $15 \cdot 10^{-4}$ cm)
oder in Wellenzahlen ausgedrückt ($\bar{\nu}$ = $1/\lambda$) von 4000 bis 667 cm^{-1} - wird durch die
Probe (organische Substanz in einem geeigneten Lösungsmittel gelöst oder in festes
Kaliumbromid eingepreßt) geschickt. Das aufgenommene IR-Spektrum zeigt die Ab-
sorption durch die Probe in Abhängigkeit von der Wellenlänge der eingestrahlten
Energie. Man erhält dabei Absorptionsbanden bei bestimmten Wellenlängen, die für
bestimmte Gruppierungen charakteristisch sind und kann aus der Anwesenheit oder
Abwesenheit einer Absorptionsbande bei einer bestimmten Wellenlänge auf die
Anwesenheit bzw. Abwesenheit einer bestimmten Gruppe in der untersuchten Sub-
stanz schließen.

Für jeden Typ von Carbonsäurederivaten gibt es einen charakteristischen Absorptionsbereich für die C=O-Gruppierung. So findet man für die Alkylcarbonsäureester eine intensive Bande zwischen 1730-1750 cm^{-1}, während für Carbonsäureamide eine intensive Bande zwischen 1650 und 1690 cm^{-1} beobachtet wird.

6. Ergänzungen zur ^{1}H-NMR-Spektroskopie (52. Aufgabe)

Heteroatome wie O oder N entschirmen infolge ihrer im Vergleich zu C größeren Elektronegativität die Protonen direkt benachbarter C-Atome stärker und verschieben daher deren Signale zu größeren ppm-Werten. Indem Sie die Lage der Signale von O-CH- und N-CH-Gruppierungen vergleichen, können Sie Ester von Amiden unterscheiden. Das Aufspaltungsmuster dieser Protonen der beiden Ester erlaubt Ihnen dann auch - zusammen mit den relativen Intensitäten aller Signale - eine Zuordnung der Spektren der beiden Ester. - Bei a) ist zu berücksichtigen, daß die Signale der beiden N-Methylgruppen bei unterschiedlichen ppm-Werten erscheinen. (Das NMR-Gerät "nimmt" die beiden Methylgruppen in unterschiedlicher Umgebung "wahr", da die freie Drehbarkeit um die N-CO-Bindung eingeschränkt ist - besondere Gewichtung von Grenzformel (c) siehe 3.).

10. Kurstag

Chemie der Kohlenhydrate

Lernziele: Nachweisreaktionen von Monosacchariden, Acetylierung von Zuckern, Veranschaulichung des räumlichen Baus von Zuckermolekülen mit Hilfe von Molekülmodellen.

Grundlagenwissen: Aldosen, Ketosen: Stereochemie, Enantiomere, Diastereomere, D,L-Nomenklatur, Halbacetal-Formen. - Glykoside, Disaccharide, reduzierende und nicht-reduzierende Zucker

Benutzte Lösungsmittel und Chemikalien mit Gefahrensymbolen, Gefahrenhinweisen und Sicherheitsratschlägen:

		R-Sätze	S-Sätze
Silbernitrat-Lösung 0.1 molar (17 g $AgNO_3$/l)	C	34	26-28-45
Ammoniak-Lösung 2 molar ca. 3.5%	-		
Glucose-Lösung 0.1 und 2%	-		
20%ige ethanolische Lösungen von			
a) Butanal	F	11	7-9-16-29-33
b) Butanon	F,Xi	11-36/37	7-9-16-25-33
Fructose, fest	-		
Triphenyltetrazoliumchlorid-Lösung			
(2% in H_2O gelöst , pH = 10, eingestellt mit NH_3)	-		
Salzsäure 2 molar (7.1% HCl in H_2O)	-		
Seliwanoff-Reagenz (0.5 g Resorcin in 100 ml HCl 20%)	Xn	22-36/38	2-26-28-45
Essigsäureanhydrid	C	10-34	26-45
Ethanol	F	11	7-16
Natriumacetat, wasserfrei	-		
1%ige Lösungen von a) Saccharose,	-		
b) Trehalose, c) Saccharose + Glucose,	-		
d) Glucose, e) Galactose	-		

Zusätzlich benötigte Geräte: MINIT-Molekülbaukasten-System, 50 ml Heizpilz, Wasserbad, Filterpapier, Filterscheibchen für Hirschtrichter, Eisbad, Schmelzpunktsbestimmungsapparatur und Schmelzpunktsröhrchen.

Entsorgung: Die **silberhaltigen Lösungen** (55. Aufgabe) werden zum Zwecke der Aufarbeitung gesondert in einem Gefäß gesammelt. NH_3-haltige Silbersalzlösungen können nach längerem Stehenlassen explosive Verbindungen bilden. Deshalb ist darauf zu achten, daß im Abfallgefäß das Reduktionsmittel (z.B. Glucose) im Überschuß vorhanden ist und so alles Ag^+ reduziert wird. Ag^+ darf nicht ins Abwasser gelangen (siehe 3. Kurstag). Die weiteren anfallenden **Lösungen organischer Substanzen und organischen Lösungsmittel** werden in ein dafür vorgesehenes Sammelgefäß gegeben und der Sonderabfallentsorgung zugeführt. Die bei der 58. Aufgabe anfallenden **wäßrigen Filtrate** können in das Abwasser gegeben werden.

55. Aufgabe: *Reaktion von Carbonylverbindungen und Monosacchariden mit ammoniakalischer Silbernitratlösung*

Zu 10 ml einer 0.1 molaren $AgNO_3$-Lösung tropft man unter Umschütteln 2 molare Ammoniaklösung (ca. 3 ml), bis das zunächst ausgefallene Silber(I)oxid wieder klar gelöst ist. Von dieser Lösung gibt man a) die Hälfte in ein neues Reagenzglas, b) die andere Hälfte wird gleichmäßig auf drei Reagenzgläser verteilt.

a) Zur ersten Probe wird etwa 1 ml 0.1%ige Glucoselösung hinzugefügt. Dann erwärmt man vorsichtig unter Drehen des Reagenzglases, bis sich an der Wandung ein Silberspiegel abscheidet.

b) In die anderen Reagenzgläser gibt man jeweils 2 ml einer 20%igen ethanolischen Lösung von Butanal, einer 10%igen ethanolischen Lösung von Butanon (=Ethylmethylketon) bzw. eine Spatelspitze D-Fructose und erwärmt auf dem Wasserbad. In den Fällen, in denen hierbei Reduktion der Ag^+-Ionen zu metallischem Silber erfolgt, scheidet sich dieses als grauschwarzer, amorpher Niederschlag oder sogar teilweise als Spiegel ab.

Protokollieren Sie das Ergebnis des Versuchs. Schreiben Sie die Formeln der vier organischen Edukte und gegebenenfalls die der entsprechenden Oxidationsprodukte auf und diskutieren Sie das unterschiedliche Reaktionsverhalten. (Für die beiden Monosaccharide sind die Formeln der "offenen" Aldehyd- bzw. Keto-Formen zu benutzen).

56. Aufgabe: *Reduzierende Wirkung von D-Glucose gegenüber Triphenyltetrazoliumchlorid*

1 ml Triphenyltetrazoliumchlorid-Lösung wird im Reagenzglas zum Sieden erhitzt und dann mit etwa dem gleichen Volumen Glucoselösung versetzt. Es tritt Rotfärbung auf. Bei der Reduktion (Wasserstoffaufnahme) geht das farblose Edukt in das tiefrote Triphenylformazan über.

farblos   rot

57. Aufgabe: *Identifizierung eines unbekannten Disaccharids*

Man lasse sich von der Assistentin eine Lösung geben, die Saccharose, Trehalose, Maltose oder Saccharose zusammen mit Glucose enthalten kann.

Mit einem kleinen Teil der Lösung führe man die Reduktionsprobe nach Aufgabe 56 durch. Bei negativem Ausfall können Saccharose oder Trehalose, bei positivem Ausfall Maltose oder Saccharose zusammen mit Glucose vorliegen. Wodurch wird die reduzierende Wirkung in den beiden letzten Fällen bedingt?

Durch Säurehydrolyse wird nun das Disaccharid in Monosaccharide zerlegt, indem man ca. 2 ml der Lösung mit dem gleichen Volumen 2 molarer HCl versetzt und im Reagenzglas 1 Minute zum Sieden erhitzt.

Dann führt man die Probe auf Fructose nach Seliwanoff durch: 1 ml des Hydrolysats wird mit dem gleichen Volumen einer Lösung von Resorcin (= 1,3-Dihydroxybenzol - 0.5 g/ 100 ml 20%iger Salzsäure) versetzt und zum Sieden erhitzt. Rotfärbung zeigt die Anwesenheit von Fructose an.

Nach dem Ergebnis von Reduktionsprobe und Seliwanoff-Probe kann nun entschieden werden, was die Analysenlösung enthielt (Tabelle 10/1).

Tabelle 10/1. Reduktionseigenschaften von Disacchariden

Zucker	Saccharose	Trehalose	Maltose	Saccharose + Glucose
Reduktionsprobe (vor Hydrolyse)	-	-	+	+
Seliwanoff-Reaktion (nach Hydrolyse)	+	-	-	+

58. Aufgabe: *Darstellung des Pentaacetylderivats eines Monosaccharids (Achtung Schutzbrille!)*

Man lasse sich von der Assistentin eine Zuckerprobe geben, erhitze davon 4 g mit 2 g wasserfreiem Natriumacetat und 20 g Essigsäureanhydrid in einem 100 ml Rundkolben mit aufgesetztem Rückflußkühler (s. 7. Kurstag, 41. Aufgabe) bis zur Lösung und halte dann noch 10 Minuten bei leichtem Sieden. Dann gießt man die Reaktionsmischung in 250 ml Eiswasser und rührt das sich abscheidende Öl bis zur Verfestigung. Man läßt noch 10 Minuten unter gelegentlichem Umrühren stehen, saugt die feste Masse ab, wäscht mit ca. 100 ml Wasser nach und kristallisiert aus Ethanol um, indem man die Masse in einem 100 ml Rundkolben, der mit einem Rückflußkühler zu versehen ist, in möglichst wenig Ethanol heiß löst (Erhitzen mit einem Heizpilz) und danach die Lösung in einem Eisbad abkühlt. Der dabei entstehende Niederschlag wird mit dem Hirschtrichter abgesaugt und auf gleiche Weise wie zuvor nochmals kristallisiert. Eine kleine Probe der abgesaugten und mit etwas Ethanol nachgewaschenen Substanz wird zwischen Filterpapier trockengepreßt, dann wird eine Schmelzpunktbestimmung durchgeführt. Je nach dem ausgegebenen Zucker ist entweder Pentaacetyl-ß-D-glucose (Schmp. 131-134 °C) oder Pentaacetyl-ß-D-galactose (Schmp. 142 °C) durch Veresterung der OH-Gruppen von Glucose oder Galactose entstanden.

Der Assistentin ist anzugeben, welcher Zucker vorgelegen hat. Um welche Art von Isomeren handelt es sich bei den beiden möglichen Produkten?

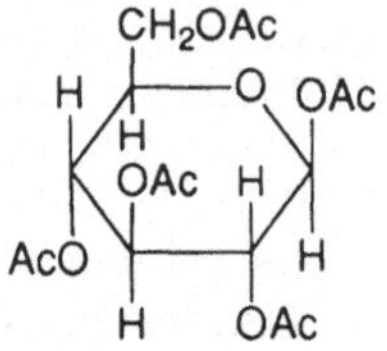

Pentaacetyl - ß - D - glucose 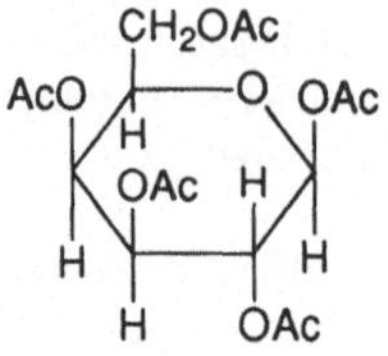   Pentacetyl - ß - D - galaktose

$$Ac = CH_3CO-$$

59. Aufgabe: *Aufbau von Molekülmodellen. Stereochemische Aspekte der Zuckerchemie*

Unter Benutzung von Bausteinen eines MINIT-Molekülbaukasten-Systems baue man sich Molekülmodelle verschiedener Verbindungen und diskutiere die entsprechenden stereochemischen Aspekte.

C-Atome = schwarze, O-Atome = rote, H-Atome = weiße Bausteine, CH- und OH-Bindungen sowie C=O-Doppelbindungen sollten durch kleinere, C-C- und C-O-Einfachbindungen durch größere Verbindungsstücke markiert werden. Für die Carbonyl-C-Atome sind die dreibindigen und für die Carbonyl-O-Atome die einbindigen Bausteine zu verwenden.

a) D- und L-Glycerinaldehyd: Man vergewissere sich, daß die beiden Formen (Bild u. Spiegelbild) nicht miteinander zur Deckung zu bringen sind! (Siehe auch 6. Kurstag). Wie müssen die Moleküle im Raum orientiert werden, damit man ihre Zuordnung (D-Form - L-Form) treffen kann? Schreiben Sie die Formeln beider Verbindungen in der Fischer-Projektion auf! Welche der beiden möglichen Formen nach der R,S-Nomenklatur (R- oder S-) entspricht der D-Form?

b) Man fügt jeweils drei weitere H-C-OH Einheiten hinzu, so daß zwei D-Glucose-Moleküle in ihrer offenen Form entstehen. (Dabei muß natürlich die Stellung der OH-Gruppe an C-2 des ursprünglichen L-Glycerinaldehyds korrigiert werden!). Man beachte dabei, daß eine räumliche Orientierung des Moleküls, wie sie die Fischer-Projektion zur Festlegung der Konfiguration an den einzelenen C-Atomen vorschreibt, zu einer quasi-ringförmigen Anordnung des Moleküls führt. Aus den beiden identischen Molekülen bildet man einerseits α-D-Glucose, andererseits ß-D-Glucose. Dabei muß das dreibindige sp^2-C-Atom durch ein vierbindiges sp^3-C-Atom ersetzt werden, und anstelle kürzerer Verbindungsstücke müssen längere angefügt werden. Zweckmäßigerweise zeichne man sich die Formeln der ringförmigen Formen vorher auf. Die beiden Isomeren liegen genau wie Cyclohexan in der Sesselform vor. Um welche Art von Stereoisomerie handelt es sich bei diesem Isomerenpaar? Sind die beiden Formen energetisch gleichwertig oder nicht? Wenn nein, welches ist die energieärmere (stabilere) Form und warum?

Man vergleiche die Formeln von D-Glucose und D-Galactose (offene Form). An welchem C-Atom der Modelle müßten H und OH vertauscht werden, um α-D-Glucose und ß-D-Glucose in α-D- bzw. ß-D-Galactose zu überführen?

c) Man forme das Modell der ß-D-Glucose ebenfalls in α-D-Glucose um. Dann verbinde man die beiden α-D-Glucose-Moleküle zum Disaccharid Maltose! (Vorher Formel aufschreiben!) An welchen Positionen müssen die beiden Moleküle miteinander verbunden werden? Welche OH-Gruppe wird bei der unter Wasserabspaltung ablaufenden Bildung der Maltose tatsächlich abgespalten und warum?

d) Nachdem das Modell der Maltose wieder in zwei α-D-Glucosemoleküle zerlegt worden ist, fügt man diese zum Disaccharid Trehalose zusammen! An welchen Stellen müssen die beiden Moleküle jetzt verbunden werden (vorher Formel aufschreiben!)?

Maltose und Trehalose verhalten sich bei der Reduktionsprobe völlig unterschiedlich (siehe auch Tabelle 10/1., 57. Aufgabe), obwohl sie aus den gleichen Grundbausteinen bestehen. Erklären Sie das!

Erläuterungen

Bei den Kohlenhydraten (Zuckern) handelt es sich um polyfunktionelle Verbindungen, die neben einer Carbonylgruppe noch mehrere Hydroxylgruppen im Molekül enthalten. Aus dem Zusammenwirken der funktionellen Gruppen ergeben sich neue Eigenschaften. (Im Falle der Aminosäuren führt ja beispielsweise auch das Vorhandensein von Carboxylgruppe und Aminogruppe im gleichen Molekül zur Bildung von Zwitterionen).

1. Die Oxidation von Alkoholen und Thioalkoholen (55. Aufgabe)

Die Protonierbarkeit der OH-Gruppe unter Bildung der Abgangsgruppe H_2O wurde bereits am 6. Kurstag bei der Unterscheidung zwischen primären, sekundären und tertiären Alkoholen durch den Lukas-Test besprochen. Grundsätzlich unterscheiden sich diese Typen von Alkoholen aber auch in ihrem Verhalten gegenüber Oxidationsmitteln.

$$R-CH_2-OH \xrightarrow{-2H} R-CH=O \xrightarrow{[O]} R-C\underset{OH}{\overset{O}{<}}$$

prim. Alkohol   Aldehyd   Carbonsäure

$$R-\underset{OH}{CH}-R \xrightarrow{-2H} R-\underset{O}{C}-R \;\;/\!\!\!\rightarrow$$

sek. Alkohol   Keton

$$R-\underset{R}{\overset{R}{C}}-OH \;\;/\!\!\!\rightarrow$$

tert. Alkohol

Primäre Alkohole lassen sich zu Aldehyden oxidieren (=dehydrieren), die ihrerseits leicht zu Carbonsäuren weiteroxidiert werden können. *Aldehyde wirken deshalb reduzierend.* Sekundäre Alkohole ergeben bei ihrer Oxidation Ketone, die im Gegensatz zu den Aldehyden mit üblichen Oxidationsmitteln nicht weiter oxidiert werden können und daher nicht reduzierend wirken. Tertiäre Alkohole können schließlich ohne Zerstörung des Molekülgerüstes überhaupt nicht oxidiert werden.

Die Oxidation einer sekundären Alkoholgruppe haben Sie bereits bei der oxidativen Decarboxylierung der Äpfelsäure (Äpfelsäure -2H ---> Oxalessigsäure - 8. Kurstag) durchgeführt. Die besonders leichte Oxidierbarkeit des Hydrochinons zum p-Benzochinon (5. Kurstag) ist ein Beispiel für die Oxidation phenolischer OH-Gruppen.

Im Gegensatz zur OH-Gruppe führt die Oxidation der Thioalkoholgruppe (SH-Gruppe) nicht zur Bildung von Thiocarbonylverbindungen (C=S-Gruppe), vielmehr findet hier eine Verknüpfung zweier Moleküle unter Ausbildung einer S-S-Einfachbindung statt. Diese Reaktion spielt insbesondere bei der Oxidation der Aminosäure Cystein zu Cystin eine wichtige Rolle (11. Kurstag).

$$2 \ R\text{–}SH \quad \xrightarrow{-2H} \quad [\, 2 \ R\text{–}S\cdot \,] \quad \longrightarrow \quad R\text{–}S\text{–}S\text{–}R$$

Thioalkohol   Disulfid

2. Kohlenhydrate als Oxidationsprodukte mehrwertiger Alkohole
Die Existenz mehrerer OH-Gruppen im gleichen Molekül in mehrwertigen Alkoholen wie dem zweiwertigen Ethylenglykol (6. Kurstag), dem dreiwertigen Glycerin und den sechswertigen Hexiten lassen den hydrophilen Charakter dieser Verbindungen noch stärker in Erscheinung treten. Schreiben Sie die Strukturformel des Glycerins in Ihr Labortagebuch!

Die Kohlenhydrate lassen sich von solchen mehrwertigen Alkoholen dadurch ableiten, daß eine der Alkoholgruppen (entweder eine der beiden primären oder eine der zu diesen benachbarten sekundären) zur Carbonylgruppe oxidiert ist. Je nach dem Vorliegen einer Aldehyd- oder einer Ketogruppe unterteilt man die Zucker in *Aldosen* bzw. *Ketosen.* Nach der Zahl der C-Atome differenziert man zwischen Aldotriosen, -tetrosen, -pentosen, -hexosen bzw. Ketotriosen, -tetrosen usw. Von Glycerin lassen sich Glycerinaldehyd und Dihydroxyaceton ableiten (siehe Abb.10/1.).

3. Chiralität, Enantiomere, Diastereomere (siehe auch 6. Kurstag)
Glycerinaldehyd ist eine chirale Substanz. Von jeder chiralen Substanz gibt es zwei verschiedene Formen, Enantiomere ("Spiegelbildisomere"). Im Gegensatz zu achiralen Substanzen drehen die beiden Enantiomeren die **Polarisationsebene von linear polarisiertem Licht** beim Durchtritt durch eine Lösung der Substanzen und zwar um denselben Betrag, aber in entgegengesetzter Richtung. Man spricht deshalb auch von **optischer Aktivität** bzw. optisch aktiven Substanzen. Das Racemat (50:50-Gemisch zweier Enantiomerer) ist folglich optisch inaktiv.

$$
\begin{array}{ccc}
\begin{array}{c}
H\!\!-\!\!C\!\!=\!\!O \\
| \\
HO\!\!-\!\!\overset{*}{C}\!\!-\!\!H \\
| \\
CH_2OH
\end{array}
&
\begin{array}{c}
H\!\!-\!\!C\!\!=\!\!O \\
| \\
H\!\!-\!\!\overset{*}{C}\!\!-\!\!OH \\
| \\
CH_2OH
\end{array}
&
\begin{array}{c}
CH_2OH \\
| \\
C\!\!=\!\!O \\
| \\
CH_2OH
\end{array}
\end{array}
$$

Dihydroxyaceton

$$
\begin{array}{ccc}
\begin{array}{c}
CHO \\
| \\
HO\!\!-\!\!C\!\!-\!\!H \\
| \\
CH_2OH
\end{array}
&
\begin{array}{c}
CHO \\
| \\
H\!\!-\!\!C\!\!-\!\!OH \\
| \\
CH_2OH
\end{array}
&
\begin{array}{c}
COOH \\
| \\
H_2N\!\!-\!\!C\!\!-\!\!H \\
| \\
CH_3
\end{array}
\end{array}
$$

L - Glycerinaldehyd   D - Glycerinaldehyd   L - Alanin

Abb.10/1. Darstellung der sterischen Verhältnisse in Molekülen. *Zur Kennzeichnung von asymmetrischen C-Atomen bzw. von Chiralitätszentren werden Sternchen (*) benutzt.*

Bei Enantiomeren handelt es sich um einen besonderen Typ von Stereoisomeren. **Enantiomere haben - unter achiralen Bedingungen - die gleichen physikalischen und chemischen Eigenschaften, unterscheiden sich aber bei Wechselwirkungen mit einem chiralen Medium.** *Die hier beschriebene optische Aktivität stellt einen Sonderfall dar.* **Alle anderen Stereoisomeren, die keine Enantiomeren sind, sich also nicht wie Bild und Spiegelbild verhalten, haben unterschiedliche chemische und physikalische Eigenschaften. Sie werden Diastereomere genannt.**

Wechselwirkungen eines Enantiomerenpaares (A_D, A_L) mit einem chiralen Medium (enantiomerenreine Verbindung, z.B. B_D) führen zu einer **diastereomeren Beziehung:**

$$
\text{z.B.} \qquad A_D, A_L \quad \xrightarrow{B_D} \quad A_D B_D \; + \; A_L B_D
$$

Die beiden Paare $A_D B_D$ und $A_L B_D$ verhalten sich nicht mehr spiegelbildlich zueinander, sind also **diastereomer.**

Da die **meisten biochemisch wichtigen Naturstoffe chirale Substanzen in Form eines der beiden möglichen Enantiomeren** sind (= chirales Medium B_D), spielen **diastereomere Wechselwirkungen** im biochemischen Geschehen eine wichtige Rolle. So vermögen Enzyme zwischen den beiden Formen eines Enantiomerenpaares zu unterscheiden, indem sie ausschließlich oder bevorzugt mit einem der beiden Enantiomeren reagieren. Aus dem gleichen Grunde ist von chiralen Medikamenten, die als Racemat (Enantiomerenpaar) eingesetzt werden, meist nur eine der beiden enantiomeren Formen im gewünschten Sinne wirksam, während die andere sogar zu unerwünschten Nebenwirkungen führen kann.

4. Die D,L-Nomenklatur mit D-Gycerinaldehyd als Bezugssubstanz

Für die Beschreibung der Konfiguration an einem chiralen C-Atom gibt es zwei
Möglichkeiten: die R,S-Nomenklatur (man lese in den Lehrbüchern nach) und die
D,L-Nomenklatur. Für die D,L-Nomenklatur dient der D-Glycerinaldehyd als Be-
zugssubstanz. Es wurde folgendes festgelegt: Das Molekül muß so betrachtet werden,
daß das chirale C-Atom, OH-Gruppe und H-Atom eine Waagerechte bilden, wobei
OH und H nach vorn auf den Betrachter zu weisen. Die beiden anderen Gruppen
zeigen dann zwangsläufig nach hinten. Dabei muß sich die höher oxidierte Gruppe
(-CH=O) oben, die niedriger oxidierte Gruppe ($-CH_2OH$) unten befinden. In dieser
Weise werden die am chiralen C-Atom tetraedrisch angeordneten Substituenten
dann in die Papierebene projiziert **(Fischer-Projektion)**. Befindet sich in der nach
diesen Prämissen aufgestellten Formel die OH-Gruppe rechts, dann liegt der D-Glycerinaldehyd vor, im anderen Falle der L-Glycerinaldehyd (siehe Abb.10/1.).

Zur Ableitung der Konfiguration an anderen Molekülen werden diese zum D-Glycerinaldehyd in Beziehung gesetzt, d.h. von ihm abgeleitet. Bei dem hier abgebildeten
Alanin handelt es sich um die L-Form (CO_2H oben hinten, CH_3 unten hinten, NH_2
und H weisen nach vorn, dabei steht NH_2 links, das bedeutet L-Konfiguration).
Die D,L-Nomenklatur wird heute nur noch für Substanzen benutzt, die in relativ na-
her Beziehung zum D-Glycerinaldehyd stehen wie Kohlenhydrate und α-Amino-
carbonsäuren. Da die meisten Kohlenhydrate mehr als ein chirales C-Atom besitzen,
wurde noch festgelegt, daß die Konfiguration an dem chiralen C-Atom, das am
weitesten von der Carbonylgruppe entfernt ist, über die Zuordnung zur D- oder L-
Reihe entscheidet. Schließlich sei noch darauf hingewiesen, daß die Bezeichnung D,
bzw. L sich lediglich auf die Konfiguration, den räumlichen Bau des Moleküls,
bezieht, nicht aber auf den Drehsinn (rechtsdrehend (+) - oder linksdrehend (-) für
die Polarisationsebene des linear polarisierten Lichts). Eine Verbindung mit D-
Konfiguration kann also durchaus linksdrehend (-) sein und umgekehrt.

5. Die Stereoisomerie bei Aldosen und Ketosen

Von Verbindungen mit n chiralen C-Atomen gibt es 2^n Stereoisomere. Schreiben Sie
alle möglichen stereoisomeren Aldotetrosen $CHO-CHOH-CHOH-CH_2OH$ auf!
Welche sind zueinander enantiomer, welche diastereomer?
Die wichtigsten Aldopentosen sind die Ribose und die Desoxyribose (OH an C-2
durch H ersetzt), die als Bestandteile von Ribonucleinsäuren (RNS) und Desoxyribonucleinsäuren (DNS) überragende Bedeutung haben.
Die Aldohexosen besitzen 4 chirale C-Atome, daher gibt es $2^4 = 16$ Stereoisomere,
d.h. 8 Enatiomerenpaare. Die wichtigste Aldohexose ist die D-Glucose. In ihrem Enantiomeren, der L-Glucose (Formel aufschreiben!) sind an allen vier chiralen C-
Atomen OH und H miteinander vertauscht. Vertauscht man dagegen nur an einem,
zwei oder drei chiralen C-Atomen OH und H, so erhält man Diastereomere, d.h.
Aldohexosen mit anderen Eigenschaften und natürlich auch anderen Namen. Werden in der D-Glucose z.B. am C-Atom 4 OH und H miteinander vertauscht, so
kommt man zur D-Galactose.

Da Ketohexosen nur 3 chirale C-Atome besitzen, existieren von diesen nur 8 Isomere, d.h. 4 Enantiomerenpaare.

6. D-Glucose und D-Fructose und ihre cyclischen Halbacetal- bzw. Halbketal-Formen

Tatsächlich liegt die D-Glucose in wäßriger Lösung nur zu weniger als 0.1% in der hier abgebildeten "offenen" Aldehyd-Form vor. Die gleichzeitige Existenz von OH-Gruppen und einer C=O-Gruppe im selben Molekül führt nämlich zur Bildung cyclischer Halbacetale (Halbacetale siehe 8. Kurstag).

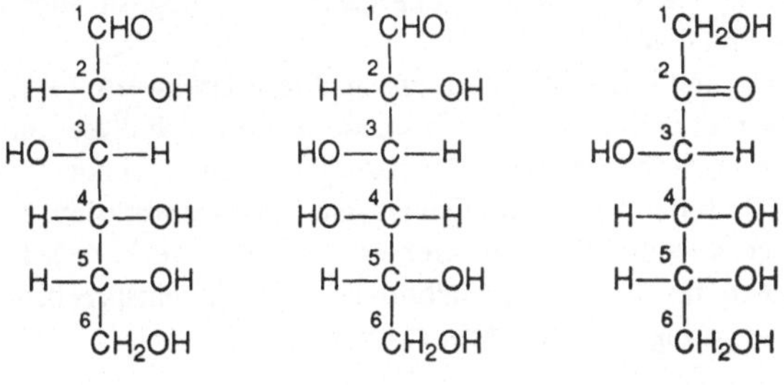

D - Glucose

D - Galactose

D - Fructose

Grundsätzlich können cyclische Halbacetale in Form von Sechsringverbindungen (Pyranose-Form) oder Fünfringverbindungen (Furanose-Form) vorliegen.

Glucose bildet nur den Sechsring aus. Durch die Umwandlung des trigonalen sp^2-C-Atoms der Carbonylgruppe in ein tetraedrisches C-Atom mit 4 unterschiedlichen Substituenten (die Asymmetrie des Rings ist gleichbedeutend mit zwei unterschiedlichen Substituenten R^1 und R^2) entsteht ein neues Chiralitätszentrum, so daß 2 cyclische Halbacetal-Formen, die α-D-Glucose und die ß-D-Glucose, existieren.

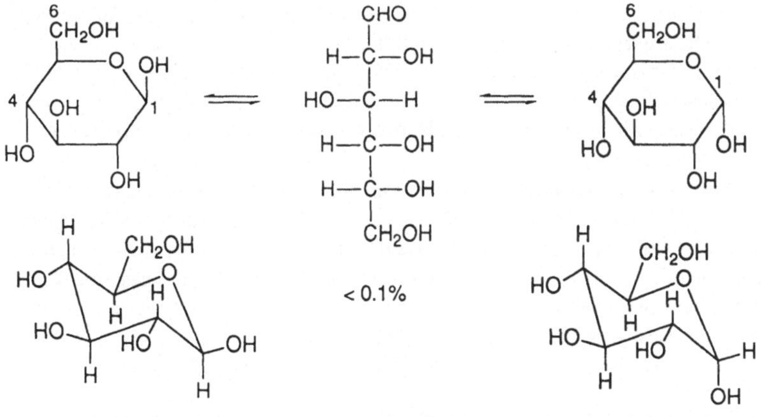

< 0.1%

K = 0,56

64% β - D - Glucose

36% α - D - Glucose

Aus Gründen der Übersichtlichkeit sind in den oberen Ringformeln die direkt am Ring befindlichen H-Atome weggelassen worden.

Beide Moleküle liegen in der Sesselform vor (vgl. Cyclohexan). Während in der ß-D-Glucose alle OH-Gruppen und die CH_2OH-Gruppe sich in äquatorialen Positionen (seitlich wegweisend) befinden, besitzt α-D-Glucose eine OH-Gruppe, nämlich die an C-1, in der energetisch weniger günstigen axialen Stellung (nach unten weisend). An den C-Atomen 2 bis 5 haben beide Moleküle die gleiche Konfiguration, an C-1 ist sie dagegen verschieden. α- und ß-D-Glucose sind daher keine Enantiomeren sondern Diastereomere. Da ß-D-Glucose energieärmer ist, liegt sie auch zu einem größeren Prozentsatz im Gleichgewicht vor.
Als Diastereomere besitzen α- und ß-D-Glucose unterschiedliche Drehwerte (+112° bzw. 19°). Nach dem Auflösen der reinen Formen in Wasser ändern sich diese sofort gemessenen Drehwerte sehr rasch, bis der dem Gleichgewicht entsprechende Wert von +53° gemessen wird. Diesen Vorgang bezeichnet man als **Mutarotation**. Die Einstellung des Gleichgewichts erfolgt über die offene Form (Aldehyd-Form). Die Freien Aktivierungsenthalpien für die Halbacetalbildung und die entsprechende Rückreaktion sind nämlich so gering, daß diese sehr rasch ablaufen.

D-Fructose liegt wie D-Glucose in Lösung als cyclisches Halbketal mit Sechsringstruktur (Pyranose) vor. Versuchen Sie, die Formeln der beiden cyclischen Halbketalformen der D-Fructose aufzuschreiben. Dabei müssen Sie darauf achten, daß die Konfigurationen an C-3 bis C-5 erhalten bleiben.
Die Bevorzugung der cyclischen Halbacetale oder Halbketale gegenüber den offenen Aldehyd- bzw. Keto-Formen im Falle der Zucker beruht hauptsächlich darauf, daß es sich hierbei um eine *intra*molekulare Reaktion handelt. Das Gleichgewicht bei der *inter*molekularen Halbacetalbildung liegt in den meisten Fällen auf seiten der Edukte, weil bei der Umwandlung von zwei Molekülen in ein Produktmolekül der Entropieverlust sehr groß ist ($\Delta G = \Delta H - T \cdot \Delta S$; Entropie S = Maß für die Unordnung. Jedes System strebt ein möglichst hohes Maß an Unordnung an, siehe auch 3. Kurstag). Die *intra*molekulare Halbacetalbildung, bei der ja die Zahl der Moleküle gleich bleibt, ist dagegen nur mit einem relativ geringen Entropieverlust verbunden (die Ringstruktur ist geordneter als die offenkettige). Dieser geringe Entropieverlust wird in diesem Falle jedoch durch den Enthalpiegewinn (ΔH) überkompensiert.

7. Die reduzierende Wirkung von Aldosen und Ketosen (55. bis 57. Aufgabe)
Auch wenn die Aldehyd-Form nur in sehr geringer Konzentration im Gleichgewicht vorhanden ist, so geht doch der reduzierende Charakter der Aldohexosen nicht verloren, da sich das Gleichgewicht immer wieder neu einstellt, bis die gesamte Verbindung umgesetzt ist. Die Aldehydgruppe wird dabei zur Carbonsäuregruppe oxidiert, während der Rest des Moleküls unverändert bleibt; das Oxidationsprodukt der D-Glucose ist die D-Gluconsäure. Schreiben Sie deren Formel auf!

Da Ketone nicht weiter oxidiert werden, würde man von Ketosen eigentlich keine reduzierenden Eigenschaften erwarten. Tatsächlich reduzieren sie aber genauso wie Aldosen. Der Grund dafür ist, daß unter den Bedingungen der Oxidation eine Umlagerung über die tautomere Endiol-Form, die selbst leicht oxidiert werden kann, in die entsprechende Aldose möglich ist.

Ketose   Endiol   Aldose

8. Die glykosidische Bindung

Grundsätzlich können alle OH-Gruppen der Zucker alkyliert oder acyliert werden. Durch Wegfall der Möglichkeit zur Ausbildung von Wasserstoffbrücken sind die entstehenden Produkte leichter flüchtig (analytische Anwendung bei der gaschromatographischen Untersuchung von Zuckern) und schwerer in Wasser löslich. Infolge besser bestimmbarer Schmelzpunkte können solche Derivate auch zur Identifizierung der Zucker dienen (Aufgabe 58), während die Zucker selbst beim Erhitzen oft verkohlen.

Besonders leicht läßt sich die Halbacetal-OH-Gruppe an C-1 durch eine Alkoxy-Gruppe z.B. $-OCH_3$ ersetzen (siehe Formel des Methyl-ß-D-glucosids). Halbacetale werden nämlich mit Alkoholen unter Protonenkatalyse in Acetale überführt. (Sie haben am 8. Kurstag versucht, den Mechanismus dieser Reaktion zu formulieren).

Methyl - ß - D - glucosid

Die von Hexosen abgeleiteten cyclischen Acetale bzw. Ketale werden allgemein als Glykoside bezeichnet. Als Acetale oder Ketale sind sie im Gegensatz zu den Halbacetalen bzw. Halbketalen in Abwesenheit von Säuren stabil. Von wäßrigen Säuren werden sie jedoch wieder glatt in die entsprechenden Hexosen und Alkohole gespalten, wie aus dem Reaktionsschema ersichtlich ist (Rückreaktion). Glykoside stellen wichtige Naturstoffe dar, die besonders im Pflanzenreich vorkommen und die als Medikamente eingesetzt werden. Hier sind die in der Therapie von Herzerkrankungen verwendeten Digitalisglykoside hervorzuheben.

9. Disaccharide - Reduzierende und nicht-reduzierende Zucker (Aufgabe 57)
Anstelle eines einfachen Alkohols kann aber auch ein zweites Hexose-Molekül die Halbacetal-OH-Gruppe des ersten substituieren. Durch eine derartige glykosidische Verknüpfung von Monosaccharid-Molekülen (Einfachzuckern) unter Wasserabspaltung kommt man zu den Disacchariden:

$$2\ C_6H_{12}O_6 \underset{+\,H_2O}{\overset{-\,H_2O}{\rightleftharpoons}} C_{12}H_{22}O_{11}$$

In der Maltose (=Malzzucker) ist ein α-D-Glucose-Molekül über das C-1 mit dem O an C-4 eines zweiten D-Glucosemoleküls verknüpft (exakter Name: 4-O-(α-D-Glucopyranosyl)-D-glucopyranose). Die zweite Hälfte des Moleküls verfügt dann noch über eine Halbacetalgruppe. In wäßriger Lösung stehen die beiden an diesem Molekülende möglichen cyclischen Formen miteinander im Gleichgewicht; daneben liegt zu einem geringen Teil die offene Aldehyd-Form vor, so daß die Maltose reduzierende Eigenschaften besitzt (Aufg. 57). Ist anstelle von α-D-Glucose ein Molekül ß-D-Glucose mit einem zweiten D-Glucose-Molekül 1.4-verknüpft, dann handelt es sich um das Disaccharid Cellobiose. (Formulieren Sie dies!)

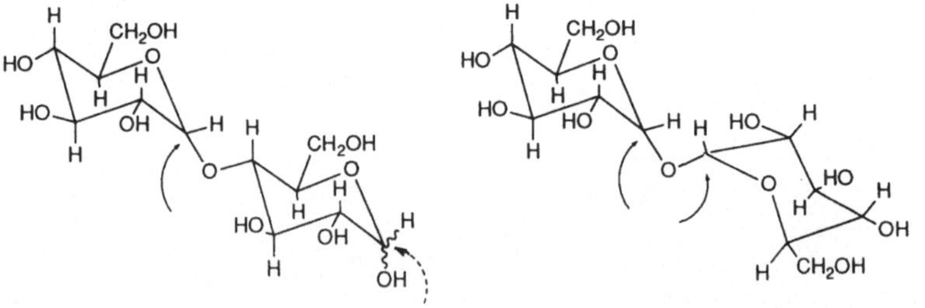

Maltose reduzierend

Trehalose nicht reduzierend

(Acetalgruppen

Halbacetalgruppen

Im Gegensatz zur Maltose und Cellobiose sind in der Trehalose zwei α-D-Glucosemoleküle an ihren C-1-Atomen über eine O-Brücke miteinander verbunden. Hier sind also durch die Verknüpfung aus beiden Halbacetalgruppen Acetalgruppen geworden. Da es keine Halbacetalgruppen mehr gibt, kann sich auch keine freie Aldehydgruppe spontan ausbilden, d.h. Trehalose wirkt nicht reduzierend. Das Gleiche gilt für die Saccharose (Rohrzucker), in der ein α-D-Glucose-Molekül und ein ß-D-

Fructose-Molekül über die beiden ursprünglichen Halbacetal- bzw. Halb-
ketalgruppen miteinander verbunden sind. Saccharose ist daher ebenfalls nicht reduzierend. Bemerkenswert ist, daß in der Saccharose das Fructose-Fragment
Fünfringstruktur hat (Furanose), während die freie Fructose die Sechsringstruktur
(Pyranose) bevorzugt.

Da sowohl bei Maltose und Cellobiose als auch bei Trehalose und Saccharose die
Verbindung zwischen den beiden Molekülhälften über eine bzw. zwei
Acetalgruppe(n) erfolgt, sind die Disaccharide wie alle Acetale gegen Säuren
unbeständig und werden von ihnen zu Monosacchariden gespalten.

10. Polysaccharide

Hochmolekulare Polysaccharide bestehen aus vielen Monosaccharid-Einheiten. So
sind in der Cellulose viele ß-D-Glucose-Moleküle in der Art der Cellobiose miteinander verknüpft. In der Amylose, einem Bestandteil der Stärke, sind zwischen 100
und 1400 α-D-Glucose-Einheiten nach dem Muster der Maltose zu langen Ketten
miteinander verbunden. Im zweiten Hauptbestandteil der Stärke, dem Amylopektin,
gibt es zusätzliche Verzweigungen zwischen den Ketten. (Verknüpfung zwischen den
Positionen 1 und 6; siehe Numerierung der C-Atome in der Glucose, S. 183).

11. Kurstag

Seifen - Kunststoffe - Proteine

Lernziele: Durchführung verschiedener Reaktionen: Fettverseifung, Polymerisation, Polyamid-Bildung, Nachweis von Proteinen. - Aufbau komplexer Strukturen mit Molekülmodellen (Faltblattstruktur, α-Helix).

Grundlagenwissen: Verseifung von Fetten, Micellen. - Kunststoffe durch Polymerisation und Polykondensation. Nylon und Perlon. - Polypeptide: Faltblattstruktur, α-Helix. - Proteine: Verknüpfung der Polypeptid-Ketten.

Benutzte Lösungsmittel und Chemikalien mit Gefahrensymbolen, Gefahrenhinweisen und Sicherheitsratschlägen:

		R-Sätze	S-Sätze
Platten-Speisefett	-		
Ethanol	F	11	7-16
Natronlauge (25 % NaOH in H_2O sowie 2 molar)	C	35	2-26-27-37/39
Sebacinsäuredichlorid in 1.1.1-Trichlorethan	C, N	20/22-34-59	24/25-26-45-61
(12,7 ml / l)			
Hexamethylendiamin-Lösung			
(4.5 g $C_6H_{16}N_2$ + 3.0 g NaOH in 380 ml H_2O)	C	21/22-34-37-43	26-37/39-45
Paraffin	-		
Methacrylsäuremethylester	F,Xi	11-36/37/38-43	9-16-29-33
(frisch unter N_2 destilliert)			
Dibenzoylperoxid, phlegmatisiert mit 25 % H_2O	O,Xi	1-7-36-43	3/7/9-24/25
Cystein-Lösung 0.1 molar	-		
Eisen-III-chlorid-Lösung, 1 % in H_2O	Xi	36/38	26
Hühnereiweiß-Lösung, 5 % in H_2O	-		
Kupfersulfat-Lösung, 1 % in H_2O	Xn	22	

Zusätzlich benötigte Geräte: Wasserbad, Gebißabdruck, Stativ mit Klemme. MINIT-Molekülbaukasten-System

Entsorgung: Die **Reaktionsrückstände und Lösungen aus der 62. Aufgabe** werden getrennt nach festen Rückständen, wäßriger Lösung und 1,1,1-Trichlorethan-Lösung in dafür aufgestellten Gefäßen gesammelt. 1,1,1-Trichlorethan wird redestilliert und weiterverwendet; die anderen Rückstände werden als Sonderabfall entsorgt. **Nicht vollständig polymerisierte Rückstände aus der 61. Aufgabe** werden ebenfalls in den für feste Rückstände vorgesehenen Gefäßen gesammelt.
Die weiteren an diesem Kurstag verwandten Lösungen können in den nach den Versuchsbeschreibungen anfallenden Mengen dem Abwasser beigegeben werden.

60. Aufgabe: *Fettverseifung*
Etwa 2 g Platten-Speisefett werden in einem 100 ml Erlenmeyer-Kolben in 6 ml Ethanol bis zum Auflösen auf dem Wasserbad erhitzt. Danach gibt man 1 ml der Lösung als Vergleichsprobe in ein Reagenzglas und füllt dieses mit 5 ml destilliertem Wasser auf. Zum Rest der Lösung im Erlenmeyer-Kolben fügt man dann 2 ml einer

25%igen NaOH-Lösung hinzu und erhitzt mit dem Heizpilz zum Sieden bis eine homogene, klare Lösung entsteht (etwa 5 Min.). 1 ml dieser Lösung wird in ein Reagenzglas gegeben, das mit 5 ml Wasser aufgefüllt wird. Dann schüttelt man diese Lösung und die Vergleichsprobe kräftig. Was beobachtet man?
Schreiben Sie die Strukturformel eines Fettes auf, indem Sie für die drei am Aufbau beteiligten Fettsäuren die Formeln R^1-COOH, R^2-COOH und R^3-COOH benutzen. Formulieren Sie dann die mit NaOH ablaufende Reaktion!

61. Aufgabe: *Polymerisation von Methacrylsäureester*
In ein Reagenzglas werden unter dem Abzug 5 ml Methacrylsäuremethylester gefüllt. Zu diesem Ester gibt man 0.3 g Dibenzoylperoxid und rührt mit dem Glasstab das Gemisch bis zur vollständigen Lösung des Polymerisationsstarters. Danach wird das Reagenzglas in eine Stativklemme eingespannt und auf dem Wasserbad bei einer Temperatur von etwa 65-75 °C erwärmt. Nach ca. 20 Minuten, wenn der Ester durch einsetzende Polymerisation viskoser geworden ist, gießt man ihn in die Form eines Gebißabdrucks, der anschließend in einen auf 75-80 °C vorgeheizten Trockenschrank gestellt wird. Nach ca. 45 Minuten ist der Ester vollständig polymerisiert; der Gebißabdruck wird aus dem Trockenschrank genommen, unter fließendem kalten Wasser abgekühlt, und anschließend wird das Polymerisat <u>vorsichtig</u> aus der Form gelöst.
Man formuliere den Polymerisationsvorgang! Dabei geht man von 3 Molekülen Methacrylsäuremethylester und einem Starterradikal R· aus. Für den Abbruch der Reaktion können Sie eine der drei unter den Erläuterungen angegebenen Möglichkeiten benutzen.

62. Aufgabe: *Darstellung von Nylon 6.10*
Ein 100 ml Becherglas wird an der Innenwand mit Paraffin eingerieben. In dieses Becherglas füllt man im Abzug 40 ml einer Lösung von Sebacinsäuredichlorid in 1,1,1-Trichlorethan. Anschließend überschichtet man die organische Phase vorsichtig mit 25 ml einer wäßrigen Lösung von Hexamethylendiamin. An der Phasengrenze entsteht eine Haut, die man nach einer Minute mit einer Pipette, Glasstab oder ähnlichem hochziehen kann. Es bildet sich ein Faden, der sich aufwickeln läßt.
Formulieren Sie den Vorgang, der zur Ausbildung des Fadens führt, indem Sie von 2 Molekülen Sebacinsäuredichlorid und 2 Molekülen Hexamethylendiamin ausgehen. Dabei vergegenwärtige man sich, daß die funktionellen Gruppen an den beiden Molekülenden in derselben Weise weiterreagieren und daß die kontinuierliche Wiederholung dieser Reaktion schließlich zur Bildung von Makromolekülen führt.

63. Aufgabe: *Aufbau von Molekülmodellen*
Mit dem MINIT-Molekülbaukasten-System erstellt man die folgenden Strukturen:

a) Faltblatt-Struktur aus zwei Pentapeptiden bestehend aus Alanin-Bausteinen. Der Ausschnitt aus einem Polypeptid ist unter den Erläuterungen abgebildet.

Zunächst benötigt man 10 Alanin-Bausteine mit je einer freien Valenz am Carbonyl-C- und am N-Atom.

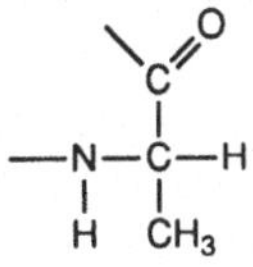

Die folgenden Bausteine sind zu benutzen: sp^3-C-Atome: zwei schwarze vierbindige Zentren; sp^2-C-Atom: schwarzes dreibindiges Zentrum mit 2 Doppelstrichen; sp^2-N-Atom: blaues dreibindiges Zentrum mit 2 Doppelstrichen; O-Atom: rotes zweibindiges Zentrum mit 180° Bindungswinkel (für H-Brücke); H-Atome: 4 weiße einbindige Zentren, 1 weißes zweibindiges Zentrum am N (für H-Brücke)

Für die Verbindung der Zentren benötigt man grüne Röhrchen folgender Länge 2.5 cm für C-C und C-N-Bindung, 2.0 cm für C=O-Bindung, 1.5 cm für C-H- und N-H-Bindung und weiße Röhrchen von 3.5 cm Länge für H-Brücken.

Wegen der etwas von 120° abweichenden Bindungswinkel müssen die dreibindigen C-Atome so eingebaut werden, daß das O-Atom der Carbonylgruppe von den beiden Doppelstrichen umgeben ist. Beim dreibindigen N-Atom muß das Carbonyl-C-Atom des später anzufügenden nächsten Alanin-Bausteins zwischen den beiden Doppelstrichen angebracht werden.

Man achte darauf, daß Alanin wie alle anderen chiralen Aminosäuren in der L-Konfiguration vorliegt. Die in der Fischer-Projektion angebene Formel muß also entsprechend auf das Modell übertragen werden (siehe auch 10. Kurstag). Nachdem man sich vergewissert hat, daß alle 10 Fragmente der L-Konfiguration entsprechen, fügt man jeweils 5 dieser Fragmente zu einem Pentapeptid zusammen, wobei an den Enden je eine Valenz freibleibt. Die Pentapeptid-Ketten werden zickzackförmig angeordnet, so daß für jede -CO-NH-Gruppe eine trans-Anordnung von O und H resultiert. Beide Ketten werden dann so aufgebaut, daß jeweils eine CO-Gruppe einer Kette einer NH-Gruppe der anderen Kette gegenüberliegt. Dann verbindet man sechsmal die inneren O- und H-Atome dieser Gruppen mit den weißen Röhrchen (H-Brücken). Die Methylgruppen weisen dann - richtige Konfiguration vorausgesetzt - nach oben und unten. Die Faltblattstruktur wird am deutlichsten sichtbar, wenn man das Modell einfach auf die unteren 6 Methylgruppen stellt.

b) α-Helix aus einem Decapeptid, bestehend aus Alanin-Bausteinen.
Man entfernt aus dem Faltblattmodell die H-Brücken (weiße Röhrchen) und fügt die beiden Pentapeptid-Fragmente zu einem Decapeptid mit freien Valenzen an beiden Enden (andersfarbige Röhrchen) zusammen. Beginnend vom C-terminalen Ende (C=O-Gruppe) faltet man das Decapeptid zu einer rechtsgängigen Spirale (α-Helix). Zu diesem Zwecke verbindet man das H-Atom am ersten N-Atom mit dem O-Atom der 5. C=O-Gruppe (direkt nach N-4) durch eine H-Brücke (weißes Röhrchen), dann NH-2 mit O-6, NH-3 mit O-7, NH-4 mit O-8, NH-5 mit O-9 und NH-6 mit O-10.

Abb. 11/1. Schematische Darstellung
der α-Helix ;(Die Brücken sind durch
Pfeile angedeutet).

x = NH, Δ = CO, • = CH(CH$_3$)

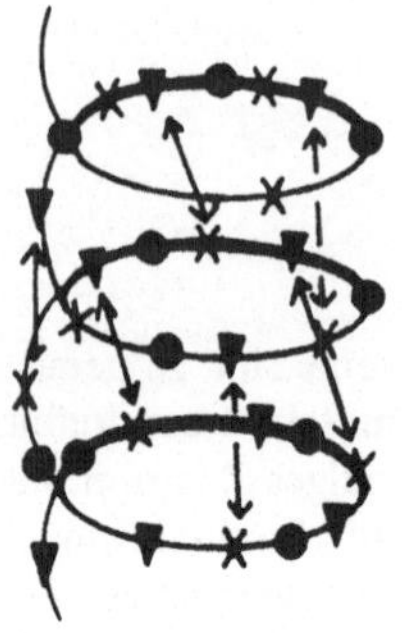

Man verfolge den wendelförmigen Verlauf des Polypeptids. Die H-Brücken verlaufen in
grober Näherung parallel zur Helixachse.

64. Aufgabe: *Oxidation von Cystein zu Cystin*
In einem Reagenzglas löst man eine Spatelspitze Cystein in 10 ml Wasser und fügt ca. 10
Tropfen 1%ige FeCl$_3$-Lösung hinzu. Die blauviolette Färbung zeigt die Bildung eines
Komplexes zwischen Fe(III)-Ionen und Cystein an. Nach einiger Zeit ist die Färbung
verschwunden. Die Fe(III)-Ionen oxidieren das Cystein zu Cystin und werden dabei
selbst zu Fe(II)-Ionen reduziert, was zur Zerstörung des farbigen Komplexes führt.
Formulieren Sie die Reaktionsgleichung für die Oxidation des Cysteins! (Siehe auch 10.
Kurstag - Oxidation von Thioalkoholen und 5. Kurstag Oxidation von Thioglykolsäure).

65. Aufgabe: *Bildung von Cu-Komplexen von Proteinen*
4 ml 2 molare NaOH werden mit 5 Tropfen 1%iger CuSO$_4$-Lösung versetzt. Man verteilt
auf 2 Reagenzgläser und fügt zum einen 2 ml 5%ige Hühnereiweißlösung, zum anderen 2
ml Wasser und schüttelt um. Was wird beobachtet? Man betrachte die beiden
Reagenzgläser am besten vor einem weißen Hintergrund.

Erläuterungen

1. Fette und verwandte Verbindungen (60. Aufgabe)
1.1 Der Aufbau der Fette
Fette sind Ester des dreiwertigen Alkohols Glycerin mit langkettigen Fettsäuren, die
jeweils aus einer geraden Zahl von C-Atomen zwischen 4 und 24 bestehen. Am häufigsten
sind Fettsäuren mit 16 und 18 C-Atomen anzutreffen (z.B. enthält Butterfett zu rund 30%
Fettsäuren mit 16 C-Atomen, zu 46% solche mit 18 C-Atomen und zu ca. 24% solche mit
4 bis 14 C-Atomen). Neben gesättigten sind auch ungesättigte Fettsäuren
am Aufbau der Fette entscheidend beteiligt. In den meisten Fällen sind die drei
Fettsäurekomponenten eines Moleküls unterschiedlich, wegen der sich daraus ergeben-
den vielfältigen Möglichkeiten sind Fette in der Regel Gemische aus verschiedenen Molekülsorten. Die langen Alkylreste bedingen ihre hydrophoben Ei-

genschaften. So sind Fette in Wasser unlöslich, dagegen in unpolaren organischen Lösungsmitteln gut löslich.

$$
\begin{array}{lll}
R^1\!-\!CO\!-\!O\!-\!CH_2 & R^1\!-\!CO\!-\!O^{\ominus}Na^{\oplus} & CH_2\!-\!OH \\
\quad\quad\quad\quad | & \quad\quad\quad\quad | & \quad | \\
R^2\!-\!CO\!-\!O\!-\!CH \;+\,3\,NaOH \longrightarrow & R^2\!-\!CO\!-\!O^{\ominus}Na^{\oplus} \;+ & CH\!-\!OH \\
\quad\quad\quad\quad | & \quad\quad\quad\quad | & \quad | \\
R^3\!-\!CO\!-\!O\!-\!CH_2 & R^3\!-\!CO\!-\!O^{\ominus}Na^{\oplus} & CH_2\!-\!OH
\end{array}
$$

1.2 Der amphiphile Charakter von Seifen

Als Ester lassen sich Fette sowohl alkalisch als auch sauer hydrolysieren (siehe 7. Kurstag). Die irreversibel verlaufende alkalische Hydrolyse ergibt neben Glycerin die Alkalisalze der Fettsäuren, die Seifen (Hydrolyse = Verseifung). Die Natriumsalze sind Kernseifen, die Kaliumsalze Schmierseifen. In den Seifen ist ein langer hydrophober Rest R mit der ionischen und daher hydrophilen Carboxylatgruppe COO⁻ vereinigt. Derartige Verbindungen werden als amphiphil oder amphipatisch bezeichnet (amphi = von beiden Seiten).

In Alkanen ist die (gestaffelte) *anti*-Konformation (zur Bedeutung des Begriffes "Konformation" siehe 6.Kurstag) wegen der geringsten sterischen Wechselwirkungen die energieärmste. Man baue mit Hilfe von MINIT-Modellen ein Butan-Molekül und überführe es durch Drehung um die zentrale C-C-Bindung in die hier abgebildeten Konformationen:

verdeckt	gestaffelt	verdeckt	gestaffelt
ekliptisch	gauche	ekliptisch	anti

Entsprechend liegen die Fettsäuren und deren Salze bevorzugt in einer *all-anti*-Konformation vor, d.h. ihre langen Alkylreste bilden überwiegend Zickzackketten.

Beim Auflösen in Wasser besetzen die amphiphilen Seifenmoleküle zunächst die Oberfläche und bilden dort eine monomolekulare Schicht. Dabei werden die hydrophilen -COO⁻-Gruppen von Wassermolekülen umgeben, während die hydrophoben "Alkylschwänze" aus dem Wasser herausragen. Dadurch wird die Oberflächenspannung der Seifenlösung erheblich verringert, so daß die Lösung viel leichter in kleine Poren eindringen kann als reines Wasser. Sie wirkt also benetzend. Sobald die Oberfläche der Lösung mit einer monomolekularen Schicht besetzt ist, bilden sich im Innern hochmolekulare wasserlösliche Assoziate aus, sogenannte **Micellen**. In ihnen sind die Moleküle in Form einer Kugel angeordnet, so daß die hydrophilen "Köpfe", die Carboxylatgruppen, nach außen zeigen und mit den Wassermolekülen in Wechselwirkung treten, während die hydrophoben "Schwänze", die Alkylgruppen, nach innen weisen und einen hydrophoben Innenraum bilden. Durch die Bildung derartiger Assoziate sind amphiphile Moleküle um mehrere Größenordnungen besser in Wasser löslich als hydrophobe Moleküle. Im hydrophoben "Innenraum" solcher Micellen können unpolare organische Moleküle gelöst werden. So werden z.B. Fetttröpfchen oder andere organische Schmutzteilchen von Seifenmolekülen im Innern der Micellen eingeschlossen und zerkleinert (Emulsions- und Dispersionswirkung der Seifen).

1.3 Phosphoglyceride

Nahe verwandt mit den Fetten (daher Lipoide genannt) sind die sog. Phosphoglyceride wie z.B. Lecithin. Bei ihnen handelt es sich um Ester des Glycerins mit zwei Fettsäuregruppen als hydrophoben Schwänzen und einer Phosphorsäureestergruppierung als hydrophilem "Kopf". Im Lecithin ist zusätzlich eine kationische Trimethylammoniumethylgruppe an den Phosphorsäurerest gebunden.

In Wasser bilden solche Moleküle Doppelschichten mit den hydrophoben Molekülteilen im Innern und den polaren Gruppen an der Grenzfläche zum Wasser. Durch Einbau von Proteinen in derartige Assoziate entstehen biologische Membranen mit ihren spezifischen Eigenschaften.

2. Polymerisation (Aufg. 61)

Bei der Polymerisation von Verbindungen, die sich vom Ethen (= Ethylen) ableiten, werden hochmolekulare Stoffe (= Polymere) erhalten, die in sehr vielfältiger Weise als Kunststoffe Verwendung finden. In der Regel handelt es sich um lange Kettenmoleküle, die aus Hunderten oder Tausenden von Monomereinheiten aufgebaut sind, doch können auch Verzweigungen zwischen den Ketten auftreten. Grundsätzlich entstehen Moleküle unterschiedlicher Kettenlänge, d. h. man findet eine statistische Verteilung der Molekülgröße (Molekulargewicht). Durch die Wahl der Reaktionsbedingungen kann jedoch die mittlere Molekülgröße beeinflußt werden. Ganz allgemein läßt sich die Polymerisation folgendermaßen formulieren:

$$n \ CH_2{=}CH{-}X \longrightarrow {\Big[}CH_2{-}\underset{\underset{X}{|}}{CH}{\Big]}_n$$

Zu den wichtigsten polymerisationsfähigen Monomeren gehören die folgenden Verbindungen: X = Cl: Vinylchlorid, X = C_6H_5: Styrol, X = COOR: Acrylsäureester, X = CN: Acrylnitril, X = CH_3: Propylen (=Propen), X = H: Ethylen (= Ethen). Die Namen der Polymeren werden einfach durch Voransetzen der Vorsilbe Poly abgeleitet: z.B. Polyvinylchlorid = PVC. Weitere wichtige Ausgangsstoffe für Polymerisationen sind $CF_2{=}CF_2$ (Tetrafluorethylen ergibt Teflon), $CH_2{=}C(CH_3){-}COOR$ (Methyacrylsäureester ergibt z.B. Plexiglas, Zahnprothesen etc. - in Aufgabe 61 wird der Methylester verwendet), $CH_2{=}CH{-}CH{=}CH_2$ (Butadien ergibt synthetischen Kautschuk), $CH_2{=}C(CH_3){-}CH{=}CH_2$ (Isopren ergibt Naturkautschuk oder Guttapercha). Im Falle der beiden letzten Monomeren findet die Polymerisation allerdings im Sinne einer 1.4-Addition statt.

$$\Big[CH_2{-}CR{=}CH{-}CH_2\Big]_n \quad R = H \quad oder \ CH_3$$

Die Polymerisation ist eine Kettenreaktion, die durch Initiatoren ausgelöst wird. Entsprechend ihrer Auslösung kann sie als radikalische, kationische oder anionische Polymerisation oder als Koordinationspolymerisation (Verwendung spezieller Metallkatalysatoren) durchgeführt werden. Am wenigsten polymerisationsfreudig sind die einfachen Alkene wie Ethylen und Propylen. Aus ihnen können durch Koordinationspolymerisation die qualitativ besten Produkte erhalten werden. Auf diese Weise ist es sogar möglich, Polypropylen herzustellen, das entweder an jedem chiralen C-Atom ($X{=}CH_3$) die gleiche Konfiguration besitzt (isotaktisches Polypropylen) oder bei dem die Konfiguration an den chiralen C-Atomen alterniert (syndiotaktisches Polypropylen). Üblicherweise ist die Konfiguration an den chiralen C-Atomen der Polymeren dagegen unregelmäßig (ataktische Polymere).

Anhand der **radikalischen Polymerisation** wird das Prinzip kurz erläutert:

Startreaktion: Bildung eines Radikals R• auf thermischem oder photochemischem Wege (Anwendung von UV-Lampen in der Zahnmedizin) oder durch Elektronenübertragung. Im durchgeführten Versuch wird Dibenzoylperoxid durch Erwärmen in zwei Benzoyloxy-Radikale gespalten:

$$C_6H_5{-}CO{-}\overline{\underline{O}}{-}\overline{\underline{O}}{-}CO{-}C_6H_5 \ \xrightarrow{\Delta} \ 2 \ C_6H_5{-}\overset{\overset{\textstyle |\overline{O}|}{\|}}{C}{-}\overline{\underline{O}}• \quad = \boxed{R}•$$

Kettenwachstum: Addition des Startradikals an die C=C-Doppelbindung des Monomeren unter Bildung eines neuen Radikals, das sich dann in derselben Weise wieder an ein weiteres Monomermolekül addiert.

$$\boxed{R}• \ + \ CH_2{=}CH{-}X \ \longrightarrow \ \boxed{R}{-}CH_2{-}\overset{•}{C}HX$$

$$\boxed{R}{-}CH_2{-}\overset{•}{C}HX \ + \ CH_2{=}CHX \ \longrightarrow \ \boxed{R}{-}CH_2{-}CHX{-}CH_2{-}\overset{•}{C}HX$$

usw.

Kettenabbruch: Der radikalische Charakter der Kette geht verloren a) durch Addition eines Startradikals an das Kettenende, b) durch Kombination zweier Radikalketten, c) durch H-Abstraktion aus einer anderen Radikalkette, wobei zusätzlich eine neue Alkengruppe entsteht, die Anlaß zu einer Kettenverzweigung bilden kann. (Formulieren Sie die analoge Disproportionierung zweier Ethyl-Radikale zu Ethan und Ethen!)

(a) Addition von $\boxed{R}\cdot \quad\longrightarrow\quad \boxed{R}-(CH_2-CHX)_{\overline{n}}-CH_2-CHX-\boxed{R}$

(b) Kombination

$\longrightarrow \quad \boxed{R}-(CH_2-CHX)_{\overline{n}}-CH_2-CHX-CHX-CH_2-(CHX-CH_2)_m-\boxed{R}$

(c) Disproportionierung $\quad\longrightarrow\quad \boxed{R}-(CH_2-CHX)_{\overline{n}}-CH_2-CH_2X \quad +$

$\boxed{R}-(CH_2-CHX)_m-CH=CHX$

3. Polykondensation (62. Aufgabe)

Hochpolymere Moleküle lassen sich auch durch Kondensationsreaktionen gewinnen. Dabei geht man entweder von zwei unterschiedlichen Monomeren aus, von denen das eine zwei elektrophile Gruppen und das andere zwei nucleophile Gruppen besitzt, oder man verwendet ein Monomeres, das eine elektrophile und eine nucleophile Gruppe enthält. Auf diese Weise lassen sich z.B. Polyester mit sehr unterschiedlichen Eigenschaften erzeugen. Welche Ausgangskomponenten müßten Sie für deren Darstellung auswählen?

Ganz besonders wichtig unter den Polykondensaten sind die Polyamide Nylon (Nylon 6.6) und Perlon (Nylon 6). Die Zahlen geben die Anzahl der direkt aufeinanderfolgenden C-Atome innerhalb einer Periode des Makromoleküls wieder). Die Herstellung von Nylon erfolgt aus Hexamethylendiamin und der wenig reaktiven Adipinsäure bei hohen Temperaturen ($>200\,°C$) und unter Druck.

$$n \; HO-\overset{\overset{O}{\|}}{C}-(CH_2)_4-\overset{\overset{O}{\|}}{C}-OH \;+\; n \; H_2N-(CH_2)_6-NH_2 \xrightarrow{-2n\,H_2O}$$

Adipinsäure   Hexamethylendiamin

$$\left[-\overset{\overset{O}{\|}}{C}-(CH_2)_4-\overset{\overset{O}{\|}}{C}-\underset{\underset{H}{|}}{N}-(CH_2)_6-\underset{\underset{H}{|}}{N}- \right]_n \qquad n = 80 - 100$$

Sie führen einen entsprechenden Versuch mit Sebacinsäuredichlorid Cl-CO-$(CH_2)_8$-CO-Cl und Hexamethylendiamin durch. Warum verwenden Sie das Dicarbonsäuredichlorid anstelle der Dicarbonsäure? (s. 9. Kurstag)

Bei der Synthese von Perlon wird die ϵ-Aminocapronsäure intermediär beim Erhitzen des entsprechenden cyclischen Säureamids ϵ-Caprolactam (versuchen Sie das zu formulieren - Siebenring!) in Gegenwart von wenig Wasser gebildet und kondensiert dann anschließend.

$$2n\ H_2N-(CH_2)_5-\overset{\overset{\textstyle O}{\|}}{C}-OH \xrightarrow{-2n\ H_2O} \left[-NH-(CH_2)_5-\overset{\overset{\textstyle O}{\|}}{C}-NH-(CH_2)_5-\overset{\overset{\textstyle O}{\|}}{C}-\right]_n$$

ϵ - Aminocapronsäure

(= 6 - Aminohexansäure)

$n = 160 - 200$

Auch bei den Polyamiden Nylon und Perlon bilden die aus sp^3-hybridisierten C-Atomen (CH_2-Einheiten) bestehenden Abschnitte infolge der Begünstigung der anti-Konformation bevorzugt Zickzack-Ketten. Jetzt sind aber in die Polymerkette Carbonsäureamid-Gruppen -CO-NH- direkt eingebaut, die außer dem sp^2-hybridisierten C-Atom auch ein sp^2-hybridisiertes N-Atom enthalten und somit planar gebaut sind. Delokalisierung der π-Elektronen stabilisiert die Säureamidgruppe und schränkt die freie Drehbarkeit um die formale C-N-Einfachbindung ein (siehe mesomere Grenzformeln).

Die Fähigkeit der NH-Gruppierung als "H-Brücken-Donator" und der C=O-Gruppierung als "H-Brücken-Acceptor" zu fungieren, bewirkt eine Vernetzung der Ketten durch eine Vielzahl von H-Brücken und bedingt somit die besonderen Eigenschaften der Polyamide. Auch bei diesen ist das Ausmaß der Ausbildung kristalliner Bereiche, wodurch die Eigenschaften entscheidend bestimmt werden, stark von den Herstellungsbedingungen abhängig.

4. Peptide, Proteine (63. bis 65. Aufgabe)

Peptide sind aus Aminosäurebausteinen aufgebaute Polyamide. Übersteigt die Zahl der Aminosäurebausteine in Polypeptiden eine bestimmte Größe (60-100 Aminosäurebausteine), so spricht man von Proteinen. Die planare Säureamidgruppe (=Peptidgruppe) mit ihrer ausgeprägten Fähigkeit zur H-Brückenbindung spielt auch hier eine wichtige Rolle. Im Unterschied zu den künstlichen Polyamiden Nylon und Perlon, bei denen sich eine Kette von 4 bis 6 CH_2-Einheiten zwischen zwei Säureamidgruppen befindet, werden aber in den Peptiden die Amidgruppen nur durch ein tetraedrisches C-Atom, das noch einen Rest R trägt, getrennt. Da 20 verschiedene Aminosäuren mit unterschiedlichen Resten R als Proteinbausteine auftreten, ergibt sich eine schier unendliche Zahl von Kombinationsmöglichkeiten für die Makromoleküle. Durch eine bestimmte Reihenfolge der unterschiedlichen Reste R, die Aminosäuresequenz *(= Primärstruktur)*, sind die Eigenschaften eines Proteins und insbesondere sein räumlicher Aufbau genau festgelegt.

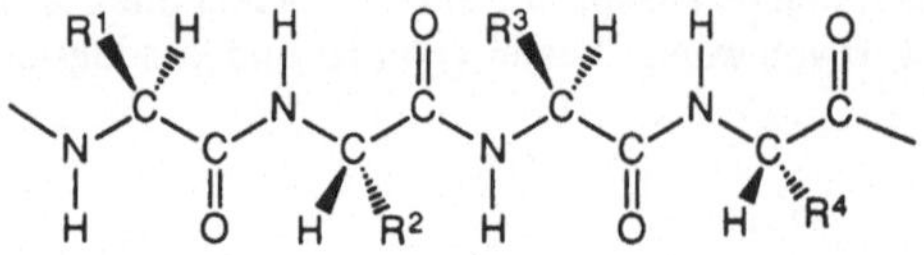

Sind die Reste R relativ klein wie bei der Seide (R = H, CH_3 oder CH_2-OH), dann liegen die Polypeptidketten parallel nebeneinander und werden durch intermolekulare H-Brücken zwischen Säureamidgruppen zusammengehalten. Die Reste R stehen dann jeweils nach oben oder unten. Auf diese Weise ergibt sich die sogenannte *Faltblattstruktur* als Sekundärstruktur.

Eine noch wichtigere *Sekundärstruktur* als die Faltblattstruktur stellt die *α-Helix* dar. Hier sind die ursprünglich linearen Peptid-Ketten zu einer schraubenförmigen Struktur (rechtsgängige Schraube) aufgespult. Die Helixstruktur wird durch intramolekulare H-Brückenbindungen zwischen benachbarten Windungen der Helix parallel zur Helixachse bewirkt. Die Seitenketten R der Aminosäurebausteine weisen dabei nach außen. Zusätzlich zu den H-Brücken treten Quervernetzungen der Helices durch kovalente Bindungen, insbesondere Disulfid-Brücken zwischen Substituenten R, auf. Solche α-Helices findet man im α-Keratin, dem Hauptbestandteil des menschlichen Haares und von Wolle. Diese sind, ebenso wie Seide (Faltblattstruktur), typische Vertreter der wasserunlöslichen Faserproteine (Skleroproteine).

Im Unterschied zu diesen Proteinen mit geordneten Strukturen enthalten die in Wasser kolloidal löslichen Kugelproteine (globuläre Proteine) neben helicalen Bereichen auch ungeordnete Bereiche. Die für ein bestimmtes Protein (bei festgelegter Aminosäuresequenz) charakteristische Raumstruktur *(Tertiärstruktur)* wird durch Wechselwirkungen bzw. Bindungen zwischen einzelnen Resten R der Seitenketten bewirkt. Dadurch treten ganz typische Faltungen dieser nicht-helicalen Bereiche auf. Dabei können die hydrophilen Reste an die kugelförmige Oberfläche gelangen und so mit dem Wasser in Wechselwirkung treten.

Solche Kräfte zwischen den Resten R, die Protein-Tertiärstrukturen stabilisieren, sind

a) hydrophobe Wechselwirkungen zwischen zwei hydrophoben Gruppen (z.B. zwischen zwei Phenylgruppen von zwei Phenylalanin-Bausteinen).

b) H-Brücken (z.B. zwischen einem Serin-(OH) und einem Histidin-Baustein mit dem zweibindigen Stickstoffatom -$\underline{N}$= als H-Brückenacceptor).

c) Ionen-Ionen-Beziehungen (z.B. zwischen -NH_3^+ eines Lysin- und COO^- eines Glutaminsäure-Bausteins).

d) kovalente S-S-Disulfidbindungen (durch Dehydrierung zweier HS-Gruppen von zwei Cystein-Bausteinen).

Die leichte Dehydrierung (= Oxidation) der Thioalkoholgruppe wird bei der Oxidation von Cystein HS-CH_2-CH(NH_2)-COOH zu Cystin deutlich. (64. Aufgabe)

Die für Verbindungen mit mindestens zwei Peptid-Bindungen charakteristische rot
bis blauviolette Färbung bei Zugabe von Cu^{2+}- Ionen wird durch Bildung eines Cu-
Komplexes verursacht (65. Aufgabe).

Diese Farbreaktion wird zur quantitativen Bestimmung des Proteingehalts durch
photometrische Messungen herangezogen.